# Saturado

Cómo la química de tu cerebro influye en cada aspecto de tu vida

Ginny Smith

Traducción: Magalí Martínez Solimán

# Saturado

## Cómo la química de tu cerebro influye en cada aspecto de tu vida

EDICIONES PIRÁMIDE

Primera edición: octubre, 2025

Diseño de cubierta: Anaí Miguel


Valentín Beato, 21. 28037 Madrid
Teléfono: 91 393 89 89
www.edicionespiramide.es

PAPEL DE FIBRA
CERTIFICADA

ISBN: 978-84-368-5108-3
Depósito legal: M. 14.861-2025
Impreso en España - Printed in Spain

# ÍNDICE

# 1

## El cerebro químico

Este libro aborda una de las preguntas más fundamentales de la neurociencia; tal vez incluso de la ciencia en general. ¿Cómo produce el cerebro nuestras experiencias cotidianas y cómo incide en nuestro comportamiento? ¿Cómo consigue un kilo y medio de gelatina que podamos aprender una lengua extranjera, decidir lo que comeremos a mediodía o incluso enamorarnos? Aunque las células que componen nuestro cerebro son importantes para ello, son las sustancias químicas que las bañan, y que les permiten comunicarse, las que pintan los complejos detalles que dan color a todos los aspectos de nuestra vida diaria. Pero, ¿cómo exactamente consiguen tan minúsculas moléculas causar todo el espectro de la experiencia humana, en toda su riqueza, con sus altibajos, sus alegrías y sus penas? ¿Y cómo evita el cerebro no verse saturado por esa amalgama de moléculas?

En el presente libro revelaremos investigaciones punteras y conoceremos a científicos de vanguardia que aspiran a comprender mejor el complejo e intrincado funcionamiento de nuestro cerebro y de las moléculas que lo controlan. Exploraremos sustancias químicas —tanto fármacos como drogas recreativas— que alteran los niveles de estas moléculas y analizaremos cómo el hecho de comprender mejor el funcionamiento de nuestro cerebro puede ayudarnos a perfeccionar los tratamientos para afecciones comunes, sin saturar el delicado equilibrio de nuestro cerebro químico. Incluso abordaremos aspectos relacionados con el libre albedrío, la consciencia y cómo el cerebro nos permite controlar nuestros instintos.

A medida que avancemos, profundizaremos en la historia de la neurociencia, revelaremos anécdotas sobre la curiosidad y la perseverancia de los científicos a la hora de hacer frente a inmensos retos. También hay relatos de descubrimientos accidentales que han revolucionado nuestra comprensión del cerebro. En mi opinión, estas historias sobre cómo se ha construido la ciencia son tan fascinantes como la ciencia misma, pues nos ayudan a comprender mejor la manera en que el conocimiento se ha desarrollado a lo largo del tiempo y nos permite entrever los personajes detrás de las sustancias químicas.

Tengo la esperanza de que este libro te proporcione recursos contra la tendencia general de los medios de comunicación a una simplificación excesiva. Como veremos, las afirmaciones según las cuales «la serotonina es la sustancia química de la felicidad» o «la dopamina es adictiva» carecen hasta tal punto de matices fundamentales que resultan absurdas. En cambio, aquí, exploraremos esa complejidad y la celebraremos, manteniendo las cosas a un nivel comprensible y desbrozando la jerga científica para examinar los conceptos subyacentes. Aunque posiblemente este libro no consiga dar todas las respuestas a estas preguntas fundamentales (en muchos casos, ni siquiera sabemos todavía cuáles son), espero que despierte tu curiosidad y te anime a querer descubrir más cosas sobre tu increíble cerebro.

## MÁS PREGUNTAS QUE RESPUESTAS

Siempre he sido muy curiosa y he querido comprender por qué y cómo funcionan las cosas que me rodean. De niña tuve la suerte de tener unos padres que fomentaron esta curiosidad e intentaron siempre dar respuesta a mis preguntas. Mi madre, en una historia tristemente célebre, recuerda que un día entramos en un aseo público y que yo, que tendría unos tres años, la miré y le pregunté: «Mamá, ¿por qué se oye todo más fuerte aquí dentro?».

Mi madre se puso a explicarme que las superficies blandas absorben el sonido. que en cambio rebota en las duras, de las que hay muchas más en un baño público, cuando otra mamá salió de su cabina, la miró con admiración (o tal vez con asombro) y comentó: «¡Me alegro de que mi hija no me haga ese tipo de preguntas!».

Siempre me ha apasionado la ciencia y he absorbido su conocimiento y comprensión como una esponja, pero no fue hasta llegar a la universidad cuando descubrí mi fascinación por la ciencia del cerebro. Como suele ocurrir a menudo, las decisiones que cambian el curso de nuestras vidas no son aquellas enormes y trascendentes a las que les damos mil vueltas, sino las aparentemente insignificantes e inconsecuentes. Y desde luego, ese fue mi caso. Fueron apenas un par de conferencias impartidas en el marco de una asignatura titulada «Evolución y comportamiento», que elegí un poco por corazonada[1], las que me abrieron los ojos a las maravillas del cerebro humano. Aquello sí que era un verdadero reto. Se trataba de un sistema increíblemente complejo, lleno de misterios y de aspectos desconocidos, que era preciso descomponer y comprender a su nivel más fundamental. Y no solo eso: también era algo que nos afectaba a todas las personas, todos los días. Me enganché, y decidí cambiar la orientación de mi licenciatura de química a la de psicología.

Durante el verano del segundo curso, preocupada por el hecho de que no haber estudiado biología avanzada en el bachillerato pudiera suponerme un problema, actualicé el limitado conocimiento que tenía sobre el sistema nervioso. En secundaria había estudiado algo sobre la estructura de las neuronas o células nerviosas. Sabía que eran células especializadas que mandan mensajes al cerebro y al cuerpo, pero necesitaba saber más. Así que me puse a leer.

Descubrí que existen diversos tipos de neuronas. En el cuerpo tenemos neuronas sensoriales que transportan la información de nuestros órganos sensoriales al sistema nervioso central, que se compone del cerebro y de la médula espinal. Las neuronas motoras transportan la información en el sentido contrario, permitiendo que el cerebro controle nuestros movimientos. Además existen pequeñas interneuronas, que conectan a ambas y permiten que se constituyan circuitos comple-

[1] Y, sinceramente, porque pensé que me serviría de excusa para ver muchos documentales de David Attemborough para «revisar».

jos. En el cerebro las cosas se complican y no podemos establecer categorías tan claras de neuronas, pues estas se presentan de múltiples formas diferentes y tienen muchas funciones distintas. Pero existen algunas semejanzas entre las neuronas del cerebro y las del cuerpo.

Al igual que la mayoría del resto de células, las neuronas tienen cuerpos celulares, que contienen el núcleo (con una serie de funciones, incluido el almacenamiento del ADN) y las mitocondrias (que producen energía). Es en el cuerpo de la célula donde se fabrican las nuevas proteínas, que permiten que la célula funcione y se repare a sí misma cuando lo necesita. Pero lo que me resultó más fascinante fue la diferencia entre las neuronas y las células animales «típicas»: las dendritas, como ramas de un árbol, que salen de la neurona para que esta pueda conectarse con muchas otras neuronas, y los largos «axones», que le permiten enviar mensajes de forma rápida y fácil.

## JENNIFER ANISTON Y LAS RANAS DE FRANKENSTEIN

Empezamos a comprender cómo los mensajes circulan por las neuronas en 1780, gracias a un científico llamado Luigi Galvani. Estudió medicina y cirugía y, tras licenciarse, Galvani ingresó como profesor en la Universidad de Bolonia. Además de enseñar, se dedicó a la investigación y se interesó por las formas en las que la electricidad podía afectar al organismo. Descubrió que, cuando se hacía pasar una corriente eléctrica por el anca de una rana muerta, aquella se contraía como si volviera a la vida[2]. Galvani quedó fascinado y denominó su descubrimiento «electricidad animal». Creyó haber encontrado la «fuerza vital» del animal y, al menos hasta cierto punto, tenía razón. Pero se equivocó al pensar que la «electricidad animal» era una forma específica de electricidad. Alessandro Volta, catedrático de Física Experimental en la Universidad italiana de Pavía, se dio cuenta de ello y criticó públicamente la teoría de Galvani. Demostró que la electricidad animal no era distinta de la electricidad que fluía por el líquido de su «pila voltaica»,

---

[2] Se cree que este fenómeno le inspiró a Mary Shelley su novela *Frankenstein,* que escribió en 1818.

que evolucionó hasta convertirse en las baterías que utilizamos hoy en día. Tanto en la batería como en el cuerpo, la electricidad la transporta un flujo de partículas cargadas llamadas iones.

Sabemos que, cuando se activa, la electricidad viaja de un extremo a otro de una neurona[3], un poco como cuando el público de un evento deportivo hace la ola. Esto se conoce como «pico» o «potencial de acción», y se suele decir que la neurona «descarga» o «dispara». Los potenciales de acción son del todo o nada, algo más parecido a un reloj digital, que puede indicar las 03:46 o las 03:47, que a uno analógico, en el que las manillas pueden apuntar a cualquier punto entre ambas horas. No existe un potencial de acción grande o pequeño; o bien la neurona alcanza su umbral y descarga, o no lo hace. Así que, más que la fuerza de la descarga, lo que proporciona información sobre, por ejemplo, la intensidad de la sensación es la frecuencia de los picos.

Al ir profundizando en el tema, me di cuenta de lo complejas que son estas estructuras aparentemente simples. El axón, por ejemplo, está enfundado en una sustancia grasa llamada mielina. Esta funciona algo así como el aislante que rodea los cables eléctricos, pero también ayuda a que los mensajes se envíen a mayor velocidad por el axón. La mielina es lo que a veces se llama «materia blanca» del cerebro y está compuesta por células gliales[4]. Aunque existen diez veces más células gliales que neuronas en el cerebro, se tiende a ignorarlas frente a sus primas más célebres. Esto se debe, al menos en parte, a que se solía creer que eran bastante inertes y que solo estaban para dar apoyo a las neuronas. Ahora estamos empezando a darnos cuenta de que las células gliales desempeñan un papel mucho más activo en el mantenimiento de la buena salud y el adecuado funcionamiento del cerebro.

Cuanto más aprendía sobre las complejidades y vericuetos de nuestros cerebros, más me enganchaba el tema. En mi último año de universidad empecé a darme cuenta de que mi interés radicaba en las lindes entre la psicología y la neurociencia, un ámbito conocido como psicología cognitiva o neurociencia del comportamiento. Me pareció

---

[3] Resulta interesante que, en la mayoría de las neuronas, la información solo es capaz de fluir en una dirección: la primera neurona emite las sustancias químicas y la segunda cuenta con los receptores que las reciben.

[4] Las células gliales son cualquier célula en el cerebro que no sea una neurona.

que aquella era la especialidad que podía dar respuesta a la pregunta más importante: ¿Por qué nos comportamos como lo hacemos? Pero cuanto más profundizaba en el tema más claro tenía lo mucho que ignoramos. Durante muchos años, tras la invención de los escáneres de IRM, que permiten a los científicos escrutar un cerebro humano vivo, se puso el foco en descubrir qué áreas del cerebro estaban implicadas en qué procesos. Los científicos hallaron áreas «para» los números, las caras y la risa cuando te hacen cosquillas. Incluso encontraron una única neurona que respondía a las fotos de Jennifer Aniston. Pero más recientemente hemos empezado a entender que esto es una simplificación excesiva, debida a la resolución de los escáneres cerebrales. Más que buscar áreas «para» cada proceso, ahora buscamos redes: combinaciones de neuronas que pueden estar ampliamente distribuidas por el cerebro.

En un cerebro humano, cada neurona puede realizar miles de conexiones, constituyendo la densa red de células que componen la materia gris de nuestro cerebro. Son esas conexiones entre células las que me resultan particularmente fascinantes, porque son ellas las que dan a nuestros cerebros su sorprendente flexibilidad. Nacemos con la amplia mayoría de nuestras neuronas ya desarrolladas. Existe cierto debate sobre si determinadas regiones del cerebro pueden producir neuronas nuevas, pero al parecer este proceso no está demasiado generalizado. Sin embargo, las neuronas que ya tenemos *pueden* crear nuevas conexiones, y la *fuerza* de estas conexiones puede variar. A veces esto ocurre cuando las neuronas desarrollan nuevas dendritas y se establecen nuevas conexiones físicas. Pero se trata de un proceso lento y nuestros cerebros necesitan una vía más rápida para cambiar las señales que se envían en su entorno. Ahí es donde intervienen las sustancias químicas del cerebro. Pero para comprender cómo funcionan estas, primero tenemos que saber cómo fueron descubiertas, lo cual supone remontarnos de nuevo en el tiempo, esta vez a mediados del siglo XIX.

## El debate del siglo

A mediados del siglo xix, la composición del cerebro seguía siendo un misterio. Los sentidos humanos son limitados y los microscopios en aquella época no eran tremendamente potentes. Lo que estaba claro era que el cerebro era una red, formada por fibras densamente compactadas y entrelazadas. Pero todavía no se tenía claro lo que eran aquellas fibras y cómo eran responsables de los miles de tareas que nuestro cerebro realiza cada segundo de nuestra vida. Por supuesto, esto no impidió que los científicos propusieran teorías y realizaran experimentos para tratar de descubrir la verdad. Uno de aquellos científicos fue Camillo Golgi.

Golgi nació en Italia en 1843 y siguió la estela de su padre, que era médico. Sin embargo, su interés por la medicina experimental lo llevó a aceptar un puesto de investigador y comenzó a estudiar bajo la dirección de Giulio Bizzozero. Entre otras cosas, Bizzozero era un experto en el sistema nervioso y estudiaba su estructura bajo el microscopio.

En aquella época, la teoría celular de la fisiología estaba en sus albores. Mientras que la idea de que el cuerpo consistía en elementos discretos, o células, había sido ampliamente aceptada, el concepto no se había hecho extensivo al cerebro. En cambio, el anatomista alemán Joseph von Gerlach había propuesto la teoría reticular, que sugería que las fibras del sistema nervioso conformaban una red continua a través de la cual podían circular los fluidos que portaban información. Fue esta la teoría que Golgi apoyó, hecho que marcaría sus descubrimientos a lo largo de toda su vida.

Cuando su situación económica lo obligó a volver a trabajar en el hospital, Golgi se negó a renunciar a la investigación y montó un laboratorio rudimentario en una vieja cocina de este. Para poder estudiar el sistema nervioso bajo el microscopio, los científicos de la época creaban colorantes, con el fin de teñir las estructuras y hacerlas más visibles. Pero a Golgi le pareció que no bastaba para arrojar luz sobre las estructuras complejas del cerebro. Frustrado, se puso a experimentar y, en 1873, consiguió un gran avance. Al tratar muestras de cerebro primero con una solución de dicromato de potasio y luego de nitrato de plata, descubrió que apenas unas pocas de las células densamente compactas del cerebro se ennegrecían, haciendo que su estructura resultara fácilmente visible al microscopio. Bautizó esta técnica como *la reazione nera* (la reacción negra), pero hoy en día se conoce mejor como tinción de Golgi y sigue utilizándose de forma generalizada. Golgi publicó muchos artículos utilizando su tinción para respaldar la hipótesis reticular, argumentando que esta permitía ver la compleja red a través de la cual fluía la información. Sin embargo, se estaba gestando una controversia, que seguiría haciendo mucho ruido durante el resto de la vida de Golgi. Y para comprender de qué se trata, tenemos que viajar por el Mediterráneo hasta España.

En la década de 1860, mientras Golgi todavía estaba terminando sus estudios, un profesor español de anatomía y su esposa estaban muy preocupados por su joven hijo. Expulsado de una escuela tras otra por su mal comportamiento, el joven Santiago Ramón y Cajal incluso había tenido problemas con la justicia por haber fabricado un cañón con el que hizo un boquete en la puerta de un vecino. Después de que sus etapas como aprendiz de zapatero y de barbero hicieran poco por domeñar su actitud contraria a la autoridad, durante todo un verano su padre lo enfoca hacia el estudio anatómico, con la esperanza de despertar en él el interés por la medicina, llevándolo al camposanto en busca de osamentas humanas procedentes de exhumaciones para que las dibujara. Artista en ciernes, Cajal se aficiona inmediatamente y, en 1873, se licencia en medicina, para inmediatamente ingresar en el cuerpo médico militar. Su paso por el ejército fue sin embargo breve, pues al contraer la malaria y la tuberculosis en Cuba, lo envían de vuelta a España, donde, después de su convalecencia, volvió a centrarse en la investigación.

Los primeros estudios de Cajal se centraron en la inflamación, el cólera y el estudio de la piel; pero en 1887, en Barcelona, tuvo conocimiento del nuevo método de tinción de Golgi, que despertó en él un interés por el cerebro que lo acompañaría durante toda su vida. Cajal no fue solo científico, sino también artista, y sus dibujos de neuronas son tan hermosos como detallados. Y fue mientras estaba sentado ante el microscopio, realizando tan increíbles dibujos, cuando Cajal se dio cuenta de que Golgi se había equivocado. El cerebro no era una red continua, sino que estaba compuesto por células discretas. Esto le brindó el fundamento de lo que se conoce como teoría neuronal. A pesar de que ambos científicos compartieron el Premio Nobel en 1906, Golgi nunca aceptó las pruebas de Cajal sobre la teoría neuronal y siguió defendiendo la teoría reticular hasta su muerte, acaecida en 1926.

Por supuesto, las técnicas de imagen modernas han puesto de manifiesto sin ningún lugar a dudas que Cajal y los demás defensores de la teoría neuronal estaban en lo cierto. Las neuronas no llegan a conectar, quedando un pequeño espacio entre el final de una y el principio de la siguiente. Este espacio se denomina sinapsis y es de vital importancia para el modo en que funciona nuestro cerebro.

## ¡Cuidado con el espacio...!

En algunas sinapsis, la corriente eléctrica puede pasar directamente desde la primera neurona (o presináptica) hasta la segunda, a través de algo denominado «sinapsis eléctrica». Pero en el cerebro adulto son mucho más comunes las sinapsis químicas, y en este libro nos centraremos precisamente en estas.

Cuando una neurona se activa, como hemos visto, una señal eléctrica fluye por la misma de un extremo a otro. Cuando este potencial de acción alcanza el final, provoca que se liberen unas sustancias químicas llamadas neurotransmisores. Estos viajan por la sinapsis hasta que llegan a la siguiente neurona. En el borde mismo de esta neurona existen unas estructuras especiales llamadas receptores, que están a caballo entre el interior y el exterior de la célula. Cuando las sustancias químicas se unen a estos receptores, provocan cambios en la segunda célula. Dichos cambios dependen tanto de la sustancia química liberada como del tipo de receptor, pero corresponden a dos categorías principales. El primer tipo de cambio es rápido y directo; el segundo es más lento y se produce a través de una cascada de mensajeros dentro de la neurona.

En la primera categoría, cuando los neurotransmisores se unen a los receptores, cambia directamente el flujo de iones dentro de la neurona. Esto puede hacer que la célula se vuelva más «excitable» y, si se unen suficientes neurotransmisores, puede provocar que la neurona dispare. Si un neurotransmisor produce este efecto, lo llamamos excitatorio. A través de un proceso parecido, los neurotransmisores pueden ejercer el efecto opuesto, cambiando el flujo de iones para que resulte más difícil activar una neurona. Se trata de los neurotransmisores inhibitorios.

Estos procesos son relativamente rápidos y efímeros, pero el segundo tipo de receptor permite que las sustancias químicas tengan un efecto más lento y a largo plazo, desencadenando una serie de cambios dentro de la célula. Estos cambios pueden hacer que la célula resulte más o menos fácil de activar, cambiar la manera en que esta libera los neurotransmisores o alterar los receptores que se encuentran en la neurona. Para cada neurotransmisor pueden existir múltiples tipos de estos receptores, lo que significa que la misma sustancia química puede tener efectos diferentes dependiendo de los receptores a los que se une.

El neurotransmisor más común en el cerebro humano es el glutamato. En la mayoría de los casos, el glutamato tiene un efecto de excitación de la segunda neurona, lo que hace que resulte más fácil enviar la señal y que se active la segunda célula. Si se libera suficiente glutamato, la señal se transmite desde la primera célula hasta la segunda, y puede seguir su viaje. Como veremos, esta sustancia química es fundamental para todo tipo de procesos, desde el aprendizaje hasta el dolor.

El ácido gamma-aminobutírico (GABA), ampliamente distribuido por el cerebro, tiene el efecto opuesto al del glutamato. Cuando se une a los receptores, le dificulta a la neurona el envío de un potencial de acción. Esto convierte al GABA en un neurotransmisor inhibitorio. Las neuronas que utilizan el GABA, por lo tanto, ejercen un efecto calmante en el cerebro, al reducir la actividad de otras neuronas. Esto significa que son importantes para el sueño, o para mitigar la ansiedad.

La mayoría de las sustancias químicas del cerebro de las que hablaremos en este libro no son, sin embargo, tan sencillas. Pueden tener diferentes efectos en las distintas partes del cerebro, dependiendo de qué tipos de receptores se encuentren en cada una de ellas. Incluso pueden encontrarse múltiples tipos de receptores en la misma neurona, por lo que la misma sustancia química puede tener diferentes efectos dependiendo de la cantidad de sustancia liberada o del tiempo durante el cual esta es liberada. Esto puede parecer confuso, pero, como descubriremos, cada proceso por separado es relativamente sencillo, aunque al combinarlos alcanzamos mayores niveles de complejidad que hacen que nuestro cerebro sea esa máquina tan fascinante.

Luego está la cuestión del alcance. En los ejemplos sencillos de neurotransmisión que hemos comentado aquí, el GABA o el glutamato son liberados en una sinapsis y afectan a una o tal vez a un par de neuronas que están al otro lado de aquella. Pero a veces las sustancias químicas del cerebro se liberan más ampliamente y afectan a todo un grupo de neuronas, facilitando o dificultando que se pasen mensajes entre ellas. Este nivel añadido de complejidad es lo que permite a nuestro cerebro cambiar tan rápidamente y lo que nos proporciona esa flexibilidad tan sorprendente en nuestro comportamiento.

Esto nos devuelve a aquella pregunta fundamental, la que me enganchó hace tantos años. ¿Cómo consigue nuestro cerebro que nos comportemos como lo hacemos? Me da la sensación de que esa respuesta no está en el cableado de nuestro cerebro, sino en las sustancias químicas que lo bañan. Porque, como veremos, mientras que las conexiones entre neuronas pueden cambiar, y de hecho cambian[5], el proceso es lento. Esto significa que no puede ser responsable de los cambios, milisegundo a milisegundo, que todas las personas experimentamos: las decisiones que tomamos en una fracción de segundo, las fluctuaciones de nuestras emociones y las tentaciones que se nos presentan. En realidad, todas ellas están bajo el control de la química de nuestro cerebro.

Y, puesto que es nuestro cerebro el que nos hace ser quienes somos, eso significa que *nos* controla ese turbulento mar de neurotransmisores. Pero, ¿cómo funciona? Para descubrirlo, he dedicado los últimos 18 meses a leer libros y artículos y a hablar con personas de todo el mundo expertas en la materia. Y aunque he encontrado algunas respuestas, también he descubierto un montón de preguntas. Una y otra vez he llegado hasta el límite del conocimiento científico, para volver a descubrir lo mucho que nos queda por aprender de nuestro increíble y complejo cerebro. La neurociencia avanza, en mi opinión, más deprisa que

---

[5] Este proceso está a su vez controlado por sustancias químicas, como veremos en el capítulo 2.

cualquier otra ciencia; por lo tanto, aunque he tratado de presentar el consenso científico actual sobre cada tema, algunas personas no estarán de acuerdo. Y para cuando tú estés leyendo esto, se habrán publicado nuevos estudios susceptibles de darle la vuelta a lo que ya habíamos comprendido. Así es como funciona la ciencia, por lo que es mejor considerar este libro como una instantánea de nuestra comprensión en este momento del tiempo, y no como hechos grabados en piedra para siempre.

Cada capítulo de este libro aborda un aspecto diferente de nuestra vida y cómo esta se ve afectada por la química de nuestro cerebro. Se trata de temas enormes, y cada uno podría haber sido (y de hecho es) el tema central de un libro por derecho propio, por lo que me he visto obligada a seleccionar qué historias abordar. Esto significa que, inevitablemente, habrá lagunas: temas y aspectos que podría haber incluido en cada capítulo, pero que no he sido capaz de tratar. Al final del libro he incluido una sección con sugerencias de lecturas complementarias correspondientes a cada capítulo, en caso de que quieras seguir investigando en cualquiera de las áreas que se abordan.

He tratado de presentar los capítulos en un orden lógico, desarrollándose cada uno de ellos a partir de los anteriores. La intrincada relación entre las áreas, las redes y las sustancias químicas del cerebro significa que hay más aspectos en común de los que cabría esperar entre temas que, a primera vista, podrían parecer completamente diferentes. Por supuesto, puedes hojear cualquier capítulo y leerlo en el orden que prefieras: cada uno debería tener sentido en sí mismo. Pero, si tienes la posibilidad, te sugiero que empieces por el principio porque, como verás, el cerebro está altamente interconectado.

Sin más dilación, te invito a que me acompañes en este viaje de descubrimiento, en el que averiguarás más cosas sobre la sopa química que hace que tú seas tú...

# 2

## Gracias por los recuerdos

¿Recuerdas lo que hiciste el día que cumpliste 18 años? En mi caso, cayó en viernes y, después del instituto, mi novio nos llevó a mí y a una pareja amiga al centro de la ciudad de Reading. Era una heladora tarde de enero y fuimos al Purple Turtle, un bar de copas con carácter (aunque algo cutre) ligeramente apartado de la calle principal. Allí, luciendo mi chapa de «hoy cumplo 18», disfruté de mi recién conquistado derecho a adquirir alcohol legalmente y probé todas las bebidas de la larga carta de cócteles. Mis recuerdos de aquella noche (¡bueno, al menos de su primera parte!) son bastante nítidos. Incluso me acuerdo de que, mientras esperaba en la cola del baño, unas chicas me preguntaron si de verdad era mi cumpleaños[1].

Pero si eligiera cualquier otro viernes de aquel año y me preguntara lo que hice, no tendría ni idea. A primera vista, parece obvio que las ocasiones especiales se puedan almacenar de una manera diferente, de modo que podemos recordarlas mucho más fácilmente que otros días más corrientes. Pero ¿cómo se codifica esta diferencia en nuestro cerebro? ¿Qué es lo que realmente sucede en mis neuronas y sinapsis cuando recuerdo aquella tarde-noche, que tan directamente me evoca un suelo pegajoso y unas paredes cubiertas de pintadas?

[1] Y por ende me planteo si de verdad la gente se pone chapas de «hoy cumplo 18» en días distintos del de su 18 cumpleaños. Y, en caso afirmativo, ¿por qué?

Para comprenderlo, hemos de analizar cómo aprendemos y recordamos, un viaje que nos adentrará por el laberinto ético que son las sustancias que potencian la cognición y nos hará cuestionar la fiabilidad de nuestros recuerdos. Pero empecemos por la neurociencia básica del aprendizaje, lo que significa comenzar, no con seres humanos, sino con una extraña criatura conocida como liebre de mar.

## NO LE BUSQUES LAS COSQUILLAS... A LA LIEBRE DE MAR

La liebre de mar es una especie de babosa marina. Este molusco de gran tamaño vive en aguas poco profundas y su nombre se debe a dos largas protrusiones que tiene en la cabeza, que se asemejan (en cierta medida) a las orejas de una liebre. En realidad el animal utiliza estas estructuras para detectar sustancias químicas disueltas en el agua de mar: así, «olfateando», consigue encontrar alimento o una pareja. Las liebres marinas también tienen una serie de branquias en la zona dorsal (que les permiten respirar) y un sifón con el que bombean el agua hasta las branquias. El sifón y las branquias son particularmente delicados, de modo que cuando el molusco se siente amenazado, los oculta velozmente dentro de su cuerpo, cual caracol que se metiera en su concha. Sobre este reflejo se asienta una multitud de estudios sobre el aprendizaje realizados por especialistas en neurociencia de todo el mundo; incluso le valió el Premio Nobel en 2000 a Erik Kandel, de la Universidad de Columbia.

Además de este reflejo fácilmente observable, las liebres de mar tienen unas neuronas de tamaño grande, aunque tan solo son unas 10.000. Esto permite estudiar con relativa facilidad los circuitos neuronales que controlan el comportamiento del animal, especialmente el aprendizaje y la memoria. Y resulta que estas criaturas relativamente sencillas son capaces de desarrollar recuerdos, y de hecho lo hacen. Normalmente, un estímulo suave es suficiente para desencadenar el reflejo de repliegue, pero si se aplica este estímulo *repetidamente*, al cabo de un rato la liebre marina dejará de responder, pues habrá aprendido que no existe un peligro real. Se trata de un proceso llamado de habituación y cabe decir que es la forma más simple de aprendizaje. Si alguna vez has percibido un olor fuerte entrando en una habitación y, al cabo de unos minutos, te has dado cuenta de que ya no lo notas, has experimentado en primera persona la habituación. Básicamente, si el mismo estímulo se repite una y otra vez, el cerebro se da cuenta de que no es importante para la supervivencia y deja de responder a él. Lo mismo ocurre con los seres humanos y con las liebres de mar.

Para comprender plenamente cómo se produce este aprendizaje, hemos de estudiar con mayor detalle las neuronas gigantes del sistema nervioso de la liebre marina y observar cómo se comunican entre sí.

Cuando la persona que realiza el experimento aplica por primera vez un estímulo, este es detectado por una neurona sensorial. Una señal eléctrica recorre esta neurona hasta llegar a una sinapsis, el espacio que separa dicha neurona de la siguiente. En este punto se emite una sustancia química que cruza la sinapsis y activa los receptores de la segunda neurona. La sustancia química más importante de entre las que atraviesan la sinapsis es el glutamato. Se trata de un neurotransmisor excitatorio; es decir, que, cuando se une a los receptores, aumenta la probabilidad de que la segunda neurona dispare. Cuando se ha activado un número suficiente de receptores, una señal eléctrica es enviada a través de la segunda neurona. Se ha transmitido el mensaje. Este proceso se repite hasta que la señal alcanza una neurona motora, lo que provoca que el animal oculte su sifón y sus branquias. Con ello se completa el reflejo. Hasta aquí, bastante sencillo.

Cuando se repite el estímulo, la señal tiene que ser enviada de nuevo desde el principio: ese es el momento en el que puede producirse el aprendizaje. Cuando una neurona es activada por primera vez, tiene mucho glutamato disponible que puede liberar y que transportará la señal a través de la sinapsis hasta la segunda neurona, la cual a su vez puede reaccionar. Pero Kandel descubrió que si seguía activando la primera neurona a mayor velocidad de la que esta era capaz de reabsorber o de producir más sustancias químicas de este tipo, sus reservas acababan por agotarse. La siguiente vez que la activaba, no había nada que pudiera transportar la señal cruzando la sinapsis y, por ello, el animal no respondía. Esta «fatiga neural» es un efecto temporal, puesto que los niveles de glutamato se pueden reponer[2], pero si las repeticiones continúan durante un tiempo prolongado, las neuronas sufren otros cambios, entre ellos que la segunda neurona retira algunos de sus receptores, lo que debilita la sinapsis. Se trata de un efecto mucho más a largo plazo; en las liebres de mar, la habituación puede durar semanas, lo que sugiere una forma de memoria a largo plazo.

Tal vez un fenómeno más interesante que el de la habituación sea el de la sensibilización. La sensibilización puede producirse de muchas maneras, y seguramente todas las personas hemos experimentado algunas de ellas. Si después de ver una película de miedo has notado que te sobresaltabas con cada crujido del parqué, lo has vivido en primera persona. Kandel descubrió que sus liebres de mar podían ser sensibilizadas a través de un estímulo cuando las sometía primero a una ligera descarga eléctrica. Aquella sensibilización hacía que su respuesta al estímulo fuera más intensa. En el caso de la liebre de mar, resulta que este proceso depende de una sustancia química llamada serotonina[3]. La descarga hace que las interneuronas, situadas cerca de las neuronas sensoriales, emitan serotonina. La serotonina se une a la neurona sensorial, causando que esta libere más glutamato cuando es activada. Esto *refuerza* la sinapsis que conecta la neurona sensorial con la neurona motora, lo que significa que un estímulo que anteriormente habría sido ignorado provoca ahora una reacción intensa. La serotonina también interviene en el condicionamiento clásico, como la asociación aprendida del perro de Pávlov entre un toque de campana y la comida[4].

¿Cuál es entonces la relación de esto con el aprendizaje en los seres humanos? Bien es cierto que no tenemos sifones ni branquias ni la ca-

---

[2] Este proceso no se conoce bien del todo, pero un estudio ha hallado que reponer el glutamato en la neurona de un ratón puede requerir unos 15 segundos a temperatura ambiente; sin embargo, el proceso se acelera a medida que aumenta la temperatura corporal.

[3] La serotonina se conoce mejor por su impacto en el estado de ánimo, del que hablaremos en el capítulo 4. Pero también interviene en toda una serie de otros procesos del cerebro, incluidos el aprendizaje y la memoria.

[4] Pávlov descubrió que, después de oír repetidamente el sonido de una campana antes de recibir su comida, los perros podían aprender la relación y empezaban a salivar cuando oían la campana. Esto se conoce como condicionamiento clásico.

pacidad de lanzar tinta a las personas que nos fastidian[5], pero resulta que, por dentro, nos parecemos un montón a una liebre de mar. Nuestro número de neuronas multiplica el suyo por unos 8,5 millones de veces, pero en el modo en que las utilizamos para aprender algo nuevo y para recordar interviene un proceso sorprendentemente similar.

En 1949, un científico llamado Donald Hebb propuso una teoría que suele expresarse del siguiente modo: «las neuronas que disparan juntas se conectan juntas». Esto significa que cuanto más se activan las mismas parejas de neuronas al mismo tiempo, más fuerte se hace la conexión entre ellas. En cierto modo, es el proceso opuesto al de la habituación de la liebre marina. En lugar de debilitarse las conexiones entre neuronas cuando son activadas, como en el caso de la habituación a largo plazo, se refuerzan, de modo que la siguiente vez que las utilizas la señal fluye con mayor facilidad. El hecho de que un conjunto de neuronas experimente un fortalecimiento [conocido como potenciación a largo plazo (*Long Term Potentiation,* LTP por sus siglas en inglés)] o un debilitamiento [conocido como depresión a largo plazo (*Long Term Depression,* LTD por sus siglas en inglés)] depende de toda una larga serie de factores, entre los cuales están su ubicación en el cerebro y los patrones de activación. Pero, en aras de la sencillez, nos centraremos por ahora en la LTP.

Al igual que en el caso de la liebre de mar, muchas de nuestras sinapsis utilizan el glutamato para comunicarse. Cuando una señal recorre una neurona hasta la sinapsis, se libera glutamato que atraviesa la sinapsis para activar la segunda neurona. Si estas señales se repiten, pero suficientemente separadas en el tiempo para evitar la fatiga neuronal, la segunda neurona puede ser activada una y otra vez. Esto desencadena cambios en dicha neurona, que libera más receptores. La primera neurona también empieza a emitir más glutamato en respuesta a cada señal. Ambos cambios mejoran las posibilidades de que la segunda neurona reciba la señal y siga transmitiéndola cada vez que la primera neurona dispara. También incrementan la velocidad de la transmisión. Por ello, una vez que hemos aprendido una cosa a conciencia,

---

[5] ¡Lamentablemente, porque podría resultar bien práctico en el metro en las horas punta!

resulta mucho más fácil recordarla y da la sensación de que ello requiere menos esfuerzo. Porque, de hecho, al cerebro le resulta más fácil activar estas vías, gracias a los cambios en la manera en que el glutamato es liberado y recibido.

La potenciación a largo plazo se llama así porque, a diferencia de la fatiga neural, puede durar mucho tiempo. Los cambios ya citados pueden prolongarse durante horas; pero si prosigue la activación de las vías neuronales, especialmente si es durante un largo periodo de tiempo, la segunda neurona fabricará más receptores desde cero y los añadirá de forma permanente. Esta podría ser la forma en que nuestro cerebro almacena para siempre los recuerdos a largo plazo. Pero esto no se detiene a nivel de los neurotransmisores. Si los pares de neuronas se estimulan conjuntamente con todavía más frecuencia, liberan unas sustancias químicas llamadas factores de crecimiento, que fomentan la formación de nuevas sinapsis entre las dos neuronas y refuerzan todavía más la conexión. Se desarrollan nuevas conexiones y estas albergan nuestros recuerdos, teóricamente para toda la vida.

## ME ACUERDO PERFECTAMENTE...

El almacenamiento de recuerdos a largo plazo se conoce como consolidación y es un proceso fascinante. Los recuerdos se forman inicialmente en el hipocampo, un lugar profundo del cerebro, a través de la potenciación a largo plazo. Pueden permanecer allí durante horas e incluso días, pero si cada recuerdo que has formado permaneciera para siempre en tu hipocampo, tu memoria sería limitada. En esta región existe un número limitado de neuronas, por lo que solo son capaces de almacenar un número determinado de rastros. Pero el cerebro hace algo muy inteligente. Lentamente, gradualmente, a lo largo de días, semanas e incluso meses, los recuerdos dejan de utilizar el hipocampo, almacenándose en cambio en la corteza, la capa superficial del cerebro. Esta capa de abundantes pliegues es mucho más grande y contiene un número enorme de neuronas. Como cada recuerdo se almacena como una combinación de neuronas, en el córtex existe una amplia capacidad de almacenamiento.

No sabemos exactamente cómo funciona este proceso, pero existen dos ideas principales. Después de aprender, el hipocampo activa repetidamente regiones de la corteza cerebral, reforzando allí las conexiones; y es en estas conexiones donde se almacena el recuerdo a largo plazo. Originalmente se pensó que el recuerdo hipocampal se formaba primero y que este proceso lo transfería a la corteza, pero la investigación reciente sugiere que los dos rastros de memoria podrían formarse al mismo tiempo. Sin embargo, la memoria cortical al principio es inutilizable. Más que transferir un recuerdo del hipocampo a la corteza, la reactivación tal vez haga «madurar» de alguna manera el recuerdo cortical existente, para que pueda utilizarse. Lo que es seguro es que el hipocampo es fundamental para este proceso y un daño en esta área imposibilita la formación de nuevos recuerdos a largo plazo.

Si la memoria fuera como una cámara de vídeo, el proceso se detendría aquí. Los recuerdos se han formado, han sido almacenados temporalmente en un lugar (como si fuera una tarjeta de memoria) y luego han sido transferidos a otro lugar para su almacenamiento a largo plazo (como mover tus grabaciones a un disco duro). Cuando quisieras recuperar el recuerdo, lo único que tendrías que hacer sería encontrarlo en el disco duro y volver a «visionarlo». Pero, por desgracia, el cerebro humano no funciona así exactamente. Cuando recuperamos un recuerdo, en realidad lo que hacemos es reactivarlo, pues volvemos a poner las neuronas en un estado similar a aquel en el que el recuerdo se formó inicialmente. Y como las neuronas han vuelto a ese estado flexible, pueden cambiar, alterando los recuerdos que contienen. Cuando el recuerdo vuelve a almacenarse, se añade cualquier información nueva; la próxima vez que lo recuperes, resultará imposible distinguir el recuerdo original de las partes nuevas. Se ha creado un falso recuerdo.

Elizabeth Loftus fue pionera en el análisis de los falsos recuerdos y sus estudios revolucionaron nuestro conocimiento del funcionamiento de la memoria. En la década de 1970, ella y su colega John Palmer se interesaron por el testimonio de los testigos presenciales y por saber si las preguntas de entrevista podían llegar a cambiar los recuerdos que una persona pudiera tener de un delito; y diseñaron un experimento. Pidieron a un grupo de estudiantes que vieran unos vídeos de accidentes de coche y describieran lo que habían visto. Luego les hacían una serie de preguntas específicas, incluida la más importante: «¿A qué velocidad iban los coches cuando...?». Completaban la frase con distintos verbos —desde «colisionaron» hasta «se rozaron»— y anotaban la velocidad a la que las personas participantes creían que iban los automóviles. Tal como esperaban Loftus y Palmer, cuanto más violenta era la acción descrita por el verbo, mayor era la velocidad a la que las personas participantes pensaban que los coches circulaban, ¡con una diferencia media de casi 16 km/h! Cambiar una simple palabra en una pregunta al parecer afectaba al recuerdo que una persona tenía de un hecho.

Pero Loftus y Palmer no se detuvieron ahí: querían saber si este cambio persistía. De modo que, en un segundo experimento, mostraron a otra cohorte de estudiantes un vídeo de un accidente de coche, y la dividieron en tres grupos. Al primer grupo le preguntaron: «¿A qué velocidad iban los coches cuando colisionaron?»; al segundo grupo: «¿A qué velocidad iban los coches cuando se empotraron el uno en el otro?». Y al último grupo, el de control, no le hicieron ninguna pregunta. Al cabo de una semana, volvieron a convocar a los grupos y les pidieron que recordaran el vídeo y contestaran a algunas preguntas al respecto, incluido si habían visto algún cristal roto (de hecho, no lo había). Resultó que el grupo del verbo «se empotraron» contestaba con mayor probabilidad que sí había visto cristales rotos. La palabra utilizada había contaminado su recuerdo del hecho.

Estos estudios y muchos otros que Loftus diseñó a lo largo de los años nos revelan algo importante sobre nuestra memoria: está lejos de ser infalible. De hecho, es frágil y resulta fácil modificarla. Algo tan sencillo como la manera en que se plantea una pregunta puede alterar nuestro recuerdo de un acontecimiento y este cambio puede persistir potencialmente el resto de nuestra vida. Si alguna vez has discutido con algún amigo o amiga, o algún familiar, sobre los detalles de un hecho, vale la pena tenerlo en cuenta. Puede que tu recuerdo te resulte claro y preciso, y el de la otra persona obviamente incorrecto. ¡Pero es muy probable que ambas partes os equivoquéis! Descubrir este hecho me hizo preguntarme cuán preciso era en realidad mi recuerdo de la noche de mi 18 cumpleaños. Tal vez al relatárselo a otras personas al día siguiente, sin darme cuenta modifiqué mi recuerdo del mismo. Resulta algo desconcertante saber que no puedes fiarte de la precisión de tus propios recuerdos, pero la investigación en este campo está empezando a proporcionarnos revelaciones fascinantes sobre el funcionamiento de nuestro cerebro.

Ahora bien, si nuestros recuerdos son hasta ese punto modificables, e imprecisos, ¿por qué a mí el recuerdo de ese cumpleaños *me resulta* tan claro? ¿Y *verdaderamente* lo recuerdo mejor que otros días de aquel año o solo es una impresión mía? Probablemente una razón por la que aquel día destaca de manera tan clara sea que fue un día muy emotivo. La felicidad que sentí cuando mis amistades me regalaron el par de zapatos más bonitos que jamás había visto, para cuya compra habían hecho una colecta. La emoción de utilizar por primera vez mi documento de identidad. La perspectiva de la fiesta que celebraríamos aquel fin de semana. Todas aquellas emociones probablemente tuvieron un impacto en mi cerebro y modificaron la forma en que se almacenaron los recuerdos.

La emoción y la memoria están inextricablemente unidas. La amígdala (parte del sistema límbico del cerebro que procesa las emociones) está justo al lado del hipocampo, y ello por una buena razón. Hemos evolucionado en el sentido de ser capaces de recordar cosas que puedan resultarnos útiles para nuestra supervivencia, por lo que es más probable que el cerebro almacene información sobre algo que provoca una amplia respuesta emocional, ya sea positiva o negativa.

Como veremos en el capítulo 4, cuando las emociones están a tope, nuestros cuerpos segregan toda una serie de sustancias químicas, incluidas la adrenalina, la noradrenalina y el cortisol. Se cree que la adrenalina es la responsable de la potenciación de la memoria, pues esta sustancia intensifica los niveles de actividad en la amígdala y en el hipocampo. Los estudios han revelado que bloquear los receptores de adrenalina puede reducir la potenciación emocional de los recuerdos y que incrementar la cantidad de adrenalina producida (con algún fármaco o pidiendo a personas voluntarias en un experimento que metan la mano en un cubo de agua helada) la intensifica. Por eso recordamos los hechos más emotivos, ya sean negativos, como la muerte de una persona querida, o positivos, como una boda, más vívidamente que un día cualquiera. Y esta es una de las razones por las que recuerdo tan bien el día de mi 18 cumpleaños: fue un momento feliz y emocionante y las sustancias químicas de mi cerebro garantizaron que lo almacenaría para el futuro.

Existe otro tipo de recuerdo emocional que puede producirse cuando el evento es extremadamente dramático y que se conoce como memoria de *flash* o recuerdo vívido. Se suele formar ante acontecimientos públicos de envergadura y muy impactantes, como los ataques a las Torres Gemelas de Nueva York o la muerte de la princesa Diana. La gente suele recordar dónde estaba cuando se enteró de la noticia de una manera mucho más realista y visceral que con la mayoría de los recuerdos[6]. Puede que recuerdes información sensorial, como la textura del jersey que llevabas o el color del pelo del presentador del telediario. Sea lo que sea lo que recuerdas, probablemente tengas la convicción de que el recuerdo es preciso, porque lo sientes muy presente. Pero aquí es donde la cosa se pone interesante. Cuando los ponemos a prueba, estos recuerdos vívidos no son más precisos que cualquier recuerdo normal. Puede que a ti te hagan *sentir* mayor confianza, pero al igual que otros recuerdos, con el tiempo van cambiando y volviéndose más imprecisos.

Muchas personas dicen, por ejemplo, que se enteraron de los ataques a las Torres Gemelas viendo un reportaje en televisión en tiempo real del primer avión cuando impactó contra estas. Hasta el presidente George Bush lo afirmó cuando le preguntaron acerca de aquel día. Pero no *existió* ningún vídeo en directo del primer avión y los vídeos solo se hicieron públicos después de que hubiera tenido lugar el acontecimiento. Por muy vívidos y precisos que nos parezca que son, esos recuerdos

[6] Yo tengo dos recuerdos vívidos. En uno de ellos estoy sentada con las piernas cruzadas en el suelo en nuestra cabaña de vacaciones en el campo en Francia, viendo las noticias sobre la princesa Diana. Recuerdo las paredes y el suelo de madera, el olor de los árboles, y ser consciente de que había ocurrido algo verdaderamente malo, aunque yo en aquel momento era demasiado joven para comprenderlo en toda su dimensión. El segundo es de las bombas que estallaron en el metro de Londres en 2005. Este me transporta al recreo, en mi escuela secundaria. Recuerdo vívidamente ver a las niñas abarrotando el pasillo, desde las taquillas hasta las ventanas a sendos lados de este, y el sonido mientras todas tratábamos desesperadamente de contactar con nuestros padres y nuestras madres por teléfono para asegurarnos de que estaban bien.

han sido creados después del evento. Con lo que ya sabemos sobre la formación de los recuerdos en el cerebro es fácil darnos cuenta de cómo se produce esto. Unos días después del suceso, tal vez tú vieras una noticia en televisión con esta grabación y eso provocó que recuperaras tu recuerdo de aquel día. Tus neuronas entraron en su estado flexible, permitiendo que el fragmento de película que habías visto las alterara. Luego el recuerdo volvió a ser almacenado, completado con la nueva información, que lo cambió cara al futuro.

Desde los descubrimientos de Loftus, la ciencia ha tratado de desentrañar lo que sucede en el cerebro cuando recuperamos recuerdos que los hace susceptibles a estos cambios. Aunque la investigación prosigue, ahora sabemos que el proceso de reconsolidación (es decir, de volver a almacenar un recuerdo después de haber sido recuperado) es similar, aunque no idéntico, a la consolidación original que los transfirió desde su almacenamiento temporal en el hipocampo hasta su almacenamiento a largo plazo en la corteza. Para ambos procesos, el cerebro necesita construir nuevas proteínas, pero las proteínas específicas que utiliza son diferentes. Esto nos lleva a algunas hipótesis interesantes. Si los recuerdos pueden cambiarse, ¿podríamos borrar o alterar selectivamente, por ejemplo, recuerdos traumáticos en personas con Trastorno de Estrés Postraumático (TEPT)?

## MANIPULACIÓN DE LA MEMORIA

El TEPT es una condición desencadenada por un evento traumático, por ejemplo que te amenacen a punta de pistola o sufrir un accidente de coche grave. Las personas que sobreviven a estos eventos reviven repetidamente la experiencia a través de reviviscencias y pesadillas, y sienten ansiedad o pánico. También pueden sufrir trastornos del sueño y sentirse insensibles o desconectadas del mundo. Cuando las personas con TEPT tienen estas reviviscencias, vuelven a experimentar las emociones que sintieron durante el suceso, con la misma intensidad que las sintieron originalmente. Para la mayoría de los recuerdos, a lo largo del tiempo las emociones asociadas a ellos se desvanecen. Sabemos que son recuerdos de un evento emotivo, pero ya no *sentimos* la emoción con la misma intensidad cuando pensamos en ellos, sobre todo si ocurrieron hace bastante tiempo. Pero en el TEPT, un fallo en el proceso de almacenamiento supone que la emoción nunca desaparezca. Esto puede dificultar en gran medida el funcionamiento normal de las personas supervivientes.

Amy Milton, profesora senior de Psicología de la Universidad de Cambridge, está investigando el funcionamiento de la memoria a nivel molecular, utilizando los resultados para ayudar a personas con TEPT. Pero ¿por qué algunas personas conservan este tipo de recuerdos después de vivir un trauma y otras no? Esto es lo que Milton me explicó:

> El hipocampo es muy sensible y prácticamente se cierra cuando existen muy altos niveles de estrés. En cambio la amígdala, si acaso, refuerza su procesamiento. Por lo tanto, si has sufrido un evento traumático, un conjunto particular de factores de predisposición van a determinar si tu balanza se inclinará a favor de la amígdala en detrimento del hipocampo. Y si esto ocurre acabarás teniendo este recuerdo del miedo, que carece en realidad de la información acerca de la hora y la fecha y del contexto y el espacio que normalmente proporcionaría el hipocampo. Es un recuerdo del miedo que se generaliza mucho y acaba aplicándose a todo. O sea, que aunque el paciente esté en un contexto seguro, estos recuerdos vuelven. El ámbito clínico refiere casos de pacientes que se dan cuenta de que va a ser algo totalmente inocuo, como un buzón rojo, lo que desencadena las reviviscencias de su terrible accidente de coche, poque el vehículo con el que colisionaron era rojo.

La mayoría de los recuerdos del miedo son útiles. Si un coche nos atropella porque estábamos pendientes de nuestro móvil y cruzando la calle sin mirar, es importante que aprendamos a no volver a hacerlo. Pero si estos recuerdos se generalizan en exceso, dejan de ser útiles y empiezan a ser nocivos. Esto es lo que al parecer ocurre con las personas que padecen TEPT.

Los tratamientos actuales para el TEPT tienen resultados variables y son extremadamente intensivos. Las y los pacientes tienen que recordar su trauma una y otra vez, en un contexto seguro, con la esperanza de que los nuevos recuerdos se sobrescriban en los antiguos y traumáticos. Esto probablemente funcione cuando la corteza prefrontal, la parte racional en la parte frontal del cerebro, aprende a inhibir la respuesta de la amígdala, pero solo se da en el 50 por ciento de las personas y las tasas de abandono son altas. Por ello los científicos y las científicas están planteándose si utilizar nuestro conocimiento de la reconsolidación, y los fármacos capaces de alterarla tal vez ayuden a desarrollar tratamientos más eficaces y a mejorar la vida de las y los pacientes. Así lo explicaba Milton:

> La idea es que, de hecho, puedes hacer que el recuerdo vuelva a ese estado en el que puede ser inestable, y en ese estado o bien introducir nueva información que interfiera y destruir estructuralmente ese recuerdo o administrar fármacos. En una situación de aprendizaje emocional, la adrenalina está alta, lo que facilita las vías basadas en glutamato que permiten que la memoria se consolide. Por lo tanto, si has apuntado a ese sistema y has impedido que funcione, tal vez seas capaz de debilitar esa memoria emocional.

Muchos de estos estudios, al menos en seres humanos, recurren a una sustancia llamada propranolol. Utilizado entre otras cosas para tratar la hipertensión, el propranolol bloquea uno de los receptores de adrenalina[7]. En el corazón, esto previene que la adrenalina se una a sus células musculares, reduciendo su actividad así como las pulsaciones y la presión arterial. Pero el propranolol también puede atravesar la barrera sangre-cerebro y dañar este. El bloqueo de los receptores de adrenalina y de noradrenalina es lo que incide aquí en los recuerdos emocionales. Si un recuerdo se vuelve inestable y el cerebro tiene propranolol, el efecto de la adrenalina se reduce y es posible que el recuerdo se reconsolide con un componente emocional menor. También puede bloquear directamente la creación de las proteínas necesarias para consolidar un recuerdo.

Pero resulta que hacer que el recuerdo recupere su estado flexible no es tan fácil como se solía pensar. Además de recordar el suceso, tiene que suceder algo inesperado en relación con esta reactivación para que el recuerdo se vuelva nuevamente flexible, un «error de predic-

---

[7] El receptor β-adrenérgico, por lo que pertenece a una de las familias de fármacos conocidos como betabloqueadores.

ción». Esto resulta más que lógico: solo querrás actualizar un recuerdo si el recuerdo original contenía algún error[8]. Milton cree que este puede ser el motivo por el cual se han registrado varios intentos infructuosos de utilizar propranolol en el tratamiento del TEPT. El recuerdo había sido simplemente recuperado, por lo que no se había vuelto modificable. «Tienes que introducir algún tipo de sorpresa, pero tiene que ser lo suficientemente parecida a lo que se aprendió anteriormente, para que la persona no piense que se trata de una situación totalmente distinta y simplemente cree un nuevo recuerdo».

En el laboratorio, esto se hace enseñando a unas ratas que un sonido anuncia una leve descarga eléctrica en sus patas, lo que crea la memoria del miedo. Luego, las ratas vuelven a la caja en la que aprendieron esta asociación y oyen el sonido, pero no se les aplica ninguna descarga. Esto basta para crear un error de predicción, y vuelve nuevamente inestable el recuerdo del miedo. Para comprobar si esto tenía relevancia igualmente en seres humanos, Merel Kindt, catedrática de Psicología Clínica Experimental en la Universidad de Ámsterdam, y su equipo diseñaron un test que utiliza la sensibilización, igual que el experimento de Kandel con la liebre de mar.

En seres humanos, una forma común de sensibilización significa que, si estás pasando miedo, te sobresaltarás más si oyes un sonido intenso. Para inducir el miedo, Kindt enseñaba a sus estudiantes de universidad que una imagen de una araña en particular estaba asociada con una descarga eléctrica suave pero desagradable. Cuando las personas participantes veían esa araña, aumentaba su nerviosismo y la intensidad de su reacción al oír un sonido fuerte, frente a cuando veían una imagen de una araña distinta. Se dio cuenta de que, si a las personas participantes se les administraba propranolol después de que volvieran a ver esta araña (esta vez sin descarga eléctrica), su nerviosismo adicional desaparecía. Pero necesitaban ambos elementos. Administrar propranolol cuando los y las estudiantes no habían visto la araña no

[8] Esto puede resultar llamativo en el contexto del trabajo de Loftus, aunque es probable que la investigadora, la mayoría de las veces, estuviera induciendo este «error de predicción» en sus experimentos sin darse cuenta. También es posible que el error de predicción sea menos importante en el tipo de recuerdos que interesaban a Loftus: los recuerdos episódicos.

producía ningún efecto, como tampoco lo tenía ver simplemente la araña sin sufrir la descarga. Todas las personas participantes eran capaces de recordar, si se les preguntaba, qué arañas estaban asociadas a la descarga; solo variaban sus reacciones. Por lo tanto, parece que bloquear la reconsolidación después de reactivar la memoria del miedo elimina la respuesta emocional.

A pesar de tan alentadores hallazgos, la experimentación con personas que padecen TEPT está en unas fases muy incipientes, aunque es prometedora. Es posible que esta combinación de reactivación de la memoria utilizando un error de predicción y el tratamiento con propranolol exactamente en el momento adecuado sea la combinación perfecta para ayudar a personas que padezcan esta devastadora dolencia. Pero solo el tiempo y más investigación lo podrán confirmar.

## ¿ESTÁS PRESTANDO ATENCIÓN?

Habiendo llegado a este punto, sería fácil pensar que hemos comprendido los principios básicos del aprendizaje y la memoria, así como el papel que las sustancias químicas de nuestro cerebro desempeñan en relación con ellos. El glutamato transporta las señales a través de las sinapsis y los cambios en la cantidad de sustancia que es liberada y detectada son el primer paso que nos permite aprender. La serotonina también es importante, pues ayuda a modular la fuerza de las sinapsis a corto plazo, antes de que los cambios más lentos en el número de receptores o el crecimiento de nuevas sinapsis almacenen los recuerdos a largo plazo. También interviene la adrenalina, pues nos dice qué recuerdos es más importante almacenar, en función de su contenido emocional. Pero, por supuesto, los seres humanos somos mucho más complejos que las babosas marinas y las cosas que aprendemos mucho más variadas. Esto significa que existen otros factores que pueden incidir en nuestra manera de aprender y de recordar, y las sustancias químicas del cerebro también desempeñan un papel a este respecto.

Si alguna vez te has encontrado en medio de una conversación con un compañero de trabajo que está contando una historia larga y aburrida y te has dado cuenta de que no tienes ni idea de lo que ha estado diciendo en los últimos minutos, es posible que te hayas quedado sin acetilcolina. Esta sustancia química cerebral interviene en el estado de alerta, la atención y la motivación, algo que posiblemente nos falte cuando escuchamos anécdotas sobre Juan y su nueva cortacésped. A un nivel más fundamental, la acetilcolina te ayuda a cambiar tu foco de atención de los estímulos externos (tu compañero de trabajo) a los internos (lo que vas a cenar esta noche). Esto es tremendamente importante, no solo para adquirir nueva información sino también para almacenarla y recuperarla.

Los circuitos del cerebro pueden dividirse en dos tipos: los que proporcionan información sobre el mundo exterior y los que procesan esa información internamente. A menudo la misma neurona recibirá estímulos tanto de los circuitos externos como de los internos, por lo que debe «decidir» cuál es más importante en cada momento. Ahí es donde interviene la acetilcolina. Cuando los niveles de esta sustancia son altos, potencia tu respuesta a los estímulos externos y suprime la retroalimentación interna. Esto te pone en el estado idóneo para aprender cosas nuevas, pues te estás centrando en absorber nueva información. Al cabo de un rato, sin embargo, los niveles de acetilcolina caen y tu atención empieza a disminuir. Durante el sueño de ondas lentas (la fase más profunda del sueño, durante la cual las ondas cerebrales se sincronizan y se ralentizan, como veremos en el capítulo 5), y cuando estás en estado de vigilia y no sientes cansancio, los niveles de acetilcolina en el hipocampo son más bajos, los circuitos internos liberan más glutamato y estos pasan a ser dominantes. Esto permite que los recuerdos formados durante la vigilia enfocada se almacenen como recuerdos a largo plazo.

La acetilcolina también contribuye a recuperar los recuerdos. Cuando tratas de recuperar un recuerdo almacenado, tu cerebro activa *otros* conceptos relacionados con ese hecho. Por ejemplo, hace poco me he puesto a estudiar español, pero me he dado cuenta de que el francés que aprendí de niña (y que creía haber olvidado por completo) me está impidiendo progresar. Con bastante frecuencia, cuando trato de recordar una palabra en español, me viene a la cabeza la francesa, y acabo haciendo frases del tipo: «Hola, je m'appelle Ginny». Aunque el hecho es frustrante, resulta evidente cuando sabes cómo almacena el cerebro los recuerdos. No almacenamos la información exactamente tal como es; más bien extraemos su esencia. Por lo tanto, más que recordar cada palabra de este capítulo, tu cerebro (eso espero) procesará la información que contiene y producirá un bonito y breve mensaje con el que te puedas quedar.

Pero aquí es donde pueden empezar los problemas. Mi cerebro ha almacenado un vínculo entre la frase «mi nombre es» y «je m'appelle». Ahora estoy intentando aprender «me llamo», pero cada vez que me dispongo a almacenar eso, mi cerebro también podría activar el antiguo rastro francés. Debido a la manera en que funcionan los recuerdos, cuanto más se activa un rastro, más eficiente se vuelve este, a medida que se fortalecen las sinapsis. Luego el hecho de que yo repita «my name is» = «me llamo» estará reforzando el rastro español, pero también está fortaleciendo el francés. Pero entonces, ¿alguna vez podré aspirar a hablar español sin salpicar mi conversación con palabras francesas? ¡La acetilcolina al rescate! Cuando los niveles de esta sustancia en el cerebro son elevados, la atención se centra en el mundo exterior y las vías internas se debilitan. Esto significa que puedo activar el rastro de memoria «my name is» = «me llamo», fortaleciendo este sin reforzar al mismo tiempo su versión en francés.

Sabemos mucho sobre esto gracias a los experimentos que recurren a fármacos que modifican los niveles de acetilcolina en el cerebro. Una sustancia ampliamente estudiada es la escopolamina, que se utiliza para prevenir el mareo por movimiento. La escopolamina bloquea los receptores de acetilcolina, lo que significa que el cerebro ya no responde a la sustancia cuando esta es liberada, engañando al cerebro, que piensa que sus niveles son bajos. Cuando se administra esta sustancia a las personas inmediatamente después de que se hayan aprendido una lista de palabras, son capaces de recordarlas sin dificultad. Pero si se les pone una inyección *antes* de la sesión de aprendizaje, recordarlas les resulta difícil. Incapaces de detectar la acetilcolina que su cerebro está produciendo, estas personas se bloquean en un modo interno, consolidando felizmente recuerdos antiguos pero sufriendo para formar recuerdos nuevos.

Resulta interesante que estos fármacos no son un nuevo descubrimiento de especialistas que trabajan en el ámbito de la neurociencia, sino todo lo contrario. La hierba de Jimson es una planta de la familia de las solanáceas (que también comprende las patatas, los tomates y el tabaco) que se utilizaba en la medicina antigua y como anestésico en operaciones quirúrgicas. Por sus propiedades alucinógenas, también se ha utilizado durante siglos en rituales religiosos y como droga recreativa. Entre sus componentes activos se incluye la escopolamina, a la que se considera responsable de la amnesia severa que experimentan quienes la consumen[9].

De hecho, en algunos medios científicos se cree que la escopolamina es la responsable de los efectos alucinógenos que también tiene la hierba de Jimson. Cuando el cerebro es incapaz de detectar la presencia de acetilcolina, esto puede provocar un cambio radical de foco en las percepciones internas. Esta priorización de la consolidación y la recuperación del recuerdo, más que su almacenamiento, puede significar que la persona que consume esta sustancia comienza a «experimentar» sus recuerdos, creyendo que son reales y actuales. Los efectos suelen ser temporales, aunque los recuerdos del momento en que la sustancia estaba presente en el sistema de la persona raras veces regresan, lo que concuerda con la idea de que en realidad no habían sido almacenados. Tristemente, la planta puede resultar fatal, en dosis no muy superiores a las necesarias para producir las experiencias alucinógenas.

## ¿SIN LÍMITES?

Si existen fármacos capaces de impedir que se formen los recuerdos, ¿existen también otros que podríamos utilizar para *mejorar* nuestra memoria y ayudarnos a aprender más deprisa y más eficientemente? A pesar de que estudié en Cambridge no hace *tanto* tiempo y a pesar de que muchas investigaciones han revelado lo habituales que son estas «ayudas para el estudio» en las universidades, personalmente nunca las utilicé. Pero las llamadas «drogas inteligentes» conforman un área en rápido crecimiento y supuestamente tienen precisamente ese efec-

[9] Lo cual me lleva a preguntarme si la hierba de Jimson realmente anestesiaba a los pacientes o si sencillamente eran incapaces de recordar después el terrible dolor que habían sentido durante la cirugía.

to. Muchas de las «drogas inteligentes» más comunes se consiguen con receta médica. El Adderall y el Ritalin, por ejemplo, son estimulantes utilizados para tratar el trastorno por déficit de atención e hiperactividad (TDAH). Pero durante muchos años, estudiantes y otras personas que buscaban experiencias límite han utilizado estas pastillas sin receta médica. Ambas potencian los niveles de las sustancias químicas cerebrales dopamina y noradrenalina, lo cual es beneficioso para personas con TDAH dado que en su caso se cree que estos sistemas no funcionan adecuadamente. A las bajas dosis que toman los pacientes, esta potenciación ocurre aparentemente solo en las regiones frontales del cerebro, que participan en la planificación y realización de tareas complejas. Cabe señalar que el consumo de dosis demasiado elevadas puede provocar efectos negativos sobre la cognición, puesto que la sustancia empieza a afectar entonces también a otras zonas del cerebro.

En personas que no padecen TDAH se cree que potenciar justo lo suficiente los niveles de estos neurotransmisores mejora la concentración y hace que las tareas aburridas resulten más placenteras. ¡No es de sorprender que se utilice como ayuda para el estudio! Pero ¿de verdad actúan tan radicalmente como la gente dice? Los análisis recientes realizados en el marco de muchos estudios sobre estas «drogas inteligentes» han puesto de manifiesto leves efectos sobre la cognición, la resolución de problemas y la memoria en personas sanas, pero solo en algunas personas y en algunas tareas, y estas al parecer varían dependiendo del estudio. También se ha sugerido que, en comparación con un placebo, las sustancias incrementan la confianza que la persona que las consume tiene en sus propias capacidades, por lo que la gente valora que surten más efecto en la capacidad de su mente de lo que en realidad tienen. Como son estimulantes, también existe el riesgo de abusar de ellas. Tomar una gran cantidad de la sustancia potencia en mayor medida la dopamina, lo que significa que la gente puede hacerse dependiente de ellas (como veremos en el capítulo 3). Las personas que utilizan estas drogas para fines recreativos pueden acabar teniendo mono del «subidón» que proporcionan y sintiéndose incapaces de funcionar sin su «pequeña ayuda». Por este motivo, no es probable que estas sustancias pasen a estar disponibles a corto y medio plazo para su uso general como potenciadores cerebrales.

Otra sustancia que ha suscitado recientemente un gran interés y que al parecer tiene menos efectos secundarios es el modafinilo. Desarrollado originalmente para reducir la somnolencia diurna en personas con narcolepsia, tiene la capacidad de mejorar la cognición incluso en personas muy carentes de sueño. Debido a ello, se ha sugerido toda una serie de posibles usos, para personal de ámbitos que van desde el militar hasta el espacial, pasando por la cirugía. Y, por supuesto, hay otras personas dispuestísimas a probar esta «droga milagrosa» y a procurarse un empujón en los estudios o en el trabajo. El mecanismo de actuación del modafinilo no se ha llegado a descifrar del todo, pero afecta a los niveles de toda una serie de neurotransmisores, incluida la dopamina, la noradrenalina, la serotonina y el glutamato. Está por averiguar cómo exactamente esto potencia la memoria y el control cognitivo, pero el uso creciente del modafinilo ha llevado a la neurocientífica Barbara Sahakian, que se ha especializado en estas sustancias, a sostener recientemente que deberían administrarse con receta para que se pudieran controlar adecuadamente.

Además de las cuestiones científicas que estas sustancias plantean, también cabe debatir sobre los aspectos éticos. Tomar una sustancia que potencia la actividad cerebral antes de un examen, ¿es hacer trampa? ¿Y si solo la tomas para estudiar? Muchas personas recurrimos a la cafeína para mantenernos en estado de alerta y concentración cuando se nos presenta un día duro[10] y la cafeína también es una sustancia que altera el cerebro (como veremos en el capítulo 5). ¿Cuál es entonces la diferencia? Sahakian explica que el modafinilo de hecho es preferible a la cafeína en muchas situaciones porque no causa efectos secundarios como temblor de manos. Para una cirujana o un cirujano que vayan a realizar una operación larga, por ejemplo, un agente que promueva su estado de vigilia y no provoque temblores podría proporcionar enormes beneficios a todas las partes implicadas.

Pero si de repente todo el mundo empieza a tomar mayores dosis, ¿podríamos llegar a un punto en el mundo en el que *tuvieras* que consumir sustancias para poder competir? Desde luego no es un futuro al

---

[10] ¡Me consta que este libro no habría sido posible sin unas cuantas tazas de café bien cargado!

que yo aspire. Y podría hacer las cosas todavía más difíciles a jóvenes de entornos menos privilegiados. El nivel económico de tu familia ya tiene un impacto enorme sobre tu futuro, por toda una serie de razones, desde el mayor tiempo que puedan dedicar a leerte un libro antes de dormir hasta la posibilidad de pagarte clases particulares si tienes dificultades en alguna asignatura. Pero si a eso le añades el elevado precio de las sustancias que estimulan el cerebro, que solo están al alcance de quien se las puede permitir, la brecha podría hacerse todavía mayor.

A ver, ¿probaría yo esas drogas? Desde luego, me siento tentada. Los beneficios del modafinilo suscitan curiosidad y su seguridad a corto plazo parece bastante comprobada. Pero tendría que estar segura de estar tomando la sustancia real. En la actualidad, muchas de las personas que utilizan estas sustancias sin receta médica las compran en páginas web, lo que significa que no hay ninguna garantía de que estén recibiendo aquello por lo que han pagado. Podría haber cualquier cosa en esas píldoras, y ese es un riesgo que yo no estoy dispuesta a correr.

Por otra parte, todavía no contamos con suficientes datos sobre su seguridad a largo plazo. Mientras que es poco probable que un uso único, o dos, puedan causar ningún daño, sabemos que el cerebro se adapta a largo plazo a cualquier cosa que tomemos. Por eso tu café de la mañana ya no te espabila tanto como antes y tal vez resulte que vas a por tu segundo café solo doble (véase el capítulo 5). Y ese es el motivo por el cual quienes utilizan habitualmente sustancias tienen que incrementar constantemente la dosis que consumen para conseguir el mismo efecto (véase el capítulo 3). Así que, si fueras a tomar modafinilo de manera habitual, ¿te seguiría haciendo el mismo efecto o empezarías a necesitarlo para trabajar a nivel normal, volviéndote tan dependiente de esta sustancia como lo somos de la cafeína? Son todas ellas preguntas sin respuesta que necesitamos resolver.

Tampoco tenemos ni idea de cómo afectaría al cerebro en desarrollo, por lo que su creciente utilización en escuelas y universidades resulta particularmente preocupante. El cerebro de las personas en sus primeros años de vida presenta un estado diferente al de las personas adultas, pues cambia y aprende a gran velocidad. En realidad, el cerebro no acaba de madurar hasta aproximadamente los 25 años. Y todavía estamos tratando de descubrir lo que sucede exactamente con la química del cerebro en cada fase de este proceso, por lo que la idea de alterarlo con sustancias innecesarias es, al menos en mi opinión, muy preocupante.

## BEBÉS Y POLLUELOS

Los bebés y los niños pequeños han evolucionado para aprender. En comparación con la mayoría del resto de animales, nuestras criaturas nacen increíblemente desvalidas. Debido al gran tamaño de nuestro cerebro y a nuestra postura erguida, tienen que nacer antes de estar realmente preparadas y por este motivo dependen enteramente de la persona que las cuida. No son capaces ni de andar ni de alimentarse, ni siquiera de regular su propia temperatura. Esto las hace vulnerables, pero también significa que pueden ser moldeadas por su entorno de una manera mucho más radical.

Las criaturas nacen con prácticamente el mismo número de neuronas que tendrán como personas adultas, pero eso no significa que su cerebro esté plenamente formado, ni mucho menos. Como hemos visto, son las conexiones entre estas neuronas las que son importantes para el aprendizaje y la memoria, y cambian rápidamente a lo largo de los primeros años de vida. Durante estos años, nuestro cerebro está en el estado perfecto para formar nuevas conexiones a través de la potenciación a largo plazo. Pero el tiempo perfecto para este proceso varía dependiendo de la parte del cerebro y de la capacidad que estemos considerando. Estas «ventanas de oportunidad» se conocen como periodos sensibles y mucho de lo que sabemos de ellos se lo debemos en sus inicios a un investigador austriaco llamado Konrad Lorenz.

A Lorenz siempre le habían gustado los animales. De niño tenía un montón de mascotas e incluso acudía a un zoo cercano a su casa donde ayudaba a cuidar de los animales enfermos. Pero su padre, que era cirujano, estaba empeñado en que estudiara medicina. De modo que, en 1922, Lorenz comenzó esta carrera. Sin embargo, Lorenz no fue capaz de renunciar a su trabajo con los animales. Mantenía diarios, documentaba sus observaciones y, en 1927, su observación sobre una grajilla fue publicado en una prestigiosa revista. Tras licenciarse en medicina, Lorenz hizo un doctorado en zoología. En la década de 1930, siguiendo la estela de su mentor Oskar Heinroth, Lorenz comenzó a trabajar con el ganso común y en un fenómeno que más tarde llamó «impronta». Cuando los polluelos salen del cascarón, muchas especies necesitan aprender enseguida a seguir a su madre, dondequiera que esta vaya, para no perderse. Heinroth observó que los ansarones, si se daban las condiciones adecuadas, empezaban a seguir a una persona y no a su madre. De modo que su discípulo, Lorenz, se propuso descubrir por qué se producía este fenómeno.

A través de diversos experimentos, Lorenz descubrió que los ansarones nacen listos para establecer un vínculo con el primer objeto grande y llamativo en movimiento que ven. En la naturaleza se trataría de su madre, pero en el laboratorio los polluelos se imprimían en modelos de otras especies, en una pelota, o incluso (como se hizo célebre) en el propio Lorenz. En un experimento, Lorenz tomó la mitad de los huevos de un nido y los crio en una incubadora, mientras que dejó que la otra mitad la incubara la madre gansa. Al salir del cascarón, como se esperaba, sus polluelos se acercaban a él mientras que los otros lo hacían a su madre. A continuación Lorenz mezcló los polluelos y los cubrió con una caja. En cuanto levantó la caja, sus ansarones empezaron a correr hacia él, mientras que los otros se dirigieron sin dudarlo hacia su madre. Lorenz explicaba que esta impresión debía de haberse producido durante un periodo crítico, justo después de que el polluelo saliera del cascarón. Si el ansarón no percibía ningún estímulo adecuado hasta después de aquel momento, nunca se acercaría. Lorenz también creía que la impronta era permanente y afectaba al animal durante el resto de su vida.

Su carrera se vio interrumpida por la guerra y, en 1941, se alistó en el ejército alemán como médico militar, llegando luego a ser psicólogo en una unidad de las SS. Aunque más tarde negó su implicación y que tuviera conocimiento de las atrocidades que estas unidades habían cometido, al parecer Lorenz utilizó su trabajo para apoyar la ideología nazi. Además de estudiar la impronta en los polluelos, le interesaba cómo este fenómeno afectaba al comportamiento sexual posterior; y descubrió que un pato criado por una gansa se sentiría posteriormente atraído sexualmente por las gansas.

Utilizó este hecho para apoyar que la hibridación (el cruce de dos individuos de especies diferentes) en animales causaría confusión, porque sus impulsos innatos entrarían en conflicto y, por lo tanto, acabarían siendo más «débiles». Por supuesto, esto encajaba perfectamente con el ideal nazi de la «pureza racial» y la prohibición del mestizaje, que podía «debilitar» a la raza humana. También creía que domesticar a los animales los hacía más débiles y «temía» lo que esto pudiera significar para los seres humanos. En la biografía que escribió cuando recibió el Premio Nobel en 1973 afirmaba:

> Escribí sobre los peligros de la domesticación y, para que se me entendiera, redacté mi texto con la peor terminología nazi. No quiero atenuar esta realidad. De hecho, pensé que algo bueno podría venir de los nuevos gobernantes. El régimen católico que gobernaba Austria antes de los nazis, de una gran estrechez de miras, empujó a hombres mejores y más inteligentes que yo a albergar tan ingenua esperanza. Prácticamente todos mis amigos y maestros lo hicieron, incluido mi propio padre, que sin duda era un hombre afable y de una gran humanidad. Ninguno de nosotros llegó siquiera a sospechar que la palabra «selección», cuando la usaron aquellos gobernantes, significaba asesinato. Lamento aquellos escritos, no tanto por el innegable descrédito que arrojan sobre mi persona, sino por su efecto al perjudicar el reconocimiento posterior de los peligros de la domesticación.

Lorenz siguió trabajando para los nazis hasta que fue hecho prisionero por los rusos en 1944. Estos lo pusieron a trabajar como médico hasta que por fin en 1948 consiguió regresar a su país, donde retomó su investigación. No cabe duda de que Lorenz desempeñó un papel importante en ayudarnos a comprender el comportamiento animal y a menudo se habla de él en términos de «padre de la etología» [el estudio del comportamiento animal]. Pero la ciencia no se produce en el vacío, y no resulta útil, y ni siquiera posible, separar las convicciones científicas de una persona de las políticas. La visión del mundo de una persona de ciencia orientará las preguntas que se haga en sus estudios, la manera en que interprete los resultados y las deducciones que realice a partir de estos. Ello no significa que debamos descartar los descubrimientos de Lorenz, pero sí que hay que considerarlos a través de la lente de los planteamientos políticos de nuestra época.

En la década de 1950, Eckhard Hess, investigador estadounidense nacido en Alemania, retomó el trabajo de Lorenz. En su laboratorio de Maryland investigó con patitos y descubrió que su impronta se producía entre 13 y 16 horas después de haber roto el cascarón. Esto condujo a reavivar el interés por este campo, y a lo largo de la siguiente década se lograron muchos más descubrimientos. Resultó que, aunque Lorenz tenía razón en cuanto a la ventana de oportunidad, esta no estaba establecida de un modo tan estricto como él había pensado. Si por ejemplo los anadones se mantenían socialmente aislados tras su nacimiento, el tiempo de acercamiento se ampliaba a 20 horas. Por lo tanto, la impronta no sigue una vía establecida, determinada por la biología. También puede afectarle la experiencia.

En la actualidad las investigadoras y los investigadores tienden a hablar de periodos sensibles más que de periodos críticos. Se trata de momentos en los que un animal está predispuesto a aprender determinadas cosas y en los que la experiencia puede conformar su cerebro y su futuro comportamiento. Al parecer, al igual que los gansos, los seres humanos también presentan periodos sensibles para determinadas actividades.

Tomemos por ejemplo la vista. Al nacer, las criaturas no ven con demasiada nitidez[11]. Su visión periférica es limitada, como lo es también su capacidad para detectar el color y el contraste, pero estas aptitudes se desarrollan enseguida. Para ello, sin embargo, los ojos deben funcionar adecuadamente. Esto significa que los bebés nacidos con cataratas pueden tener problemas a lo largo de toda su vida. Si la catarata es severa, bloqueará toda la información visual, permitiendo solo una percepción general de la luz y la oscuridad. Una vez operada, los ojos pueden funcionar normalmente, al menos en teoría. En personas adultas, el tiempo que lleve la catarata desarrollada en el ojo al parecer no es muy relevante, en el sentido de que, una vez eliminada, la visión se recupera. Pero en los bebés la cuestión es muy distinta. Si la catarata se

[11] Su «agudeza visual», medida por la separación que son capaces de distinguir entre unas barras blancas y negras sobre un fondo gris, es 40 veces menor que la de una persona adulta con visión normal.

opera en las seis primeras semanas de vida[12] y si se realiza un seguimiento adecuado, la mayoría de las criaturas tendrán una visión normal al crecer. Sin embargo, cuanto más tarde se opere la catarata, mayores problemas visuales tendrá la criatura y los sufrirá a lo largo de toda su vida.

Otro ejemplo claro es el del lenguaje. Cualquiera que haya tratado de aprender una lengua a edad adulta sabe lo difícil que resulta, cuando durante la infancia aparentemente se aprende con muy poco esfuerzo. Lleva a una criatura a un país extranjero y en el plazo de unos meses estará hablando como cualquier persona autóctona, mientras que sus progenitores seguirán peleándose con los fundamentos y probablemente nunca perderán su acento.

Está claro que el tiempo es fundamental para el aprendizaje y empezar temprano es esencial para que una capacidad se desarrolle adecuadamente. También es evidente que esa ventana se cierra y que luego aprender puede resultar más difícil o incluso imposible. En parte esto se debe a la forma en que se desarrolla nuestro cerebro. Cuando un bebé nace, su cerebro está estableciendo nuevas conexiones a toda velocidad, hasta un millón de ellas por segundo. Luego, a medida que crece, las áreas comienzan a madurar. Empezando con capacidades sencillas como la visión, las conexiones que se utilizan van fortaleciéndose a través de la potenciación a largo plazo, y las que no se utilizan se podan.

Por ejemplo, una criatura recién nacida es capaz de distinguir los sonidos de cualquier lenguaje. Pero a medida que se ve expuesta en mayor medida a una lengua que a otra, empieza a perder esta flexibilidad. A partir del primer año de vida, una criatura expuesta únicamente al inglés empezará a perder la capacidad de distinguir sonidos que la lengua inglesa no utiliza.

Si te saltas la etapa en la que las neuronas están en modo «conexión», te saltas el periodo sensible, y los estímulos ya no podrán conformar el cerebro del mismo modo. El patrón de desarrollo y el paso

---

[12] En el caso de que la catarata afecte a un solo ojo. Resulta interesante observar que, si hay cataratas en los dos ojos, el plazo se alarga un poco: ocho semanas desde el nacimiento.

entre conectar y podar varían radicalmente de unas áreas a otras del cerebro y de una capacidad a otra. Así, por ejemplo, las áreas frontales del cerebro, que están implicadas en la toma de decisiones y en la deliberación, no acaban de desarrollarse hasta después de los 20 años.

El mundo científico no sabe exactamente a qué se debe que una región del cerebro pase de un modo a otro, pero se han propuesto diversas teorías. Una de estas sugiere que posiblemente se deba al equilibrio entre las neuronas inhibidoras, que utilizan sustancias químicas como el GABA (ácido gamma aminobutírico), y las excitadoras, que utilizan el glutamato. Si hay menos inhibición en el cerebro en desarrollo, esto puede facilitar que se formen nuevas conexiones. La competencia neuronal también puede tener algo que ver, pues las neuronas activas apagarán a las neuronas menos activas que tengan alrededor. Sin embargo, también es importante la experiencia. Privar a un animal de todo estímulo sensorial aparentemente retrasa la finalización de su periodo sensible, al menos durante un tiempo. Aunque queda mucho por investigar, cabe esperar que, si la ciencia es capaz de descubrir cómo volver a activar el periodo sensible, podrá ayudar por ejemplo a personas a las que, al nacer, no les operaron la catarata a tiempo.

## LAS CRIATURAS DE CEAUCESCU

Por lo tanto, parece que tenemos periodos sensibles para las capacidades perceptivas. Pero ¿qué hay de los comportamientos más complejos? Probablemente una de las cosas más importantes que hay que aprender durante la infancia es cómo navegar por el mundo social en el que vivimos: cómo crear vínculos con las personas y cuáles son las normas de la interacción social. Para la mayoría de las criaturas, esto ocurre de forma natural, al empaparse del comportamiento de las personas que las cuidan, interactuando con ellas y con otras personas de su entorno. Pero ¿qué ocurre cuando esta interacción social desaparece por completo? Desgraciadamente, algunos hechos de las décadas de 1980 y 1990 nos han permitido formarnos una idea bastante completa del tema.

En 1967, Nicolae Ceaucescu, líder del Partido Comunista, pasó a ser presidente de Rumanía. En su afán por convertir a su país en una «potencia mundial», impuso una serie de leyes totalitarias. Pensaba que una forma de conseguirlo era que aumentara la población del país, por lo que prohibió la contracepción y el aborto. Esto dio lugar a un número enorme de bebés cuyos progenitores eran incapaces de cuidar de ellos, por lo que se fundaron instituciones para hacerlo. Es lo que se conoce como los «orfanatos rumanos», aunque se estima que los progenitores del 70 por ciento de criaturas recogidas en ellos seguían vivas, aunque eran demasiado pobres para cuidarlas o les habían convencido de que estas tendrían una vida mejor si el Estado se hacía cargo de ellas. Incluso les dijeron que más adelante podrían recuperarlas si su situación económica mejoraba.

Pero estas instituciones no resultaron ser aquello para lo que se habían fundado. Saturadas enseguida por el exceso de niñas y niños que les llegaban, su personal era incapaz de proporcionar poco más que los cuidados elementales, había escasez de alimentos y de calefacción y las criaturas sufrían abusos por parte tanto de quienes les cuidaban como de los niños mayores. Muchos murieron de enfermedades comunes o de hambre. En el mejor de los casos, las criaturas eran alimentadas y mantenidas con vida, pero no les daban cariño ni les hablaban ni jugaban con ellas. Y aunque estas cosas pueden parecer de menor importancia, son vitales para la socialización de cualquier ser humano.

Cuando Ceaucescu fue derrocado en 1989, el mundo tuvo conocimiento de la situación de estos niños y niñas y de las condiciones que habían tenido que soportar. Se establecieron instituciones caritativas para ayudar a mejorar su situación[13] y muchos fueron adoptados por familias de todo el mundo. A pesar de ello, el número de niños y niñas en instituciones siguió siendo muy elevado y luego volvió a aumentar cuando la situación política hizo que se acentuara la pobreza en el país. Por desgracia, aunque tal vez les llegaran más juguetes y caramelos, los cuidados que recibían no mejoraron demasiado en la siguiente década.

Las noticias que se difundieron sobre la difícil situación de estas criaturas despertaron el interés de los y las especialistas en desarrollo

[13] Recuerdo que, de niña, todas las Navidades hacíamos paquetes llenando cajas de zapatos con juguetes y caramelos, que se enviaban a estas niñas y niños. Pero en aquella época yo no tenía ni idea de lo terrible que era su situación.

infantil. Se pensó que esta terrible tragedia podría proporcionar datos importantes sobre la manera en que la desatención, tanto física como social, afecta al cerebro en desarrollo y permitiría averiguar si otras experiencias vitales posteriores eran capaces de compensarla. Y tal vez esto podría ayudar a otras niñas y niños en el futuro.

En 2000, un equipo de investigación en el que figuraba Nathan Fox lanzó el Bucharest Early Intervention Project (BEIP, Proyecto de Intervención temprana en Bucarest), para estudiar la cuestión. El proyecto evaluó a más de 100 niños y niñas que habían sido abandonados al nacer y habían ingresado en alguna de las seis instituciones públicas del área de Bucarest, en Rumanía. Luego los investigadores hicieron algo que les debió de romper el corazón. Distribuyeron aleatoriamente a los niños y niñas en dos grupos. Los de un grupo permanecían en la institución mientras que los del otro eran asignados a familias de acogida que habían recibido una formación especial para participar en el estudio y que les daban apoyo económico[14]. El equipo de investigación hizo a continuación el seguimiento de los dos grupos, así como de un grupo de niños y niñas de edades similares que nunca habían vivido en orfanatos, a los que llamaron «controles comunitarios». Tal como se esperaba, resultó que los grupos institucionalizados iban retrasados en su desarrollo en toda una serie de aspectos. Sus habilidades lingüísticas y su desarrollo motor, así como su cociente intelectual, eran menores. Mostraban un comportamiento extraño cuando estaban en presencia de personas desconocidas: corrían hacia ellas y las abrazaban como si fueran parientes a los que no veían desde hacía mucho tiempo y no mostraban timidez ni pudor ni acudían a sus cuidadoras o cuidadores en busca de consuelo, como habrían hecho la mayoría de otros niños y niñas. Cuando se medía su actividad cerebral mediante un electroencefalograma (EEG), esta solía ser menor. Sus cerebros sencillamente no estaban desarrollándose como era debido.

---

[14] Esto puede parecer poco ético, pero vale la pena recordar que, de no haberse realizado el estudio, todos los niños y las niñas habrían seguido en su orfanato. Gracias a este trabajo, muchos fueron adoptados por familias a las que les dieron apoyo económico y emocional, mientras que el resto no quedaron en una situación peor de aquella en la que ya estaban.

Pero no todo fueron malas noticias. El equipo de investigación continuó el seguimiento durante los siguientes 12 años y empezó a darse cuenta de que aparecía un patrón a medida que los niños y niñas a los que habían sacado de las instituciones empezaban a recuperar el nivel. Al parecer eran capaces de formar un vínculo seguro con las nuevas personas encargadas de su cuidado, aunque todavía en menor medida que el grupo que nunca había sido separado de su familia.

Al principio del estudio, la edad de las criaturas iba de los seis meses a los tres años, hecho que brindó al equipo investigador una oportunidad única. Pudieron categorizar el grupo acogido para comprobar si existían diferencias que radicaran en la edad a la cual habían sido sacadas de la institución. Esto tal vez podría revelar si los seres humanos tienen periodos sensibles para la socialización. Y descubrió algo importante. Cuanto más jóvenes eran las criaturas acogidas, mayor era su capacidad de recuperación. Pero la edad precisa difería para las distintas capacidades. Las criaturas acogidas en familias antes de los 15 meses de edad recuperaban rápidamente sus habilidades de lenguaje, mientras que con más edad tenían más dificultades. En cuanto al CI, la edad vital estaba comprendida entre los 18 y los 24 meses. A los ocho años, las niñas y niños que habían sido acogidos antes de cumplir dos años mostraban una actividad EEG normal, mientras que en los acogidos posteriormente todavía se apreciaban diferencias.

Esto sugiere que, en el caso de las criaturas humanas, existen periodos sensibles durante los cuales necesitan un tipo adecuado de estímulo para desarrollarse. Al igual que en el caso de los animales, al parecer las capacidades básicas, como las habilidades sensoriales y motoras, se desarrollan primero, mientras que los periodos sensibles de los comportamientos sociales más complejos se sitúan algo más tarde. Pero ¿por qué? ¿Qué es lo que ocurre en el cerebro de los bebés que han sufrido privación que afecta a su comportamiento en años posteriores?

## LLORA PEQUE

Los investigadores y las investigadoras creen que algunas de las experiencias más críticas para las criaturas son interacciones de «servir y devolver». Esto puede ser algo tan sencillo como que un progenitor le hable a su bebé y responda a ruidos o expresiones faciales. A medida que la criatura crece, las interacciones pueden incluir experiencias compartidas tales como señalar objetos, hacerle cosquillas o jugar. Lo importante es que la persona cuidadora sea reactiva a la criatura. En un experimento se pedía a la madre que mirara a su bebé con una expresión neutra y que no reaccionara de ninguna manera. Al cabo de apenas unos segundos, la criatura mostraba claramente cierto desasosiego. Creemos que los bebés interpretan esta ausencia de reacción como una señal de peligro. Y tiene su lógica: para una criatura que confía plenamente en la persona que la cuida para su supervivencia, una falta de respuesta podría resultar mortal.

Es decir, que esta ausencia de interacción activa su respuesta al estrés, inundando su organismo de adrenalina y de cortisol. Si esto ocurre ocasionalmente, por ejemplo cuando a una criatura se la deja llorar mientras la persona cuidadora, que normalmente está atenta, está ocupada, no se produce ningún daño a largo plazo. De hecho, la criatura tal vez aprenda a consolarse a sí misma. Pero si el sistema de estrés se activa constantemente durante periodos prolongados, puede provocar todo tipo de problemas.

Unos niveles constantemente elevados de cortisol pueden reducir el crecimiento de las dendritas (las estructuras ramificadas en el extremo de la neurona que le permiten conectarse a muchas otras neuronas) y la formación de sinapsis. Teniendo en cuenta lo rápidamente que cambia el cerebro de un bebé durante los primeros años de su vida, no es de sorprender que sea particularmente sensible durante este periodo. El estrés también inhibe la mielinización, el proceso a través del cual los axones (las fibras nerviosas) de las neuronas, que transportan los mensajes por el cerebro, son recubiertos por una funda aislante, que suele llamarse materia blanca. Se trata de una parte fundamental del proceso de maduración, que ayuda a las neuronas dentro del cerebro a ser más eficientes.

Los estudios de escaneo cerebral han puesto de manifiesto que los niños y las niñas de los orfanatos rumanos tenían unos cerebros más pequeños, con menos materia gris, formada por cuerpos neuronales, y menos conexiones de materia blanca. Trasladar a estas criaturas a familias de acogida contribuyó a que, en cierta medida, se recuperara su materia blanca, pero en cambio el volumen de materia gris no se recobró. Esto concuerda con lo que sabemos del desarrollo del cerebro, pues la mielinización de una región se produce después del momento en que las neuronas están creciendo y conectándose a mayor velocidad. De hecho, la mielinización no termina totalmente en el cerebro hasta después de los veinte años.

Este elevado nivel de cortisol también cambia la manera en que la propia sustancia opera en el organismo a largo plazo. Todas las personas tenemos nuestro ciclo de cortisol, que está a su nivel más alto por la mañana[15] y al más bajo al final de la tarde. Pero las criaturas que han sufrido desatención presentan ritmos atenuados que se mantienen bajos todo el día. Esto al parecer está relacionado con el crecimiento físico y también con una actitud amistosa indiscriminada, la que se observaba en los orfelinatos de Rumanía. Pero, igual que la estructura del cerebro, el ciclo de cortisol puede variar, y se han observado casos de recuperación en criaturas que han sido acogidas o adoptadas en familias que las han tratado con cariño, siempre que las personas cuidadoras no estuvieran ellas mismas demasiado estresadas.

Esto a primera vista puede resultar algo confuso. Antes hemos hablado del hecho de que las emociones, y las sustancias químicas del cerebro que intervienen en ellas, pueden potenciar la memoria. Pero en el cerebro, mientras que algo a pequeñas dosis puede ser beneficioso, a dosis excesivas puede tener un impacto negativo; y esto vale tanto para el cortisol como para otras sustancias químicas del estrés. Resulta que la liberación de cortisol contribuye a que algunas áreas del cerebro sean más susceptibles a la potenciación a largo plazo, ayudando al almacenamiento de los recuerdos. Pero el cortisol puede seguir presente en el torrente sanguíneo durante algunas horas y solo ejerce este efecto al principio. Las científicas y los científicos creen que en realidad tiene dos efectos: uno rápido que ayuda a almacenar los recuerdos y uno lento que lo evita.

---

[15] Resulta interesante constatar que el cortisol también provoca que se eleve la presión arterial, por lo que su pico diario por la mañana es una de las razones por las cuales los infartos son más frecuentes a primera hora del día.

Esto tiene su razón de ser desde la perspectiva de la evolución. Si ocurre algo que produce miedo o estrés, interesa almacenar ese recuerdo para poder evitarlo en el futuro. La liberación de adrenalina, noradrenalina y cortisol contribuye precisamente a ello. Pero después de que ese recuerdo haya sido almacenado y una vez que la amenaza haya pasado, el cortisol se queda por ahí y evita que se formen nuevos recuerdos por encima del recuerdo importante. Lo protege y garantiza que quede almacenado de forma segura cara al futuro.

El problema se presenta cuando la liberación de cortisol es continua debido al estrés crónico. En esta situación, siempre estás en el modo «posterior al miedo» y la potenciación a largo plazo, y por lo tanto el aprendizaje, quedan limitados. El sistema de cortisol menos reactivo hallado en los niños y niñas de los orfanatos también puede significar que estas criaturas no llegan a disfrutar de los beneficios a corto plazo que esta sustancia puede aportar a la memoria.

En cuanto a las sustancias químicas cerebrales, todo es una cuestión de equilibrio. Aunque bien puede ser que en el aprendizaje intervenga una sustancia química, eso no significa que incrementar su concentración necesariamente potencie tu capacidad intelectual. Nuestro cerebro enseguida se satura y busca ese «punto de Ricitos de Oro» en el que se da la cantidad precisa de cada sustancia química para que esta funcione adecuadamente. Es decir, que debemos tener cuidado con las drogas que consumimos que alteran los niveles de estas sustancias químicas, en particular en el caso de las personas sanas. Como hemos visto, con frecuencia pueden tener consecuencias no deseadas.

Pero a medida que vamos haciendo nuevos descubrimientos sobre la neurociencia del aprendizaje y la memoria, así como sobre las sustancias químicas que la regulan, cabe la esperanza de que *podamos* encontrar maneras de hacerla más eficiente, de un modo seguro. Esto puede significar hallar mejores maneras de enseñar en las escuelas o medicamentos que puedan ayudar a las niñas y niños que se han perdido una etapa de desarrollo por culpa de una enfermedad o de una situación de maltrato. Pero, como con cualquier desarrollo científico, también se plantean cuestiones éticas. Mejorar el tratamiento de un TEPT o de otros problemas ligados a los recuerdos podría cambiarles la vida a millones de personas, pero los riesgos que se presentan si encontramos formas de manipular los recuerdos son obvios y nos llevan a los rincones más negros de las novelas de ciencia ficción y de espionaje. De momento, cuando se trata de reforzar la capacidad intelectual, los métodos más seguros y fiables no son ni los más nuevos ni los más emocionantes: practicar, practicar y practicar y, como veremos en el capítulo 5, asegurarte de dormir lo suficiente...

# 3

# Motivarse

Colgué el teléfono; la emoción me hizo sonreír hasta dolerme las mejillas. Me latían las sienes y el cuerpo me pedía ponerme a dar botes por la habitación. Me moría de ganas de contarle a Jamie, mi pareja, lo que acababa de ocurrir, así que le envié un mensaje de texto diciéndole: «¡Vaya! Ni te imaginas quién me acaba de llamar. ¡Una famosa editorial[1] me ha propuesto que le escriba un libro! Esa de la que tenía tantos libros cuando era pequeña, ¡¡¡no me lo puedo creer!!!».

Como podrás adivinar por la cantidad de signos de exclamación que había incluido en la nota, estaba emocionadísima. En realidad eso se queda muy corto, estaba que no cabía en mí de alegría. De niña siempre me habían encantado los libros de esta editorial, maravillosamente ilustrados, y la idea de escribir para ella era como un sueño hecho realidad. Cada hito durante la creación de aquel primer libro marcaba una nueva emoción. Cuando los diseñadores me devolvieron las primeras páginas, cuando releí las pruebas de la versión final y luego el momento en que tuve en mis manos el libro por primera vez: cada ocasión me provocó un chute de placer, orgullo y sentimiento de recompensa. Cuando se pusieron en contacto conmigo para contarme cómo iban las ventas, me agradó mucho. A la siguiente vez, ya no reaccioné en absoluto con tanta emoción y a la cuarta vez, ¡qué rollo! Se-

[1] He pensado que te dejo adivinar de qué editorial se trata.

guía disfrutando de escribir libros, pero ya no era nada nuevo, por lo que ya no me resultaba tan emocionante.

Nuestro cerebro ha evolucionado para ayudarnos a salir adelante en la vida. Para ello, en el nivel más sencillo, hemos de comer y beber, apartarnos del peligro y reproducirnos para transmitir nuestros genes a la siguiente generación. Pero ¿cómo sabemos estas cosas? En parte está integrado en un sistema en nuestro cerebro, que nos recompensa cuando hacemos algo que es beneficioso para nuestra supervivencia, motivándonos para hacerlo de nuevo en el futuro. Este sistema es la razón por la que las rosquillas están tan buenas cuando tienes hambre y la razón por la que la gente se esfuerza tanto por impresionar a la persona con la que está saliendo para (ojalá) llevársela al huerto.

En el mundo moderno, el sistema de recompensa nos motiva a perseguir una recompensa tras otra. Una casa más grande. Un trabajo mejor. Unos zapatos más bonitos que nunca te pondrás. Pero, una vez que has alcanzado tu objetivo, la compensación es fugaz, por lo que enseguida vas a por la siguiente. Desde el punto de vista evolutivo, tiene sentido tener un sistema que nos hace seguir avanzando, en pro de la siguiente recompensa. Una vez que te has comido esa fruta o has dormido con esa persona desconocida tan atractiva, es lógico pasar a la siguiente oportunidad.

Eso fue lo que me ocurrió a mí con aquellos libros. Una vez alcanzado el objetivo, conseguirlo de nuevo no me reportó la misma satisfacción. Eso me induce a seguir avanzando en mi carrera y a seguir buscando ese gran logro siguiente. Tuve otro subidón cuando me contactaron para escribir este para Sigma, mi primer libro individual, y estoy a la expectativa de la emoción (¡y el terror!) de lanzarlo al mundo. Por lo tanto, este aspecto fugaz de la recompensa puede que tenga sus beneficios, pero por desgracia también puede suponer nuestra ruina.

Un problema es que este sistema es muy simple y no siempre está adaptado al mundo moderno. No comprende que, en nuestro mundo de abundancia, comerse otro pastelito probablemente resulte más perjudicial que beneficioso para nuestra salud. Por ello a menudo tenemos tendencia a los comportamientos poco sanos.

El ejemplo más extremo de que este sistema puede resultar problemático está relacionado con el consumo de drogas de abuso. Estas pueden apropiarse del sistema, produciendo sensaciones más intensas que cualquier recompensa «natural». Y esto hace que resulte muy difícil dejar de consumirlas. Para comprender cómo este sistema de impulsos y deseos funciona en las personas, vale la pena empezar por analizar las drogas y cómo estas pueden (en ocasiones) producir adicción.

## COMPRENDER LA ADICCIÓN

No todas las personas que prueban una droga se hacen adictas a ella. Algunas drogas son más adictivas que otras pero, al parecer, también hay personas que tienen mayor probabilidad de volverse adictas. Esto sugiere que debe de haber algo relacionado con su cerebro que interactúa con el efecto que tiene la sustancia de incrementar el riesgo de dichas personas. Pero para comprender cómo y por qué sucede esto primero tenemos que abordar lo que en realidad es una adicción.

Adicción es una de esas palabras curiosas. Todo el mundo sabe lo que significa, pero definirla resulta sorprendentemente difícil. La utilizamos para designar conceptos que no siempre encajan con la definición clínica, cuando decimos que somos adictos o adictas a un nuevo programa de televisión o a un tipo de comida. Y mientras que algunas personas defenderían que es posible tener adicción a la comida (véase el capítulo 6), la mayoría no lo somos porque, para poder definirlo como una adicción, tu deseo de algo debe ser tan grande que pierdes la conexión con otras cosas de tu vida y lo persigues en detrimento del trabajo, las relaciones e incluso tu propia seguridad. Pero entonces, ¿qué es lo que lleva a algunas personas a esos extremos?

Una de las teorías clásicas es que las personas que son adictas buscan un subidón. Les gusta tanto la sensación que les produce el consumo de la sustancia que eso les induce a procurársela cualquiera que sea el riesgo. Pero ¿qué es lo que hace que las drogas sean placenteras? Si le preguntas esto a Google, la mayoría de las webs que hablan de ello te dirán que el «subidón» se debe, al menos en parte, a la liberación de enormes cantidades de la sustancia química cerebral llamada dopamina. La dopamina es una pequeña molécula que Kathleen Montagu descubrió solo en el cerebro en 1957[2]. Al principio se sabía que desempeñaba un papel importante en la iniciación del movimiento, gracias a la investigación con personas aquejadas de Parkinson. Esta enfermedad se caracteriza por la muerte de neuronas en una parte del cerebro llamada sustancia negra[3]. Dado que dichas neuronas producen mucha de la dopamina del cerebro en una persona sana, la gente con Parkinson tiene bajos niveles de dopamina. Esto provoca diversos síntomas, entre ellos la dificultad de movimiento y la falta de equilibrio, así como los temblores, generalmente de manos. Sabemos que la dopamina también es importante en el caso de las drogas de abuso.

Veamos lo que ocurre por ejemplo con la cocaína[4]. Normalmente, cuando se libera dopamina en una sinapsis, se difunde a través de ella para unirse con los receptores de la segunda neurona, modificando la probabilidad de enviar una señal. Entre tanto, cualquier exceso de dopamina en la sinapsis es absorbido de nuevo por la primera neurona, que lo recicla. Este proceso se conoce como recaptación y lo controlan los transportadores de dopamina en la membrana de la primera neurona, a los que cabe imaginar como las aspiradoras de la sinapsis.

Cuando una persona toma cocaína, la droga llega al cerebro y bloquea los transportadores de dopamina. Esto significa que, al liberarse dopamina en la sinapsis, se queda en su entorno más tiempo y en mayores concentraciones de lo que suele ser normal. Esto crea una sensación de euforia durante un breve periodo de tiempo, o eso dice al menos cualquier página web sobre la cocaína. Pero ¿es verdaderamente así de sencillo? E incluso si lo fuera, ¿qué tiene la dopamina que la convierte en la «sustancia química del placer», como se la suele definir? Podemos remontarnos a los comienzos de esta teoría hasta una rata muy especial, y al error cometido por una pareja de científicos.

---

[2] En muchos textos, este honor se le reconoce a Arvid Carlsson, que estaba estudiando la dopamina al mismo tiempo que Montagu y llegó a recibir el Premio Nobel en el año 2000 por el papel que desempeñó en su descubrimiento. Sin embargo, su artículo en el que confirma que la dopamina es un neurotransmisor en el cerebro humano se publicó varios meses después del de Montagu. Desgraciadamente, esta murió en 1966 y el Premio Nobel solo se concede a personas vivas, por lo que no podemos saber si también le habrían hecho este reconocimiento a ella además de a Carlsson.

[3] Por su nombre, ya te imaginarás qué aspecto tiene esa región del cerebro.

[4] ¡Es una forma de hablar, no una recomendación!

## LA RATA QUE ERA UN BICHO RARO

Poner a prueba el cerebro para comprender la función de determinadas regiones del mismo y cómo estas se comunican es un reto; pero a lo largo de los años se han desarrollado y refinado técnicas capaces de conseguirlo, al menos en animales. Así, por ejemplo, el cerebro utiliza señales eléctricas para comunicar, por lo que, si aplicamos corrientes eléctricas de una fuente externa, podemos activar regiones específicas. Una manera de hacerlo es realizar una operación en una rata para implantarle un electrodo minúsculo en un área de su cerebro. Los científicos y las científicas pueden luego observar su comportamiento cuando se estimula esa área para tratar de deducir cuál es su función. Por ejemplo, si la pata de la rata se contrae cuando se activa el electrodo, sabremos que hemos dado con una región motora.

Esta fue precisamente la técnica que utilizaron Peter Milner y James Olds. En 1953, Milner era un estudiante de posgrado que trabajaba en el laboratorio del psicólogo Donal Hebb[5] en la McGill University, Canadá, cuando Olds ingresó en el laboratorio. Este había cursado estudios de psicología en el departamento de Relaciones Sociales de Harvard, pero nunca había trabajado con animales, así que Milner lo tomó bajo su tutela. Previamente, Milner había estado centrado en su tesis doctoral, pero el trabajo de Olds sobre la motivación y el aprendizaje despertó su curiosidad, así que cambió de planes para poder trabajar juntos.

La pareja implantó un electrodo en una parte del cerebro de la rata conocida como el sistema de activación reticular (SAR). Según otros estudios previos, este era una especie de «centro de castigo»; a las ratas no les gusta la estimulación en esta región y harán todo lo posible para evitar que el electrodo se active. Luego permitieron que la rata se moviera libremente y estimulaban su cerebro cuando se hallaba en un determinado lugar. Para su sorpresa, enseguida se dieron cuenta de que la rata volvía al lugar donde estaba cuando el electrodo se activaba. Esto no debería de haber ocurrido; si a la rata no le gustaba la sensación, ¿por qué volvía al lugar donde la había experimentado?

---

[5] El mismo Hebb cuyo trabajo sobre el aprendizaje comentamos en el capítulo 2.

Como debería hacer cualquier científico, la pareja decidió repetir el experimento con otra rata. Y los resultados no coincidieron. Así que volvieron a probar. Sin suerte. Después de que varios intentos de repetir el experimento hubieran fracasado, los investigadores empezaron a preguntarse si se habrían equivocado al insertar el electrodo en la primera rata, y una rápida radiografía reveló que efectivamente así había sido. El electrodo había acabado en una región profunda del cerebro que llamaron el área septal. Por lo tanto, se dispusieron a repetir el experimento con otras ratas, implantando los electrodos en esta nueva área de interés.

La publicación de su investigación en 1954 marcó un hito trascendental para la neurociencia. Por primera vez, unos investigadores habían descubierto una región del cerebro que estaba intrínsecamente dedicada a la recompensa. Realizaron experimentos permitiendo que la rata controlara su propia estimulación eléctrica empujando una palanca y descubrieron que, cuando el electrodo estaba colocado en el área septal, la rata seguía presionando la palanca todo el tiempo que se le permitiera, sin saciarse nunca. Nunca llegaba a hartarse de esa sensación. Empezaron a preguntarse si los animales son inducidos a comer no solo para detener la sensación de hambre sino porque ello activa esta área, que en sí misma proporciona placer.

En los años inmediatamente posteriores, mientras que Milner retomó sus estudios de doctorado, Olds prosiguió esta investigación, trabajando junto a su mujer, la también neurocientífica Marianne Olds, para realizar un mapa del cerebro que revelara los emplazamientos dedicados a la recompensa y al castigo, y con un estudiante de posgrado que se especializó en explorar la relación entre el alimento y la estimulación del cerebro.

Sorprendentemente, los estudios de seguimiento pusieron de manifiesto que la activación directa de las áreas de recompensa era más potente que cualquier recompensa natural que el equipo hubiera probado. En un experimento dieron a unas ratas que no habían comido desde hacía 24 horas la opción de presionar una palanca que activaba la estimulación cerebral u otra que les proporcionaba comida. Una y otra vez las ratas elegían la estimulación cerebral. Estaban tan obsesionadas con ella que los científicos estaban convencidos de que acabarían muriendo de hambre si ellos no intervenían. En algunos experimentos, los animales llegaron a pulsar la palanca unas 2.000 veces por hora[6].

En otro estudio metían a las ratas en una caja en la que había una palanca en cada extremo y una rejilla electrificada en el suelo entre las palancas. En este caso, la rata podía pulsar la primera palanca tres veces para conseguir su estimulación cerebral, pero luego tenía que ir corriendo a la otra palanca, pues seguir presionando la primera repetidas veces no surtía ningún efecto adicional. Esto significaba que tenían que correr de una palanca a otra, atravesando la rejilla, que se podía configurar para que les diera una descarga eléctrica de intensidad variable. Sorprendentemente, las ratas soportaban la desagradable descarga en sus patas para conseguir la estimulación cerebral. A modo de comparación, los investigadores pusieron a prueba qué intensidad de descarga soportaría una rata hambrienta para acceder a la comida y descubrieron que estaban dispuestas a aguantar una descarga mayor para conseguir la estimulación cerebral que para obtener comida. Habían descubierto algo fundamental: las áreas del cerebro responsables de las sensaciones de recompensa o de placer.

Esta investigación pionera desencadenó una ola de interés por el sistema de recompensa del cerebro, y ahora estamos empezando a comprender cómo funciona y las regiones del cerebro que están implicadas. Actualmente sabemos que el área por la que se interesaron Milner y Olds, el área septal, contiene el núcleo accumbens, que es una de las zonas más importantes en relación con la recompensa, por lo que en el mundo neurocientífico se suele hablar de «circuito de recompensa» más que de área de recompensa.

En lo referente a las sustancias químicas cerebrales, la más importante en este sistema es la dopamina. Las neuronas de dopamina cuyos cuerpos celulares se hallan en la llamada área tegmental ventral se extienden hacia el núcleo accumbens y la corteza prefrontal. Estas regiones se coordinan para inducirnos a buscar recompensas. Cuando experimentamos algo placentero, aumentan los niveles de dopamina en

---

[6] Lo cual significa pulsar la palanca más de una vez cada dos segundos; ¡y seguir haciendo esto durante una hora!

nuestro núcleo accumbens, por lo que es fácil asumir que esa es la experiencia del placer. Sin embargo, algunos análisis más pormenorizados han empezado a sugerir que tal vez no sea así. En cambio, es posible que la dopamina sea más importante para otros aspectos de la recompensa, más que el disfrute.

## MONO SI, MONO DO(PAMINA)

En las décadas de 1980 y 1990, Wolfram Schultz realizó una serie de experimentos que pusieron de manifiesto que la dopamina no era una recompensa en sí misma, aunque era importante para el aprendizaje de la recompensa. Es fundamental que podamos identificar una buena recompensa cuando la experimentamos, pero posiblemente sea más importante ser capaces de aprender lo que predice esa recompensa. Por ejemplo, saber que el helado está rico es estupendo, pero si puedes aprender que el sonido metálico de una melodía popular significa que hay un carrito de los helados a la vuelta de la esquina, es mucho más probable que comas de nuevo helado en el futuro. Este tipo de aprendizaje es una modalidad del condicionamiento clásico, el que conocemos por el experimento de Pávlov. Al igual que sus perros aprendieron que el sonido de la campana predecía la llegada de la comida y empezaban a salivar, podemos aprender que, al oír la música del carrito de los helados, podemos acercarnos con el dinero en la mano y pedir un cucurucho.

Schultz trabajaba con monos y desarrolló unas técnicas que le permitieron registrar específicamente la actividad de las neuronas de dopamina de estos animales mientras estaban despiertos y mostraban distintos comportamientos. Descubrió que estas neuronas estaban activas cuando los monos recibían una recompensa, como un zumo de fruta, de una manera muy parecida a la del neurotransmisor implicado en el placer o la recompensa. Pero luego les enseñó a los monos toda una serie de patrones de conducta y les entrenó para que esperaran recibir un zumo cada vez que respondían a un patrón determinado. Y halló algo sorprendente. Una vez que los monos aprendían esta asociación, las neuronas de dopamina dejaban de responder al propio zumo, activándose en cambio cuando veían el patrón correcto. ¿Les producía placer a los monos sencillamente ver algo que anticipaba la recompensa? ¿O era que la dopamina estaba codificando algo diferente: una predicción?

Para tratar de desentrañar lo que estaba ocurriendo, Schultz probó unas cuantas variaciones más. Descubrió que si les daba zumo cuando no lo esperaban (es decir, siguiendo un patrón que anteriormente nunca había predicho la recompensa), las neuronas de dopamina de los monos volvían a activarse. Y si los monos esperaban una recompensa y no la recibían, sus niveles de dopamina de hecho disminuían.

Debido a este experimento y a muchos otros posteriores, Schultz pensó que había descubierto un papel diferente para la dopamina, no la recompensa en sí, sino la predicción del error. En cualquier momento del día estamos prediciendo lo que ocurrirá después, basándonos en nuestras experiencias pasadas. No experimentamos el mundo tal como es en realidad, sino con base en dichas expectativas. El papel de la dopamina consiste en informarnos cuando algo es mejor de lo que esperábamos, porque vale la pena recordar los resultados inesperadamente buenos para garantizar que los repetiremos en el futuro.

Piensa por ejemplo en la primera vez que probaste una nueva comida, algo que *a priori* te producía cierto escepticismo. Si resultó ser algo delicioso, tus neuronas de dopamina estarían muy activas porque la comida era mucho mejor de lo que esperabas. Con ello habrías aprendido que tu predicción inicial era incorrecta, de modo que la siguiente vez que vieras esa comida te la comerías en lugar de rechazarla. La dopamina le estaría diciendo a tu cerebro que habías cometido un error. Pero una vez que has aprendido lo mucho que te gusta esa comida, la dopamina no responderá de una forma tan clara cuando la vuelvas a comer, pues no hay nada nuevo que aprender. Y lo mismo podría ocurrir con las sustancias psicoactivas. Tu cerebro experimenta un aumento de dopamina que hace que aprendas muy rápido sobre esta sustancia.

Esto también explica mis experiencias con los libros que escribo. Cuando me lo pidieron por primera vez, no era algo que hubiera podido predecir, por lo que hubo un gran incremento de dopamina. Pero después, al llegar nuevos encargos de libros, ya no había error de predicción alguno. Era un resultado esperado y, por lo tanto, en mi circuito de recompensa se liberaba menos dopamina.

A pesar de estos descubrimientos, en la década de 1990 siguió imperando el argumento de que la dopamina era la sustancia química del placer. Este se basaba en gran parte en la investigación de Roy Wise. Wise, que trabajaba en Canadá en la Concordia University, había dedicado décadas a experimentar con ratas, investigando sobre el hambre y la motivación. En un estudio utilizó sustancias químicas para bloquear la dopamina y observó su reacción. Una y otra vez, las ratas hambrientas daban la sensación de aburrirse y dejaban de pulsar una palanca que les recompensaba con un apetitoso alimento, comportándose del mismo modo que las ratas las cuales la palanca ya no les facilitaba comida. Cabe señalar que las ratas a las que se les había administrado la sustancia se comportaban de un modo normal hasta esa primera ingesta de alimento, lo que llevó a la conclusión de que dicha sustancia, como explicó Wise en su artículo de 1978, «eliminaba la "bondad" de una comida que normalmente era gratificante».

Por aquella misma época, Kent Berridge se estaba convirtiendo en uno de los mayores expertos en expresiones faciales de las ratas, que le permitían determinar si algo les gustaba o no. Descubrió que, al igual que las personas, las ratas se relamían cuando probaban algo que les gustaba y se quedaban boquiabiertas cuando el sabor era amargo, pues no les gustaba. Para comprobar que esto no era un mero reflejo, enseñó a las ratas que cierto sabor agradable les sentaba mal, y comprobó que estas empezaban a responder del mismo modo que si dicho sabor no les gustara[7]. Wise estudió la técnica de Berridge y, a finales de la década de 1980, cuando Berridge era profesor en la Universidad de Michigan, le pidió que colaborara con él. Ambos esperaban confirmar la idea de que, sin dopamina, las ratas no experimentaban placer cuando se les daba un alimento que les gustaba. Como me dijo Berridge: «Esperábamos que, si suprimíamos el sistema de dopamina, estas reacciones de agrado desaparecerían». Pero como tantas veces ocurre en la ciencia, los resultados no fueron los que ambos esperaban. Aunque los animales privados de dopamina no optaban por comerse el alimento, si se

[7] El mismo motivo por el cual sigo sin poder beber un cubalibre...

lo introducían en la boca, sí mostraban respuestas de placer. «Una rata que se despierta en ese estado no va a comer por decisión propia, no va a beber por decisión propia y no responderá a ninguna recompensa. Y podríamos preguntarles[8] si todavía les gusta el sabor. De hecho, sí, les gustaba, de una manera absolutamente normal. Así que podríamos preguntarles si todavía pueden aprender con respecto a nuevos sabores distintos qué les gusta y qué no les gusta... y podrían aprender cosas nuevas».

El hallazgo de que unos animales privados de dopamina pudieran seguir aprendiendo sobre las recompensas puso de manifiesto que, al igual que tantas otras, la teoría de predicción del error de Schultz no puede explicar plenamente el funcionamiento de nuestro complejo cerebro. Esta también se enfrentaba a otros problemas. Por ejemplo, no solo el aprendizaje afecta al grado en que un animal valora una recompensa; su estado interno también influye. En general el agua muy salada tiene un sabor desagradable, pero si una rata tiene mucha carencia de sal, algo que prediga la llegada de un agua de este tipo (a menudo denominado «señal») de repente se vuelve muy atractivo y activa su sistema de dopamina sin que tenga que volver a aprender sus asociaciones con la recompensa. Y otro aspecto que tal vez resulte más convincente es que, si promueves la presencia de dopamina en el cerebro de la rata, esta no responde aprendiendo más ni más aprisa, sino que, sencillamente, las cosas se vuelven más tentadoras.

## PUNTOS CALIENTES HEDÓNICOS

O sea, que la predicción del error no lo explicaba todo, pero la teoría del placer de la dopamina tampoco concordaba con los resultados de Berridge. Desconcertado y dudando de sus propios hallazgos, este propuso una nueva idea. Tal vez la dopamina fuera responsable, no del grado en que a un animal le *gustaba* algo, sino del grado en que lo *que-*

---

[8] Obviamente, no se refiere a que de hecho les preguntara: por lo que yo sé, la ciencia todavía está por inventar con ingeniería genética un ratón que hable. Las técnicas de Berridge le permiten leer las expresiones faciales de sus ratas y así saber si están o no sintiendo algún placer, por ejemplo cuando toman una comida que les gusta.

*ría*. Para verificar la hipótesis, realizó nuevos experimentos. «En aquel momento no estaba muy convencido de la oposición gustar/querer, era algo que habíamos sugerido como una posible explicación. Pero entonces volvimos a activar el sistema de dopamina y pudimos generar un deseo intenso, hacer que las ratas comieran más, hacer que se esforzaran más por conseguir su comida, y otra vez la medida en que esta les gustaba permaneció invariable».

Berridge continuó hasta descubrir que, incluso en las ratas que tenían destruidas el 99 por ciento de sus neuronas productoras de dopamina, la respuesta al placer seguía intacta. Y estas ratas, cuya situación eran muy similar a la que se había observado en las etapas finales de la enfermedad de Parkinson, seguían siendo capaces de aprender nuevas asociaciones, tales como sabores relacionados con enfermedades. Algunas personas aquejadas de Parkinson también refieren que siguen disfrutando de la comida, aun cuando sus niveles de dopamina están seriamente limitados.

Pero si no era la dopamina del sistema de recompensa la que generaba la sensación de placer, ¿qué era? Morten Kringelbach, colaborador de Berridge, se había centrado precisamente en esta cuestión. Juntos, según me contó Berridge, habían descubierto «puntos calientes hedónicos» en el cerebro de la rata. «En unos puntos del núcleo accumbens a los que va la dopamina, existe un pequeño punto que llamamos punto caliente hedónico donde podemos activar una sensación intensa de que algo les gusta». Estimulando estas áreas, los investigadores descubrieron que eran capaces de intensificar el disfrute del animal con alimentos dulces, lo que causaba que la rata se relamiera todavía con más fruición.

A diferencia del sistema de «querer», estos puntos calientes hedónicos no funcionan con la dopamina. Utilizan en cambio dos neurotransmisores diferentes; ambos son versiones naturales de sustancias estupefacientes comunes fabricadas por nuestro cerebro. Uno de ellos, la encefalina, es un opioide parecido a la morfina. El otro, la anandamida, se parece al ingrediente activo del cannabis, y pertenece a una familia de compuestos llamados endocannabinoides. Cuando hacemos algo placentero, las dos sustancias son liberadas en estos puntos calientes, creando un bucle de retroalimentación en el que cada una al parecer promueve la liberación de la otra, y es esto lo que produce la sensación de que algo nos gusta.

Como con todo lo relacionado con el cerebro, estos puntos calientes de placer no funcionan de forma autónoma. Están conectados con una región situada en la parte frontal del cerebro que produce la sensación consciente de disfrute y también regula estas sensaciones. Una pequeña área de la «corteza orbitofrontal», justo por detrás de los ojos, es al parecer la responsable de que un sabor grato se convierta en menos placentero, por ejemplo cuando has comido demasiado de algo con ese sabor.

¿Activan las drogas de abuso este sistema de placer? ¿Y es por ese motivo por el que hay gente que las consume? La heroína y las sustancias dispensadas con receta como la morfina y la oxicodona imitan a los opioides naturales de nuestro organismo que, como acabamos de ver, nos producen sensaciones placenteras. También son los analgésicos del organismo, que este libera para mitigar el dolor cuando vivimos algo traumático. Pero estas sustancias contienen dosis mucho mayores de las que jamás actuarían de modo natural en nuestro organismo, lo que hace que el subidón de placer que provocan sea mucho más intenso que cualquier usuario o usuaria haya experimentado de modo natural. Esto es lo que induce a muchas personas a repetir la experiencia.

Tal vez sea este simple efecto. La gente se hace adicta porque disfruta de la sensación, es un simple mecanismo de recompensa. Pero eso no explicaría por qué es posible desarrollar una adicción a la nicotina, que no produce euforia y ni siquiera placer real. Y hay estudios que han puesto de manifiesto que las personas que tienen adicciones al parecer buscan sustancias que no tengan efectos perceptibles. En un experimento realizado por R. J. Lamb y su equipo situaron a cinco personas adictas a la heroína en una sala en la que había una palanca. Si presionaban la palanca suficientes veces, se les daba o bien una dosis de morfina o un placebo. Mientras que todas las personas participantes dijeron que habían disfrutado con la dosis más alta de morfina administrada, refirieron que no había cambios en cómo se sentían cuando se les daba una dosis baja: en ese caso la droga no les causaba sensaciones positivas. Pero aunque *referían* que no había diferencia, sí se comportaban de forma diferente dependiendo de la dosis. Resulta fascinante que, cuando solo se administraba el placebo, enseguida dejaban de pulsar la palanca. Pero seguían pulsándola para pedir una dosis baja de morfina, aunque conscientemente no percibieran sus efectos. Es decir, que debía de estar produciéndose otro proceso.

Tal vez sea el disfrute de la droga lo que mueve al principio a consumirla, pero una vez que una persona usuaria ha consumido la droga varias veces, es posible que siga tomándola para evitar las sensaciones negativas asociadas a su abstinencia. Estas ideas encajan con algunas de nuestras interpretaciones de la psicología. Si algo es placentero, aprendemos a procurárnoslo y a repetirlo. Si es desagradable, tratamos de evitarlo. El «bajón» provocado por muchas drogas es muy desagradable porque nuestro cerebro puede volverse rápidamente dependiente de ellas. ¿Es esto suficiente para explicar una adicción?

Uno de los tipos de drogas que causa la mayor reacción de dependencia en el mínimo de tiempo es el de los opioides. Cuando alguien consume heroína o alguna de sus sustancias relacionadas, la cantidad de opioides que hay en su sistema es mucho mayor que cualquier nivel producido de forma natural. El cerebro no está acostumbrado a dosis tan enormes de estas sustancias químicas, por lo que empieza a defenderse. Las neuronas que reaccionan ante los opioides empiezan a volverse menos sensibles para compensar sus efectos. Esto se conoce como tolerancia y significa que el cerebro puede funcionar de un modo más «normal» cuando la droga está en el sistema de la persona, pero también tiene dos efectos en cadena. En primera lugar, significa que se requieren dosis cada vez mayores para producir las mismas sensaciones de placer. En segundo lugar, supone que, cuando no se ha consumido la droga, las recompensas naturales (que causan la liberación de una pequeña cantidad de opioides) probablemente tendrán un efecto mínimo o nulo. Cuando cosas como la comida y el sexo ya no le producen el mismo placer que antes, es todavía más probable que la persona usuaria trate de procurarse de nuevo la droga, para recuperar esa sensación.

Además de la activación de los receptores de opioides, la heroína y las drogas relacionadas con ella tienen otros efectos. Provocan la liberación de enormes cantidades de dopamina en el área tegmental ventral y suprimen la liberación de noradrenalina en un área denominada locus cerúleo. La noradrenalina es una hormona implicada en el reflejo de lucha o huida del cuerpo, que hace que nuestro corazón y nuestra respiración se aceleren y nos prepara para hacer frente a una amenaza (véase el capítulo 4). Opera asimismo como un neurotransmisor en el cerebro, donde nos ayuda a sentirnos alerta y enfoca nuestra atención, pero también puede generar una sensación de ansiedad. Inhibir esta sustancia provoca algunos de los síntomas de la intoxicación por opioides, como el mareo, la relajación y una respiración más lenta. Al igual que las neuronas opioides, con su uso repetido estas neuronas de noradrenalina comienzan a defenderse, produciendo una mayor cantidad del neurotransmisor, de modo que, cuando una persona usuaria consume la droga, los efectos no son tan importantes pues esta ha desarrollado una tolerancia. Pero, por supuesto, esto significa que cuando la droga desaparece de su sistema ya no hay nada que absorba los efectos de la noradrenalina, por lo que experimenta síntomas de abstinencia como temblores, calambres musculares y diarrea.

Algo parecido sucede con otras drogas, incluidos la cafeína (véase el capítulo 5) y el alcohol. Pero el pico del síntoma de abstinencia se produce tan solo unos pocos días después de que la persona haya dejado de consumir estas drogas y dura como mucho un par de semanas. Pasado este punto, las neuronas de su cerebro regresan a su punto de ajuste habitual, liberando una cantidad normal de neurotransmisor. Por lo tanto, si evitar la abstinencia fuera la única razón por la que la gente siguiera consumiendo drogas, llegadas a este punto estarían curadas y nadie que hubiese terminado con éxito un programa de desintoxicación sufriría una recaída. Sin embargo, esto está muy lejos de la verdad, como me explicó Berridge: «El hecho es que la gente sale de la abstinencia y sin embargo la adicción no da la sensación de haber desaparecido. Las personas siguen siendo muy vulnerables, especialmente en los momentos de estrés, que activan el sistema de dopamina». De hecho, mucha gente con adicción recae años después de su última rehabilitación. Por ello a menudo suelen decir que están «recuperándose» durante toda su vida, en lugar de «recuperadas». Es decir, que la adicción tiene que ser algo más que tratar simplemente de evitar los efectos perniciosos de la abstinencia. También hay drogas que no producen síndrome de abstinencia en absoluto, como las anfetaminas, pero la gente aun así se puede hacer adicta a ellas. Claramente, la adicción y el consumo de drogas son procesos muy complejos, y a todas luces necesitamos ahondar en los circuitos de recompensa y de motivación del cerebro para entender qué es lo que está ocurriendo.

## ¡CÚRRATELO, CARIÑO!

En las décadas de 1980 y 1990, en la Universidad de Connecticut hubo otro investigador que no estaba convencido de que la dopamina fuera una sustancia química del placer. En un conjunto de experimentos, John Salamone dio a unas ratas hambrientas la posibilidad de elegir entre una comida insípida para ratas y un alimento rico en azúcar y sabroso. Una y otra vez, como cabía esperar, las ratas preferían la opción dulce. Pero luego les planteó una decisión un poco más difícil. Las ratas podían acceder a la comida insípida sin hacer ningún esfuerzo, pero para alcanzar la dulce tenían que franquear una barrera. Utilizando esta técnica, Salamone cuantificó con precisión qué valor daban las ratas al azúcar basándose en cuánto esfuerzo estaban dispuestas a hacer para conseguir una recompensa mejor.

Salamone se había interesado inicialmente por la recompensa y la motivación cuando estaba trabajando en su tesis en el Reino Unido. En aquella época, la teoría aceptada era que la dopamina era una sustancia química del placer, que se liberaba en el cerebro cuando un animal hacía algo placentero, como comer algo sabroso. Pero ya sospechaba que el papel de la dopamina estaba más bien relacionado con tener la energía y la motivación para alcanzar el objetivo, más que con disfrutarlo una vez logrado. Según me explicó: «En química existe la idea de la "energía de activación": para obtener una reacción que haga funcionar algo tienes que aportar energía al sistema. En cierto modo planteé la analogía de que para conseguir cosas importantes hemos de aportar energía, hemos de actuar. Y pensé que, en cierto modo, eso era lo que hacían los sistemas de dopamina».

Unos años más tarde, siendo ya profesor en la Universidad de Connecticut, decidió investigar. Al igual que en el experimento con los dulces, Salamone probó diferentes tipos de recompensas (por ejemplo un gran montón de comida frente a otro más pequeño) y distintos tipos de esfuerzos, como tener que presionar una serie de palancas. Luego empezó a cambiar la concentración de dopamina en el núcleo accumbens de los animales. Encontró un patrón sólido. Si se incrementaban los niveles de dopamina, los animales se esforzaban más para alcanzar la recompensa preferida. Si se disminuían, tendían a ir a por la opción más fácil.

Este fue el único caso que implicaba esfuerzo; los animales carentes de dopamina seguían eligiendo la mejor recompensa a igualdad del resto de condiciones, y aun así daba la sensación de que disfrutaban de la comida más sabrosa cuando se les proporcionaba. Pero los niveles de dopamina habían cambiado ligeramente. De hecho, alteraban su motivación para ir a por el gran premio, o cuánto lo querían. Como me dijo Salamone:

> El animal sigue estando hambriento, la comida lo sigue motivando. Pero la probabilidad de que se esfuerce por conseguirla es menor. Si eliminas el requisito del esfuerzo, no cambia nada, come la misma cantidad y sigue teniendo una preferencia. También hemos demostrado que esto es bidireccional: puedes administrar sustancias que incrementen la transmisión de dopamina y aumentar la selección de la opción del mayor esfuerzo.

Los estudios con animales son fascinantes y nos pueden permitir comprender la neurociencia a un nivel básico que seríamos incapaces de alcanzar sin ellos, pero siempre hay una gran preocupación. No somos iguales que las ratas. Entonces, ¿cómo podemos saber si la dopamina es tan importante para nuestra motivación como para la suya? Para tratar de demostrar que su teoría se aplicaba también a los seres humanos, Salamone comenzó a colaborar con Michael Treadway, psicólogo clínico y neurocientífico.

Treadway ideó una versión adaptada de la tarea de Salamone para su utilización con personas. En lugar de comida, conseguirían dinero; pero, al igual que las ratas, tendrían que esforzarse para ello. El reto de las personas participantes era pulsar un botón repetidamente, que accionaba una varilla en la pantalla de su ordenador. Pero podían elegir entre utilizar el dedo índice de su mano dominante para pulsar 30 veces, con lo que obtenían una pequeña recompensa, o el dedo meñique de su mano no dominante para pulsar 100 veces[9], para obtener una recompensa mayor. La cantidad de dinero que podían ganar podía variar; y entraba en juego otro elemento: a los sujetos no se les garantizaba que ganaran aun cuando completaran la tarea, y la probabilidad de que ganaran podía ser modificada. Por consiguiente, los investigadores podían comparar, por ejemplo, el 12 por ciento de probabilidad de ganar un dólar con la tarea fácil o el 12 por ciento de ganar cuatro dólares con la tarea difícil con otra opción en la que había un 88 por ciento de probabilidad de ganar las mismas cantidades.

En su primer experimento utilizando esta técnica, Treadway y su equipo hallaron que los estudiantes que obtenían mayor puntuación en anhedonia (característica que significa que disfrutas menos de las cosas y que es una de las principales quejas de las personas que padecen depresión) tenían menor probabilidad de esforzarse por obtener una mayor recompensa, particularmente cuando existía un mayor grado de incertidumbre con respecto a ganar el premio. Otros estudios anteriores han vinculado la anhedonia con unos niveles bajos de dopamina, por lo que esto era una buena indicación inicial de que la dopamina es importante en esta forma de motivación, tanto en seres humanos como en ratas.

Junto con los síntomas del estado de ánimo, una de las quejas más comunes de las personas que padecen depresión es la falta de energía. Pierden el deseo de realizar actividades que antes les generaban placer porque sencillamente tienen la sensación de que están demasiado cansadas y de que la contrapartida por hacer la actividad placentera no compensa el esfuerzo que les requeriría. Por lo tanto los científicos decidieron investigar con personas con depresión. «Las personas con depresión tienen una tendencia hacia el mínimo esfuerzo, semejante a la de nuestros animales. Empecé a pensar en desarrollar esto como una forma de modelo animal». Esto condujo a Salamone hasta su trabajo actual, en el que utiliza ratas carentes de dopamina para simular los

---

[9] Puede que no lo parezca tanto, pero resulta sorprendentemente difícil. ¡Prueba a hacerlo!

síntomas motivacionales de la depresión. Pero, según me dijo, no es solo la depresión la que tiene como síntoma esta falta de energía. Puede que no sea lo que te viene a la mente cuando piensas en la esquizofrenia, pues lo que se conoce como «síntomas negativos», como la anhedonia y la falta de energía, son una parte enorme de la afección de muchas personas. Y para muchas otras enfermedades, este mismo síntoma recibe otro nombre: el de fatiga.

En un sentido clínico, la fatiga no es lo mismo que el cansancio que las personas sanas experimentan al final de un día duro de trabajo o después de salir a correr. Es una falta de energía general, una sensación de que sencillamente no consigues hacer las cosas que quieres hacer. Y es una sensación que conozco bien. Hace diez años cogí un virus. De repente me vi completamente vacía de energía y pasé de ir a bailar seis veces por semana a que me costara un mundo subir un tramo de escaleras. Cuando la afección, y toda la serie de síntomas de tipo gripal que la acompañaban, no mejoraron al cabo de dos semanas, fui al médico. Después de un par de meses, me diagnosticaron un síndrome de fatiga posviral. Al cabo de seis meses no había mejorado y me cambiaron el diagnóstico a síndrome de fatiga crónica (también conocido como encefalomielitis miálgica o EM/SFC). Aunque estoy mucho mejor ahora de lo que estuve en aquellos primeros días, sigo teniendo que enfrentarme al estado de fatiga cotidianamente, así que esta área de investigación me interesa mucho personalmente.

La fatiga también es un síntoma de otras afecciones como la esclerosis múltiple (EM) y un efecto secundario de la quimioterapia y de los tratamientos utilizados en muchas patologías, incluida la enfermedad de Huntington. Esta es un trastorno genético que causa que las células del cerebro se vayan destruyendo progresivamente y en la actualidad no tiene cura. A medida que la enfermedad progresa, las personas afectadas sufren movimientos espasmódicos, incontrolables. Se puede administrar un fármaco llamado tetrabenazina para ayudar a mitigar estos síntomas. Todavía no se sabe exactamente cómo actúa, pero la sustancia opera reduciendo la cantidad de un grupo de neurotransmisores llamados monoaminas que están disponibles para su liberación en las sinapsis de las neuronas. La dopamina forma parte de este grupo. Uno de los mayores efectos secundarios de esta sustancia, además de la depresión, es la fatiga, por lo que Salamone empezó a preguntarse si podía utilizarse para comprender mejor los mecanismos de este síntoma, e incluso para desarrollar tratamientos. «Descubrimos que con la tetrabenazina se produce un cambio muy notable en la opción relativa al esfuerzo. Y luego comenzamos a analizar aspectos tales como qué tipos de fármacos mejoraban la actividad en un animal tratado con tetrabenazina. Una de las cosas que tuvimos en cuenta fueron los ISRS (Inhibidores Selectivos de la Recaptación de Serotonina), porque son antidepresivos, luego habrían debido funcionar. Pero no invirtieron sus efectos».

Los ISRS, la forma más común de antidepresivos, incrementan la cantidad de serotonina disponible en las sinapsis. Pero dado que no actúan sobre la dopamina, tal vez no resulte sorprendente que no potenciaran la motivación. Los hallazgos de Salamone responden exactamente a las experiencias de muchas personas que tienen depresión y a las que se les administran estos fármacos. Se suele comprobar que, aunque su estado de ánimo mejora, los síntomas de la fatiga no lo hacen. Sin embargo, otro medicamento, llamado Bupropión, que afecta tanto a la dopamina como a la noradrenalina, sí modificó el comportamiento de las ratas.

Otra vía por la que Salamone descubrió que podía inducir este estado de fatiga en las ratas era administrarles citoquinas proinflamatorias. Las citoquinas son pequeñas proteínas que llevan mensajes entre las células del cuerpo, y en los seres humanos las citoquinas proinflamatorias se producen como reacción ante la enfermedad o las heridas. En el corto plazo, resultan beneficiosas, pues contribuyen al proceso de cura. Pero tienen otro efecto, que Salamone ha explorado administrando estas moléculas a personas sanas. «En seres humanos, producen algo parecido a la fatiga o a falta de energía de una forma todavía más rápida que la disfunción del estado de ánimo». Uno de sus efectos es provocar el malestar general que sentimos cuando tenemos una infección: pesadez de cabeza, cansancio y falta de ganas de hacer nada que no sea estar en el sofá viendo series de televisión. Salamone cree que de hecho puede tratarse de una respuesta adaptativa: «Ahorras tus recursos energéticos pero al mismo tiempo te desconectas de las interacciones sociales, con lo que es menos probable que contagies el agente infeccioso. Esto posiblemente subraye el valor evolutivo de este vínculo entre la respuesta inflamatoria periférica y la razón de este patrón de comportamiento».

Pero, en algunos casos, este sistema funciona mal, lo que desencadena una inflamación a largo plazo; esto se ha relacionado con enfermedades que van desde la EM/SFC hasta la depresión. No sabemos exactamente cómo las citoquinas afectan al cerebro, pero existen algunas pruebas de que reducen la síntesis de dopamina, lo que nuevamente concuerda con los descubrimientos de Salamone. Lo que él espera ahora es que su trabajo pueda conducir al desarrollo de medicamentos para tratar algunos de estos trastornos. Ya ha comprobado que los efectos de estas citoquinas en ratas podrían revertirse administrándoles los fármacos adecuados, para potenciar sus niveles de dopamina o puentear totalmente el sistema de dopamina y actuar sobre las neuronas en el núcleo accumbens a través de un neurotransmisor diferente. Si este descubrimiento se traslada a seres humanos, podría mejorar la vida de personas con depresión, esquizofrenia y el conjunto de otras afecciones médicas que tienen entre sus componentes la fatiga. Pero, por supuesto, se trata del cerebro humano, por lo que raras veces las cosas son tan sencillas. Y resulta que potenciar la dopamina en el cerebro también tiene sus inconvenientes.

## ¿A MÁS DOPAMINA, MÁS PROBLEMAS?

En la actualidad, los medicamentos que potencian la dopamina son los que más habitualmente se prescriben a las personas que padecen la enfermedad de Parkinson para tratar de aliviar sus síntomas. Pero, como sucede con la mayoría de los medicamentos, pueden tener efectos secundarios. Algunos de los más sorprendentes se agrupan en la categoría de «trastornos del control del impulso». Algunas personas de repente empiezan a practicar juegos de azar o a comer compulsivamente, mientras que otras se vuelven hipersexuales o desarrollan un hábito de consumo compulsivo. Lo que todos estos comportamientos tienen en común es que vienen impulsados por un acuciante antojo que a la persona le cuesta controlar. Esto encaja perfectamente con lo que sabemos hasta ahora sobre la dopamina. Al incrementar su nivel en el cerebro, estas personas se han vuelto más orientadas a las recompensas, están más motivadas por buscar su chute de elección, ya sea a través de una apuesta en las carreras de caballos o de unos zapatos nuevos. En algunos casos, incluso se vuelven adictas a la medicación y toman más de la necesaria para controlar sus síntomas. Por fortuna estos casos son raros, pero suscitan preocupación con respecto a la utilización de tratamientos para aumentar los niveles de dopamina en otras afecciones. Y refuerzan la idea de que es probable que la dopamina nos motive a buscar recompensas por muy perjudicial que pueda resultar a largo plazo.

En cuanto a la utilización de sustancias psicoactivas, este descubrimiento, a saber, que incrementar la dopamina en el cerebro aumenta la motivación por la recompensa, es una pieza importante del rompecabezas. Aunque las sustancias psicoactivas que pueden ser adictivas contienen una amplia variedad de compuestos químicos y actúan sobre el cerebro de mil formas, muchas de ellas tienen una cosa en común: provocan que el área ventral tegmental libere grandes cantidades de dopamina.

En el laboratorio de Berridge, el equipo ha estado trabajando durante muchos años sobre estos efectos. Como hemos visto, descubrieron que el sistema de dopamina incrementa el grado en que los animales quieren una «recompensa». Pero, según me explicó Berridge, se trata de un tipo de anhelo muy particular. «Existe una característica psicológica distintiva de este tipo de deseo. No es lo mismo que cualquier otro deseo; en realidad está relacionado con las señales. Cuando algo te llama la atención y no puedes obviarlo, quieres precisamente eso; así funciona el sistema de dopamina». Todas las personas lo hemos experimentado. Por ejemplo, un día cualquiera no tienes demasiada hambre pero pasas por delante de la puerta de una panadería y... ¡Zas! El olor a pan recién horneado se te mete en la nariz y de repente te estás muriendo de hambre y eres incapaz de resistirte a uno de esos deliciosos panes o bollos frescos. Ese es el poder de la dopamina. Produce deseos intensos e instantáneos basados en tu entorno. Como explica Berridge: «Tu deseo de algo rico de comer es muy diferente del deseo de paz en el mundo».

Cuando tomas una droga, en tu cerebro ocurren varias cosas. Como hemos visto, podemos desarrollar una tolerancia a los efectos de una droga, que puede conducir a la dependencia. Pero, sorprendentemente, en algunas situaciones, el sistema de dopamina al parecer no desarrolla una tolerancia sino que observamos lo que se llama una *sensibilización*. Como vimos en el capítulo 2, la sensibilización puede hacer que las liebres de mar respondan en mayor medida a algo que anteriormente prácticamente no habría suscitado ninguna respuesta. Kandel prosiguió su investigación hasta construir la base de la teoría de la memoria a largo plazo, pero también es llamativamente relevante con respecto a la adicción a las sustancias.

Cuando a un animal se le administra una droga como una anfetamina o cocaína, se vuelve muy inquieto; medir sus movimientos puede darnos una idea del grado en que le ha afectado la droga. Esto está directamente relacionado con la liberación de dopamina. Del mismo modo que una cantidad demasiado pequeña de dopamina puede producir la rigidez y dificultad para realizar movimientos voluntarios que vemos en el Parkinson, una cantidad demasiado grande puede producir el efecto contrario. Los estudios con ratas y con seres humanos han puesto de manifiesto que, en algunos casos, se libera más dopamina cuando se les administra una droga por segunda, tercera o incluso quinta vez. Sorprendentemente, esto sigue ocurriendo incluso cuando la persona no ha consumido la droga durante más de un año.

En cierto estudio, unas ratas observadas después de 30 días de abstinencia de la cocaína revelaron este incremento en su movimiento cuando se les administraba la sustancia, lo que sugiere una sensibilización de su sistema de dopamina. Esto podría suponer un importante hallazgo en la investigación sobre la adicción y, como explicaba Berridge, podría incluso explicar por qué algunas personas tienen más tendencia a recaer tras su desintoxicación de una droga. «Algunos individuos son verdaderamente susceptibles de sufrir esta sensibilización. El sistema de dopamina no siempre es hiperactivo, pero sí es hiperreactivo, en un sentido prácticamente permanente, que puede durar años aun cuando se abandone el consumo de la droga. Es decir, que es reactivo a la droga y es reactivo a las señales asociadas a las drogas». Un sistema de recompensa sensibilizado es como una inestable torre de platos sucios, a punto de derrumbarse a la menor provocación[10]. Con un sistema de dopamina establecido de esta manera, la más insignificante reminiscencia de una droga que previamente se haya consumido puede desencadenar antojos agudos alarmantes.

Aunque este trabajo es fascinante, es importante averiguar si se puede reproducir en nuestra especie antes de realizar afirmaciones en el sentido de que la sensibilización es importante para la adicción. Y eso es exactamente lo que Marco Leyton está analizando en la McGill University de Canadá.

Cabe señalar que muchos de los intentos iniciales de reproducir estos efectos en seres humanos no tuvieron éxito. De hecho, la gente que durante más tiempo había consumido una sustancia psicoactiva al parecer mostraba una cantidad reducida de dopamina liberada cuando se le administraba la droga en laboratorio (lo cual se correspondería con las idea de tolerancia, pero no con la de sensibilización). Revisando cierto número de estos estudios, Leyton se dio cuenta de que la dosis de droga administrada lo cambiaba todo. Cuando consumían una cantidad lo suficientemente grande, las personas participantes mostraban exactamente la misma respuesta que las ratas. Una ventaja de estudiar a seres humanos frente a animales es que les puedes hacer preguntas acerca de cómo se sienten: el investigador también observó que las preguntas que se les hacían eran importantes. Así, por ejemplo, estudiando la anfetamina, la sensación de energía era la que al parecer resultaba estar sensibilizada de manera más fiable.

Leyton se propuso realizar su propio experimento, en colaboración con Isabelle Boileau, directora del Addiction Imaging Research Group del Centre for Addiction and Mental Health de Toronto[11]. Con su equipo, los investigadores recurrieron a un grupo de estudiantes que nunca habían consumido anfetamina (ni ninguna otra droga estimulante), al que administraron una dosis de esta sustancia; a continuación utilizaron técnicas de imagen cerebral para valorar cuánta dopamina se li-

---

[10] O, en nuestra casa, como un armario lleno de táperes apilados: cuando sacas uno, se produce una avalancha de plástico.

[11] Se trata del Grupo de Investigación de la Adicción a través de Imágenes del Centro para la Adicción y la Salud Mental de Toronto *(N. de la T.)*.

beraba en el cuerpo estriado (una parte del cerebro que incluye el núcleo accumbens). Luego les dieron otras dos dosis adicionales a lo largo de los días siguientes y se despidieron de momento de las personas participantes. Cuando al cabo de dos semanas estas regresaron a por su cuarta dosis, descubrieron que se había liberado una cantidad significativamente mayor de dopamina que en el estudio inicial, y las y los estudiantes refirieron que se sentían más alerta y con más energía. Sorprendentemente, cuando repitieron la prueba con una quinta dosis al cabo de un año, el efecto era todavía mayor.

¿Qué nos dice esto de las personas que consumen sustancias? Para asegurarse de que estos efectos se producían en personas que habían estado consumiendo drogas durante un periodo largo de tiempo, y no en aquellas que solo lo habían hecho en un contexto de laboratorio, Leyton estudió a un grupo de cocainómanos y a un grupo de consumidores de anfetamina. Comprobó, como era de esperar, que cuanta más cocaína habían consumido las personas a lo largo de su vida, mayor era el efecto de sensibilización en ellas. En cambio, las personas usuarias de anfetamina mostraban de hecho el efecto contrario, siendo quienes más regularmente la consumían las que presentaban una liberación menor de dopamina.

Leyton se dio cuenta de que había descubierto algo más. Parece ser que la sensibilización requiere señales de la droga para funcionar. A su grupo de la cocaína les habían dado un espejo y un polvo blanco y se les permitía preparar y consumir la droga como lo hacían normalmente, para que el cerebro recibiera muchas de las mismas señales que normalmente recibía antes de que tomaran la droga. En cambio, el grupo de la anfetamina solo recibió una píldora sin especificar.

Esto condujo a Leyton a formular la propuesta de que la dopamina está desregulada a dos niveles entre quienes consumen drogas. Si no existe nada en su entorno relacionado con las drogas, se libera una cantidad demasiado pequeña de dopamina, por lo que no pueden mantener su interés por otras recompensas, como la comida o las interacciones sociales. Pero siempre que algo en el entorno les conecte con la droga, sus sistemas de dopamina se descontrolan, de modo que las personas adictas acaban teniendo un deseo imperativo de volver a consumir la droga y harán todo lo que puedan por procurársela. Este deseo prosigue incluso cuando la droga deja de gustarles y puede imponerse a todos los demás anhelos y necesidades de la vida.

En Michigan, Berridge está estudiando actualmente cómo una cosa se convierte en nuestro mayor deseo del momento, por encima y a costa de cualquier otro. Para la mayoría de las personas, esto puede ser el paso del hambre a la sed, pero para las personas que tienen una adicción es el proceso por el cual la droga se impone a cualquier otra cosa. En palabras de Berridge:

> Existe un tema fundamental en la neurociencia de la adicción, a saber: ¿por qué queremos una cosa muchísimo más que otras? ¿Qué produce el foco de nuestro anhelo? Tú o yo queremos comida cuando tenemos hambre, pero no cuando tenemos sed, y pasamos de una cosa a otra a lo largo del día. Pero una persona adicta tal vez tenga su deseo más enfocado en la droga de su adicción.

Utilizando una técnica llamada optogenética, Shelly Warlow y su equipo en el laboratorio de Berridge son capaces de activar determinadas neuronas en el cerebro de una rata sin causarle dolor, mediante el uso de la luz. Esto les permite activar el sistema de dopamina y ver cómo afecta al comportamiento del animal. Han descubierto que pueden utilizar esta técnica para cambiar el deseo de un animal, haciéndole elegir un premio dulce o un dispensador de cocaína determinados en lugar de otro idéntico. Incluso han comprobado que esta estimulación cerebral es suficiente para hacer que las ratas se acerquen una y otra vez a explorar una varilla que les propician una dolorosa descarga eléctrica cuando la tocan. Las ratas normales aprenderán, al cabo de uno o dos contactos de exploración, a no tocarla, e incluso tratarán de enterrar el objeto que les daña. Pero cuando su sistema de dopamina está activado, las ratas de Berridge seguirán volviendo a por más. Aunque la descarga siga siendo dolorosa, según él mismo explica: «A la rata empieza a fascinarle la varilla. Pasa por encima de ella, la olfatea con curiosidad, la toca con la pata. Recibe la descarga y da marcha atrás, pero luego vuelve e incluso se muestra más nerviosa e interesada... sencillamente no puede resistir el atractivo de esta barra como señal... es como si no pudiera mantenerse a distancia».

### TE DAMOS LA BIENVENIDA... AL PARQUE DE LAS RATAS

Pero la sensibilización a las señales de las drogas no es el único factor que dificulta a las personas que han sido adictas a una droga el no recaer. El estrés también desempeña su papel. Los estudios han puesto de manifiesto que, en personas sensibilizadas, el estrés puede desencadenar la liberación de dopamina del mismo modo que lo hace la señal de una droga. Este puede ser el motivo por el que determinados acontecimientos vitales emocionales, ya sean positivos o negativos, a menudo provocan una recaída. Tus genes también intervienen de modo notable. Se ha comprobado que las personas usuarias con un historial familiar de drogadicción liberan menos dopamina en su estriado cuando no hay drogas alrededor, pero más cuando están expuestas a las drogas. También tienen un mayor riesgo de sensibilización las personas que tienen puntuaciones más altas en los rasgos de personalidad relacionados con la «búsqueda de la novedad».

A pesar de estos descubrimientos, lo que controla que una persona se haga adicta, y la capacidad de esta para librarse de ese hábito, no es solo la química del cerebro. El entorno también desempeña su papel. En los estudios más tempranos, en los que unas ratas se procuraban repetidamente sustancias estupefacientes, metían a los animales en pequeñas jaulas individuales y estos no podían hacer mucho más que consumir las drogas. ¿Cabe sorprenderse de que esta inteligente especie social optara por chutarse?

En una serie de experimentos conocidos como el «parque de las ratas», Bruce Alexander y su equipo de la Simon Fraser University, Canadá, comprobaron que, en cambio, si las ratas se mantenían en grupos, en jaulas de gran tamaño en las que hubiera tambores giratorios, plataformas para trepar y muchos huecos en los que esconderse, consumían mucha menos morfina cuando se les ofrecía.

Las pruebas de que esto también se aplica a los seres humanos nos las brinda la historia. En todo el mundo, cuando los europeos colonizaron nuevas tierras, los pueblos indígenas fueron terriblemente maltratados. Se vieron obligados a dejar sus casas y se les trasladó a «reservas», teniendo que renunciar a su cultura y adoptar la de los colonizadores; en algunos casos incluso vieron cómo les arrebataban a sus criaturas. En muchos de estos grupos de personas desplazadas, las adicciones se difundieron rápidamente. Aún hoy, las poblaciones indígenas de Australia tienen una probabilidad mayor de sufrir problemas de abuso de drogas. Los datos estadísticos de 2018 ponen de manifiesto que, aunque representan apenas el 2,8 por ciento de la población australiana, constituyen el 16,1 por ciento de los pacientes de servicios de tratamiento contra el alcohol y otras sustancias.

Sin embargo, tampoco hay que sobrevalorar los resultados de los experimentos del parque de las ratas. No eran perfectos, ningún experimento lo es y siempre hay sesgos que pueden colarse. Las continuaciones y los intentos de replicarlos han tenido resultados variables y, en algunos casos, se ha visto que no había diferencias o que incluso las ratas residentes en el parque consumían más drogas. Esto no significa que debamos descartar los resultados originales, pero sí sugiere que no son tan sólidos como algunos autores quieren hacernos creer. No cabe duda de que el entorno desempeña un papel importante en la adicción, pero no es el único factor. Los seres humanos somos increíblemente complejos y nuestros comportamientos derivan de una serie de factores diferentes, que incluyen la genética, la estructura y la química del cerebro y nuestro entorno pasado y presente: cada uno de ellos puede también tener un impacto en los demás.

La gran pregunta que surge es si nuestro conocimiento en desarrollo de la base neurológica de la adicción podría ayudar a mejorar los tratamientos de este devastador trastorno. Por desgracia, aunque tal vez en retrospectiva no resulte demasiado sorprendente, el concepto (ahora superado) de la dopamina como sustancia química de la recompensa no desembocó en ningún tratamiento que resultara ser un éxito. Y hasta ahora tampoco lo ha hecho el nuevo concepto de la dopamina como inductora de antojos agudos de consumir drogas. Tal vez una razón de esto sea que es una simplificación excesiva. La mayoría de los estudios en este campo se realizan utilizando drogas estimulantes, que sí producen la liberación de dopamina en el cuerpo estriado. Pero en un reciente artículo, David Nutt, catedrático de Neuropsicofarmacología del Imperial College de Londres y antiguo asesor del gobierno sobre drogas, sostiene que otras drogas, como la heroína, no provocan liberación de dopamina. Y el alcohol y la nicotina, las dos sustancias adictivas más comunes, tal vez tengan efectos diferentes. Los estudios son variados para todas estas drogas, pero Nutt lo resume perfectamente en su artículo cuando escribe:

> La adicción es una compleja mezcla de comportamientos y actitudes que varían de una droga a otra y de una persona usuaria a otra, y es poco probable que un único neurotransmisor pueda explicar todos los aspectos de la adicción [...]. Las teorías unificadoras, aunque intrínsecamente atractivas, deberían estar sometidas a un atento escrutinio, igual que el resto de las teorías, y tal vez incluso más, porque pueden llevar a este campo por vías que en último término sean infructuosas.

Si los factores implicados en la adicción son tan complejos, no es de sorprender en realidad que nuestros impulsos y deseos cotidianos puedan resultar misteriosos. La motivación puede verse influenciada por un gran número de factores, como el estado de ánimo y el hambre (de ambos hablaremos más adelante en este libro). Pero comprender los fundamentos del sistema de recompensa puede ayudarnos a ejercer un mayor control sobre nuestros instintos más básicos. Y aquí es donde interviene el lóbulo frontal.

En psicología y en neurociencia existe un problema, que es básicamente de lenguaje. Cuando yo digo que «nosotros» podemos ejercer un control sobre «nuestros» instintos más básicos, en ambos casos estoy refiriéndome a nuestro cerebro. Somos nuestro cerebro, y nuestro cerebro es quien somos. Pero el área en la que nuestra consciencia tiene al parecer el máximo control es el lóbulo frontal, por detrás de la frente. Se trata de un área mucho más desarrollada en los seres humanos que en otros animales, y es donde radica la razón y lo que conocemos como «función ejecutiva». Esto incluye nuestra capacidad para controlar nuestra atención, planificar para el futuro y, lo que es más importante en este contexto, reprimir las acciones inadecuadas. También es la última área del cerebro en desarrollarse: no termina de madurar hasta poco antes de los 30 años. Es esta región la que controla los impulsos, contiene las emociones y canaliza la motivación en la buena dirección. En personas con una adicción, puede quedar dañada, lo que hace más difícil resistir a la tentación de las drogas. Pero en algunos casos dichas personas pueden recuperarse.

Las personas que están saliendo de una adicción luchan contra toda una serie de cambios en su cerebro, que afectan a los circuitos de recompensa y motivación, los lóbulos frontales y otras áreas. Estos cambios significan que las probabilidades están en su contra. Pero, a pesar de ello, en algunos casos, con el apoyo y el entorno adecuados, consiguen modificar su cerebro.

Si esto lo puede lograr una persona que tiene algo tan serio como una drogadicción, imagínate lo que significa para las demás. Cuanto mejor conocemos nuestros impulsos innatos para seguir adelante en pos de esa siguiente recompensa, más podemos tratar de ejercer control sobre ellos. Podemos utilizar esta motivación cuando resulte beneficiosa, como luchar por una promoción en el trabajo, y controlarla cuando no lo sea. Pero aunque esto, al menos en principio, es posible, no es nada sencillo. Y existe un factor fundamental que puede poner un palo en las ruedas que mueven los mejores planes de nuestro cerebro. Nuestras emociones.

# 4

# Cambios de humor y cosas que dan terror

Hace unos años tuve la suerte de viajar a las Galápagos. No solo es un maravilloso conjunto de islas (relativamente) poco explotado, sino que también es el hábitat de una fauna que no se encuentra en ningún otro lugar de la tierra. Cuando el joven Charles Darwin llegó a aquel lugar en 1835, recogió ejemplares de pinzón de distintas islas. Observó que sus picos tenían formas diferentes, pero pasaron 10 años antes de que se diera cuenta de la importancia de aquel descubrimiento. Todos aquellos pájaros descendían de un ancestro común, habían evolucionado y se habían especializado en el tipo de comida que podían encontrar en su isla específica. Esto contribuyó a inspirarle la teoría de la evolución a través de la selección natural; y como megafriqui que soy del tema, me emocionó muchísimo poder seguir sus pasos y ver personalmente algunos de los animales sobre los que había escrito.

El viaje no me decepcionó. Cada día el barco fondeaba en una isla diferente[1] y pequeños grupos de visitantes bajábamos a tierra en una dingui que nos llevaba a escasa distancia de la costa. Algunas de las islas tenían playas perfectas de arena blanca mientras que otras eran de áspera y desnuda roca volcánica o estaban cubiertas de un matorral rojo verdoso y de grandes cactus. Entre los animales, mis preferidas

[1] La mayoría de las islas no están habitadas, por lo que llegar a ellas en barco suele ser la única forma de verlas.

eran las iguanas marinas, tan despreocupadas de sus admiradores humanos que teníamos que pasar por encima de ellas de una zancada en los senderos en los que tomaban el sol. Un par de veces estuve a punto de pisar una. También me encantan los piqueros patiazules, unos curiosos pajaritos con unas patas de un azul brillante que tienen el ritual de cortejo más maravilloso que existe[2].

También hicimos un poco de esnórquel entre peces tropicales de brillantes colores y leones marinos increíblemente juguetones que hacían burbujas debajo del agua y luego las empujaban hasta la superficie. Fue durante una de esas excursiones de esnórquel cuando aprendí algo bastante inesperado sobre mí misma. Estábamos nadando en una bahía de aguas poco profundas, rodeadas de manglares. El agua estaba más turbia que en otros lugares, por lo que la visibilidad era de apenas un par de metros, pero yo disfrutaba viendo a los peces y otra fauna por debajo de mí. Mientras tanto, estaba atenta por si aparecía algo más emocionante: un tiburón. Los manglares a menudo constituyen guarderías para las crías de tiburón[3], porque las raíces evitan que se acerquen animales más grandes que se las podrían comer, mientras abundan los peces y otras pequeñas presas. Estaba muy emocionada ante la posibilidad de ver un tiburón de cerca. Pero, aunque no estaba pensando exactamente en nadar hasta él para abrazarlo, tampoco estaba preparada para la onda de terror que me recorrió el cuerpo cuando la forma empezó a surgir de la penumbra.

Nunca me han dado miedo los tiburones, sobre todo porque conozco los datos estadísticos. En Estados Unidos, por ejemplo, es 30 veces más probable morir por culpa de un rayo que por la mordedura de un tiburón. Y, a ver, estos eran bebés, apenas más largos que mi brazo. Aunque uno de ellos hubiera decidido darme un bocado, no me podía ha-

---

[2] De hecho mi marido utilizó parte de su ritual cuando me propuso casarnos. Un piquero patiazul macho se presenta ante la hembra con un palito que ha encontrado, algo que se cree que es un vestigio evolutivo de cuando estos pájaros construían sus nidos. Ahora es puramente simbólico, puesto que ponen los huevos en la arena, pero ha quedado (o así me gusta creerlo) como una promesa de que el macho cuidará de su hembra. Aunque Jamie no encontró un palito, utilizó una vaina de mangle, que nunca habría cortado si hubiera sido un piquero.

[3] Do do do do do... ¡Lo siento, no me pude resistir! [La autora está aludiendo a la popular canción infantil «Baby Shark», que trata sobre una familia de tiburones. *N. de la T.*].

cer mucho daño. La parte racional de mi cerebro sabía todo eso, pero aquello no fue suficiente para acallar el instinto primario que noté que surgía de lo más íntimo de mi ser. Sin embargo, fue suficiente para paralizarme. Fui capaz de contener lo suficiente el miedo como para disfrutar de la contemplación de los bebés tiburón. En aquel momento ya eran tres, o tal vez cuatro, era difícil decirlo porque seguían apareciendo y desapareciendo en el agua turbia. En un momento dado, me hallé en medio de un banco de pececillos plateados que se zambullían y zigzagueaban para evitar a los tiburones. Una vez más, mi cerebro y mi cuerpo me gritaban que saliera de allí, mientras que mi parte racional se empeñaba en tranquilizarme diciéndome que el tiburón tendría que ser muy estúpido para confundirme con uno de esos peces, que medían apenas unos centímetros de largo.

Pero mi mayor temor en aquel momento era probablemente el menos racional. Una pequeña parte en mi interior me mantenía a la expectativa de que apareciera algo más grande: uno de los progenitores del bebé tiburón. Sabía racionalmente que esto era casi imposible. Los tiburones adultos no permanecen con sus crías y no tienden a acercarse tanto a la costa. Pero era incapaz de sacudirme la sensación física de miedo, y cuando pienso en ello todavía me estremezco. Esta experiencia me condujo a preguntarme por qué ocurría esto. ¿Cómo es posible que nuestras emociones se hagan tan fuertes que puedan imponerse sobre las partes lógicas, racionales, de nuestro cerebro? Para averiguarlo, vamos a tener que empezar por el principio, comprendiendo lo que son las emociones y por qué las tenemos.

## Sentir miedo

Aunque no tengamos la certeza absoluta de ello, al parecer es probable que las emociones hayan evolucionado para orientarnos hacia la recompensa y para alejarnos del peligro. El ejemplo más claro de ello es el miedo, la emoción que sentí al ver a los tiburones. Cuando nuestros antepasados se enfrentaban a una amenaza, tenían dos opciones básicas: podían salir corriendo o podían hacerle frente. La respuesta al miedo ha evolucionado para ayudarnos a hacer una de estas dos cosas.

Cuando vemos algo que puede resultar peligroso, las señales viajan de nuestros ojos directamente a nuestra amígdala, una parte del cerebro implicada en el procesamiento de las emociones. Esto desencadena las sensaciones corporales de miedo conocidas como la respuesta de lucha o huida[4].

Al mismo tiempo, la información también recorre un camino más largo desde nuestros ojos hasta nuestra corteza cerebral, donde las partes más racionales de nuestro cerebro pueden analizarla. Solo cuando llega a esta área adquirimos consciencia de la amenaza. ¿Alguna vez has sentido un escalofrío de miedo al ver una forma enrollada entre la hierba, hasta que te has dado cuenta casi enseguida de que no era más que una manguera? Esa sensación era la respuesta de lucha o huida activada por la amígdala e inmediatamente suprimida por la corteza. Una vez que la información llega a esta parte del cerebro, podemos analizar si la amenaza es real o si no es más que un trozo de manguera. Pero esa sensación de pánico es la primera que nos invade, por si acaso.

Para iniciar la respuesta de lucha o huida, la amígdala activa el hipotálamo. Este envía señales a través de los nervios autónomos, que controlan procesos como los de la digestión o la respiración. El «sistema nervioso simpático» activa la respuesta de lucha o huida, provocando que las glándulas adrenalínicas liberen en el torrente sanguíneo dos hormonas relacionadas entre sí: la adrenalina y la noradrenalina[5]. Estas viajan por todo el cuerpo, causando toda una serie de cambios: aceleración del ritmo cardiaco y de la respiración e incremento del flujo sanguíneo que llega a los músculos para proporcionarles el máximo oxígeno posible, en caso de que sea preciso correr. Al cerebro le llega una dosis extra de oxígeno, que potencia la sensación de alerta, y todos los sentidos se agudizan. Aumenta el azúcar en sangre, producida por el hígado para alimentar los músculos.

Unos segundos más tarde, el hipotálamo segrega un mensajero químico que, a través de una reacción en cadena, produce la liberación, en-

[4] O a veces lucha, huida o inmovilización, pues algunos animales dejan de moverse cuando se enfrentan a una amenaza.

[5] Estas dos sustancias químicas operan a menudo de modo conjunto, pero la adrenalina es la que se encuentra mayoritariamente en el cuerpo, mientras que la noradrenalina suele estar principalmente en el cerebro.

tre otras, de una hormona llamada cortisol (que ya mencionamos en el capítulo 2) por parte de las glándulas adrenales, que se sitúan por encima de los riñones. A menudo llamada la hormona del estrés, el cortisol mantiene el organismo en estado de «máxima alerta», incrementando la presión sanguínea y los niveles de glucosa en sangre. El cortisol te permite hacer frente a las situaciones de estrés que duran más de unos minutos.

Mientras tanto, se desconecta cualquier proceso que no sea necesario y que pueda estar consumiendo una energía que es muy valiosa. La digestión se ralentiza o se detiene, se reduce la producción de lágrima y de saliva (produciendo la familiar sensación de boca seca) y la preciada sangre se reconduce lejos de la piel, y de ahí la palidez). El sistema inmune queda suprimido y, en casos extremos, los músculos de la vejiga se relajan. Soltar toda la orina que llevas encima para reducir el peso puede incrementar la velocidad de la carrera en ese grado justo que marca la diferencia entre la vida y la muerte[6]. Estas dos vías, una rápida y de corta duración, que se propaga a través de nuestros nervios, la otra más lenta pero más duradera, transmitida por las sustancias químicas a través de la sangre, significan que la respuesta puede durar todo el tiempo que sea preciso para sacarnos de la situación de peligro.

Pero esto puede suponer un problema. Hoy en día, la mayoría de las personas no hemos de enfrentarnos al tipo de amenazas inmediatas que se cernían sobre nuestros antepasados. En cambio, nuestro reflejo de lucha o huida puede dispararse por una presentación que tengamos que hacer en el trabajo o por preocupaciones económicas[7]. Estos factores de estrés tienden a ser duraderos y no podemos eludirlos, por lo que los niveles de adrenalina, noradrenalina y cortisol pueden permanecer elevados mucho más tiempo de lo que deberían. Esto se conoce como estrés crónico y tiene un impacto enorme en la salud, desde contribuir a la obesidad hasta incrementar el riesgo de infarto cardiaco y cerebral.

Según estoy escribiendo este libro, muchas personas estamos sufriendo estrés crónico a un nivel que nunca antes habíamos experi-

[6] O al menos eso cree tu cuerpo.

[7] ¡En ninguno de los dos casos ayuda en nada hacerse pis encima!

mentado, a consecuencia de la pandemia de la COVID-19. Nos asusta enfermarnos y tememos por nuestros seres queridos, particularmente aquellos que son más vulnerables. Esto supone una amenaza real, por lo que no es de extrañar que se hayan activado nuestras respuestas al estrés. Pero es exactamente el tipo de amenaza contra la cual nuestro mecanismo de lucha y huida resulta impotente. Salir corriendo ante el virus no es una solución[8], y tampoco lo es atacarlo físicamente. De hecho, unos niveles mayores de hormonas del estrés pueden reducir la eficacia de nuestro sistema inmunitario, lo que significa que la preocupación por el virus en realidad nos puede hacer más vulnerables a él.

Esto, por supuesto, es fácil de decir, pero suprimir la respuesta al estrés no es nada fácil. Ha evolucionado por una buena razón y, aunque siempre hay maneras de limitar la capacidad de reacción, como utilizar técnicas de respiración, hacer ejercicio o centrarnos en aquello por lo que sentimos gratitud, también hemos de tener paciencia y darnos cuenta de que es normal que sintamos ansiedad en este inquietante momento de la historia.

Esta explicación sobre nuestra respuesta al miedo tiene toda su lógica. Si un ser humano de la prehistoria salía corriendo (o supongo que nadando) para huir de los tiburones mientras otro se dirigía hacia ellos para tratar de hacerles una carantoña, es fácil imaginar cuál de los dos tendría mayor probabilidad de sobrevivir y convertirse en mi antepasado. Por tanto el comportamiento (salir corriendo) que tenemos en respuesta al peligro ha evolucionado para protegernos.

Pero no nos dice por qué realmente *sentimos* miedo. Cabe pensar que son nuestros sentimientos los que guían nuestro comportamiento, pero, al menos en teoría, podría existir un animal (o un robot) que mostrara cambios corporales y comportamientos en respuesta a la amenaza, sin el sentimiento que relacionamos con el miedo. Aquí nos topamos con otro problema de lenguaje. En la vida diaria utilizamos la palabra «emoción» para designar las sensaciones corporales y el propio sentimiento, pero no todo es la misma y única cosa. De hecho, es per-

---

[8] Salvo que estés utilizando tu energía extra para evitar a la gente en el parque y asegurarte de que te mantienes a dos metros de distancia de todo el mundo en todo momento, supongo.

fectamente posible que se dé una de ellas sin la otra: seguro que recuerdas el caso de alguien que no reconoce (ni ante sí ni ante otras personas) que sienten enfado o ira, cuando su comportamiento muestra claramente lo contrario. En un afán por simplificar, António Damásio, investigador y autor de *El error de Descartes*, sugiere que utilicemos la palabra «emoción» para referirnos al patrón de comportamiento específico y «sentimiento» cuando hablamos del estado que en general acompaña la emoción. He tratado de atenerme a esta distinción a lo largo de este capítulo.

Tal vez nos resulte obvio que el sentimiento, el estado mental, es lo primero, ya que nuestro corazón se dispara y echamos a correr *porque* nos asustamos. Pero es posible que nuestras intuiciones sean erróneas, y aquí es donde la ciencia puede echar una mano, al poner a prueba estas creencias. A mediados de la década de 1880, el filósofo y psicólogo norteamericano William James se interesó por esta cuestión y defendió que en realidad habíamos planteado el proceso al revés. Según su teoría, sentimos miedo *porque* corremos. Es decir que yo vi el tiburón, mi cuerpo reaccionó con el reflejo de lucha o huida y yo interpreté esa sensación como miedo. El fisiólogo Carl Lange propuso una idea parecida por la misma época, por lo que esta ha pasado a conocerse como la teoría James-Lange de la emoción. Pero dicha teoría plantea algunos problemas. Si son las reacciones físicas del cuerpo las que crean en su totalidad el sentimiento de una emoción, tendría que existir una sensación corporal distinta para cada sentimiento. Si esto fuera cierto, seríamos capaces de decir exactamente lo que una persona está sintiendo simplemente midiendo parámetros como la frecuencia cardiaca, la temperatura de la piel o la transpiración. Pero no lo somos. De hecho, muchas emociones producen cambios físicos idénticos (o muy parecidos). Y deberíamos ser capaces de hacer que alguien sintiera miedo simplemente administrándole adrenalina. Pero, como veremos, esto tampoco funciona. Independientemente de que la teoría James-Lange original pudiera tener más matices que aquello en lo que se ha convertido, al parecer dicha teoría no basta para explicar la complejidad de las emociones humanas.

## MORIRSE DE MIEDO

En 1962, los investigadores Stanley Schachter y Jerome Singer propusieron una variante de la teoría. Plantearon la hipótesis de que lo que producía el sentimiento era una *combinación* de las sensaciones corporales y el entorno. Para verificar dicha hipótesis administraron a la mitad del grupo de personas voluntarias con las que contaron una inyección de adrenalina, y a la otra mitad un placebo, diciéndoles a todas que era una vitamina que estaban probando para comprobar si afectaba a la visión. A continuación a las personas participantes se las invitaba a ir a una sala en la que había un actor que hacía unas veces una representación que era muy divertida y entretenida, y otras veces una que resultaba muy aburrida. En ambas situaciones, las personas participantes que habían recibido adrenalina registraban más reacciones emocionales, tal vez porque estaban atribuyendo su pulso acelerado y el temblor de sus manos causados por la adrenalina a la emoción.

Los dos científicos también descubrieron que si les decían a las personas participantes que estos síntomas podían ser efectos secundarios de la inyección, la influencia en sus sentimientos se desvanecía. Explicaron que esto respaldaba su idea de que las personas participantes detectaban los cambios en su organismo provocados por la adrenalina, pero los interpretaban en función de su entorno, y era esta combinación la que creaba un sentimiento. Pero si sabían que su frecuencia cardiaca se debía simplemente a la inyección que les habían puesto, podían descartarla.

Otros estudios han puesto a prueba esta idea en contextos más «naturales» para comprobar si podía malinterpretarse que las sensaciones corporales asociadas con una emoción estaban vinculadas a otra. En un famoso estudio que realizaron en 1974, Donald Dutton y Arthur Aron colocaron a una atractiva investigadora al final de un puente peatonal. Le pidieron que interpelara a varones jóvenes (de entre 18 y 35 años) que pasaran por ahí a solas y que acabaran de cruzar el puente. Ella les pedía que completaran un cuestionario y luego que escribieran una breve relato a partir de una fotografía. Luego la investigadora les facilitaba a los jóvenes su número de teléfono para que pudieran llamarla e informarse posteriormente sobre los resultados del estudio.

Sin que lo supieran ni los entrevistados ni la investigadora, a Dutton y Aron no les interesaba en realidad el impacto de la puesta en escena sobre la creatividad, como habían explicado. Lo que querían averiguar era cuántos hombres llamarían después de la entrevista. Y descubrieron que el número de los que llamaban dependía del tipo de puente que habían cruzado. Cuando la investigadora se había situado junto a un puente suspendido de manera precaria y a bastante altura[9], que se balanceaba de manera amenazadora con el viento, era mayor la proporción de los hombres que apuntaron su número y la llamaron que cuando se había colocado junto a un puente más bajo y estable. Las historias de los hombres que atravesaban el temible puente también tenían mayor contenido romántico y sexual. Para confirmar sus hallazgos, repitieron el experimento con un investigador varón (y participantes siempre varones, aunque creo que o bien no tuvieron en cuenta o no les preocupó que algunos pudieran ser gais), y comprobaron que la correlación desaparecía.

Esto confirmaba la propuesta de Dutton y Aron. Algunas emociones pueden estar vinculadas a la sensación corpórea conocida como excitación. Aunque normalmente relacionamos «excitación» con sexual, en psicología significa simplemente actividad o «aumento». Pensemos en un corazón que se dispara, unas manos que sudan y una respiración que se acelera. Sí, esto puede ser resultado de una atracción sexual, pero también lo podría provocar el miedo o la ira. Por consiguiente, para comprobar qué es lo que te está causando esa sensación, miras a tu alrededor y haces una suposición. En este caso, los hombres en el puente inestable estaban atribuyendo erróneamente sus sensaciones corporales de miedo a una atracción y pensaban que era la mujer la que les estaba haciendo sentir de aquel modo, más que la situación.

Luego se llevaron el experimento al laboratorio. A los voluntarios varones les dijeron que trabajarían con otra persona participante, que resultó ser una atractiva mujer. Les dijeron que los experimentadores habían establecido al azar quiénes de ellos recibirían una descarga eléc-

---

[9] Para quienes sean más pedantes o practiquen la ingeniería, entre ellos mi marido, técnicamente estamos hablando de un simple puente de suspensión. El que utilizaron en el estudio es el que cruza el río Capilano en Canadá y, a juzgar por las fotografías, parece aterrador.

trica intensa y molesta y quiénes una descarga menor, que apenas notarían. Mientras «preparaban el montaje», pidieron a los hombres que completaran un cuestionario en el que debían valorar su ansiedad y lo atraídos que se sentían hacia la participante femenina. Tal como habían supuesto, los hombres a los que les dijeron que iban a recibir una descarga desagradable se sentían más ansiosos y más atraídos por la mujer que los hombres que iban a recibir la descarga más suave.

Esto tiene su lógica. Las emociones contienen una respuesta corporal que te transmite la intensidad de la emoción a través de una retroalimentación sensorial y un elemento cognitivo que identifica el tipo de sentimiento a partir de lo que está sucediendo a tu alrededor. Ahora existen variantes de esta teoría, pero la mayoría de ellas utilizan un término que acuñó Magda Arnold en la década de 1960: evaluación. Mientras yo nadaba, sentí que el corazón se me disparaba y atribuí esa sensación a las amenazadoras sombras de los tiburones; pero si la situación hubiese sido ligeramente distinta, podría haber pensado que era mi atractivo compañero de esnórquel que producía aquel efecto en mí. Este puede ser el motivo por el que las películas de miedo son una opción tan apreciada cuando estás saliendo con alguien. No solo es una ocasión para que tu aterrorizado acompañante te coja la mano, sino que también puede que piense que es tu encanto y tu belleza los que le hacen sentirse nervioso y ponerse colorado, y no los zombis devoradores de carne humana de la pantalla.

El mundo científico sigue sin ponerse de acuerdo sobre cómo funciona exactamente la evaluación en términos de las señalas corporales que intervienen y si estas se producen antes, después o al mismo tiempo que el sentimiento. Pero las nuevas técnicas de investigación nos están ayudando a desentrañar las emociones. Así, quienes se especializan en este campo han descubierto, por ejemplo, que la gente que es más consciente de su propio cuerpo (hecho que se comprueba pidiéndole que perciba el latido de su corazón sin palparse el pulso) experimenta emociones más intensas. Los estudios mediante escáner cerebral también han puesto de manifiesto la importancia de la ínsula, una región del cerebro implicada en la detección y el procesamiento de los mensajes del cuerpo. Aunque es posible sentir emociones sin ella, su activación durante las experiencias emocionales en personas sanas refuerza la idea de que nuestras emociones están «encarnadas» en nuestros cuerpos, arraigadas en nuestro componente físico[10].

En este punto las cosas empiezan a ponerse algo filosóficas. Porque, a menos que creas que la «mente» es una realidad separada del cerebro o del cuerpo (teoría conocida como dualismo cartesiano, propuesta por René Descartes), por supuesto que las emociones deben tener sus raíces en la fisiología. Yo desde luego no creo que la mente sea una entidad separada, pero es casi imposible hablar de las emociones y de la consciencia sin que implícitamente resulte estarlo. Cuando escribo que «yo» siento una emoción cuando algunas áreas de «mi» cerebro están activas, ¿qué es exactamente ese «yo» que está provocando ese sentimiento? Se trata, obviamente, de una cuestión muy amplia y que constituye el tema de muchos libros, por lo que no hay forma de hacerle justicia aquí en un par de líneas, pero el rompecabezas de la consciencia está tan íntimamente relacionado con la comprensión de nuestras emociones que tampoco puedo obviarlo del todo.

Según António Damásio, los animales con cerebros más sencillos que los nuestros podrían tener «programas emocionales» parecidos. Es posible que reaccionen de una determinada manera cuando se ven amenazados o cuando reciben un alimento delicioso. Pero eso no significa que tengan sentimientos como los nuestros. Para experimentar de verdad un sentimiento de la manera en que lo hacemos los seres humanos, un animal debe tener consciencia y memoria; y, aunque bien puede ser que algunos animales tengan un elemento de consciencia (¡otro temazo!), los más simples probablemente no lo tengan[11].

¿Significa esto que los animales no tienen sentimientos o estados de ánimo? Con mi experiencia personal, ya que tengo animales domésticos, me resulta muy difícil pensar que eso sea así. Cuando yo era joven, teníamos una gata carey llamada Emmy a la que yo adoraba. Y

---

[10] Esto es algo sobre lo que tenemos poderosas intuiciones y que vemos reflejado en el lenguaje. Expresiones como «mariposas en el estómago» o «corazón partido» muestran hasta qué punto las emociones dan la sensación de surgir del cuerpo.

[11] Esto también plantea la cuestión de si llegaremos a ser capaces de desarrollar una tecnología con una inteligencia artificial tan avanzada que adquiera consciencia, y de cómo sabremos que la tiene. Pero, una vez más, se trata de un tema que habría que plantear en otro libro totalmente distinto.

daba la sensación de que yo también le importaba a ella; incluso me permitía tocar una de sus patas color beige, cosa que, por alguna razón, desencadenaba en ella una reacción de bufidos y zarpazos con cualquier otra persona. No era una gata que tuviera un carácter especialmente cambiante, pero había una cosa que, invariablemente, la dejaba como un trapo, y era que nos fuéramos de viaje. Si la dejábamos al cuidado de una vecina durante unos días mientras nos íbamos de vacaciones, la vuelta siempre seguía el mismo patrón. Al principio daba señales de estar contenta por vernos de vuelta y se frotaba contra nuestras piernas y ronroneaba. Pero al cabo de unos minutos, ese estado cambiaba. Una vez satisfecha de que hubiéramos vuelto a casa, tocaba darnos una lección. Durante las 24 horas siguientes nos ignoraba por completo (excepto, claro está, cuando le poníamos su comedero) y me daba su fría espalda peluda si trataba de acariciarla o la incitaba a jugar. Pero aquello no duraba mucho y no tardaba en volver a su ser cariñosa y adorable.

Puede que jamás llegue a saber qué sentía Emmy en aquellas situaciones, si es que sentía algo, pero sus reacciones sí dan la impresión de indicar respuestas emocionales y tal vez incluso algo parecido a los sentimientos y estados de ánimo que experimentamos los humanos cuando los seres a los que amamos no se comportan del modo que esperábamos. También hay más pruebas científicas de que algunos animales se comportan de un modo que asociaríamos con los sentimientos. Al parecer los elefantes hacen un duelo y se consuelan unos a otros cuando muere un miembro de su manada. Las ratas emiten unos ruiditos que se parecen mucho a la risa cuando les hacen cosquillas y animan a la mano de quien está experimentando con ellas a que continúe cuando se detiene. Y los macacos se resisten a tirar de una cadena que les proporciona comida si al hacerlo otro mono recibe una descarga eléctrica. Pero, a pesar de ello, resulta imposible saber realmente si están sintiéndose del mismo modo que nosotros.

## ESTADOS DE ÁNIMO, MÚSCULOS Y MOLUSCOS

De momento hemos revelado hasta cierto punto lo que son las emociones y lo que ocurre en el cuerpo para que se generen. Pero ahora tenemos que fijarnos en el cerebro. La investigación cerebral de las emociones se ha centrado en dos áreas principales. La primera es el sistema límbico, que incluye la amígdala y responde a estímulos emocionales (en particular, a cualquier cosa que produzca miedo) y el hipocampo, que participa en el almacenamiento y procesado de los recuerdos, incluidos los recuerdos emocionales. La segunda es la corteza prefrontal, por detrás de la frente. La amígdala y el sistema límbico son reactivos y responden enseguida a cualquier cosa que sea emocional, pero (generalmente) están bajo la supervisión de la corteza prefrontal, más racional. La mayor parte del tiempo las dos partes se equilibran mutuamente y nuestras emociones permanecen más o menos estables. Si te enfrentas a una amenaza, la corteza prefrontal permite que la amígdala tome el control y siga provocando la respuesta al miedo, pero solo si la amenaza supone un peligro real. Por lo tanto, es la corteza prefrontal la que decide si el problema es algo que puedes manejar o algo que queda fuera de tu control. Es este estrés crónico, incontrolable, el que causa problemas.

Los estados de ánimo son más difíciles de explicar. Estado de ánimo y emoción son expresiones que utilizamos mucho, a menudo de manera intercambiable, pero designan cosas diferentes. Las emociones son de corta duración y suelen desencadenarse por algo del entorno. Por ejemplo, puedes sentir alegría porque te ha llegado una invitación de un amigo o enfado porque alguien está haciendo *mansplaining* en Twitter[12]. Los estados de ánimo son diferentes. Duran más tiempo y, aunque el entorno puede tener un impacto en ellos y de hecho lo tiene, el efecto es menos directo. También resultan mucho más difíciles de estudiar. Aunque es bastante fácil hacer que una persona se sienta feliz o triste por un instante en el laboratorio, por ejemplo si le enseñamos fotografías o le pedimos que escuche una determinada música, influir en el estado de ánimo de una persona es más difícil. Por ello gran par-

[12] Ahora sería en X *[N. de la T.]*.

te de la investigación sobre el estado de ánimo se realiza con personas que sufren trastornos de este, como la depresión.

En el caso de la depresión, al parecer es relevante el mismo sistema. Un daño causado a la corteza prefrontal tiene todo tipo de consecuencias, incluidas las dificultades para controlar el estado de ánimo, y se ha visto que varias partes del mismo se muestran hiper o hipoactivas en trastornos del estado de ánimo como la depresión. Parece ser que, si los dos sistemas se desajustan, las emociones pueden empezar a superarte, lo que puede conducir a un bajo estado de ánimo y, potencialmente, a una depresión. Esto puede suceder a consecuencia de un sistema límbico hiperactivo o de una corteza prefrontal hipoactiva. Cualquiera de los dos puede hacer que se incline la delicada balanza, causando la liberación prolongada de hormonas del estrés[13]. A su vez, estas pueden empezar a dañar las regiones prefrontal y límbica, lo que conduce a un bucle de retroalimentación del que puede resultar difícil recuperarse.

Pero esto deja pendientes algunas preguntas importantes. ¿Por qué se desajusta el equilibrio entre esas áreas? ¿Y cómo están implicadas las sustancias químicas del cerebro? Para descubrirlo, hemos de profundizar un poco, empezando por dichas sustancias. Una de ellas es más sinónimo de depresión que cualquiera de las otras: la serotonina. Luego es un buen punto por el que empezar.

El descubrimiento de la serotonina se sitúa a finales del siglo XIX y principios del XX, cuando los científicos advirtieron un interesante efecto del suero sanguíneo. Esta sustancia es lo que queda cuando la sangre se coagula y se vio que hacía que los vasos sanguíneos se estrecharan. No fue una sorpresa enorme. Ya se sabía que la sangre contenía adrenalina y que la adrenalina podía tener ese efecto, llamado vasoconstrictor. Lo que sin embargo sí resultó sorprendente fue que el suero también tenía este efecto constrictor en los intestinos de un animal,

[13] Cabe destacar que incluso algo como el nivel de azúcar en sangre puede ser suficiente para desequilibrar la balanza. Aunque hay escasas pruebas en seres humanos sanos, se ha sugerido en ocasiones que las fluctuaciones del azúcar en sangre pueden causar la liberación de hormonas del estrés y, a largo plazo, afectar al estado de ánimo. Pero no está claro que esto pueda explicar la experiencia a corto plazo del mal humor a causa del hambre, y pido disculpas por ser de esas personas que se irritan cuando no han comido.

mientras que la adrenalina sola tenía el efecto opuesto. Esto significaba que no podía ser la adrenalina del suero la que causaba la vasoconstricción. Tenía que ser otra sustancia que actuara como la adrenalina en la mayoría de los casos, pero que tuviera un efecto diferente en los intestinos. Habían descubierto una «sustancia que imitaba a la adrenalina» en el suero.

El siguiente gran paso adelante lo dio el farmacólogo y fisiólogo italiano Vittorio Erspamer en la década de 1930, al aislar la sustancia del sistema digestivo de un conejo que causaba constricción de las tripas, los músculos y el útero cuando se administraba a un ratón. Llamó a dicha sustancia enteramina.

Unos años más tarde, en 1945, Irvine Page estaba trabajando en la Cleveland Clinic de Ohio, estudiando el sistema cardiovascular. Trataba de hallar una sustancia vasoconstrictora específica en la sangre, que pensó que era la responsable de la hipertensión. Pero cada vez que la sangre empezaba a coagularse, se producía otra sustancia que también causaba la constricción de los vasos sanguíneos y que estaba interfiriendo con su investigación. Así que, junto con la bioquímica Arda Green y el químico orgánico Maurice Rapport, se propusieron aislar y eliminar la sustancia boicoteadora: la misma «sustancia que imita a la adrenalina» descubierta décadas antes.

El bagaje bioquímico de Green le permitió desarrollar un método para analizar sustancias aisladas de la sangre utilizando la arteria de la oreja de un conejo para comprobar si dichas sustancias causaban constricción de los vasos sanguíneos. Rapport dedicó sus esfuerzos a aislar los componentes de cientos de litros de sangre recogidos del matadero de Cleveland. Primero tenía que pasar la sangre por una estopilla mientras coagulaba, para producir suero. Luego desarrolló un proceso en varias fases que, finalmente, le permitió aislar la sustancia vasoconstrictora en forma de cristales de un amarillo pálido: apenas unos miligramos a partir de 900 litros de suero. En 1948 publicaron los resultados, llamando a estos preciosos cristales «serotonina». Un año más tarde, por aquel entonces en la Universidad de Columbia, Rapport identificó la estructura química de la serotonina: 5-hidroxitriptamina, o 5-HT.

Por su parte, en la Universidad de Harvard, Betty Twarog era estudiante de doctorado bajo la dirección de John Welsh, experto en neurobiología de los invertebrados. Habían identificado el neurotransmisor que permite que los mejillones se agarren a las rocas con tanta fuerza, pero estaban buscando el que les permitía soltarse. Tras leer un artículo del equipo de la clínica de Cleveland, Twarog se convenció de que la serotonina podía ser ese neurotransmisor. Enseguida sus experimentos demostraron que estaba en lo cierto. Twarog escribió un artículo en el que explicaba el papel de la serotonina como neurotransmisor en los invertebrados, que sin embargo no se publicó hasta dos años más tarde, en 1954, porque el *Journal of Cellular and Comparative Physiology* «no se había molestado en revisar un artículo sobre un neurotransmisor desconocido de una autora desconocida».

Twarog se trasladó a la Cleveland Clinic en 1952, donde trabajó con Page. Convencida de que la serotonina también se encontraría en el cerebro de los vertebrados, convenció a Page, que tenía sus dudas, para que apoyara su trabajo en este ámbito. Y efectivamente, en 1953, descubrió serotonina en el cerebro de los mamíferos. Ahora sabemos que la serotonina de nuestro cerebro es vital para toda una serie de funciones, desde el sueño hasta el amor. Pero el aspecto que más frecuentemente se asocia con ella es el estado de ánimo. Se dice que, si tenemos poca, nos sentimos tristes, y que si aumenta, recuperamos la alegría. Sin embargo, esta afirmación es más controvertida de lo que parece, porque los estudios no han conseguido refrendar una relación unívoca entre el estado de ánimo y los niveles de serotonina.

## ¿La hormona de la felicidad?

¿De dónde salió esta idea de que la serotonina y la depresión estaban relacionadas? Pues, como tantos hitos en la ciencia, la teoría surgió a partir de una serie de descubrimientos fortuitos. El primero de ellos se produjo en India. Unos científicos descubrieron que la raíz seca de la *Rauvolfia serpentina* (también conocida como leño colubrino), utilizada en la medicina tradicional, disminuía la tensión arterial. También se sugería que tal vez tuviera algún efecto sobre los trastornos mentales. Esto despertó el interés de los psiquiatras occidentales, que realizaron ensayos clínicos con personas aquejadas de esquizofrenia utilizando una sustancia aislada de la planta. Lamentablemente, se encontraron con que aquella sustancia, denominada reserpina, no actuaba directamente sobre la enfermedad, aunque observaron que sus pacientes al parecer se calmaban. También se recogieron algunos testimonios ocasionales de sus beneficios sobre la ansiedad, las compulsiones y las dificultades para la motivación.

Sin embargo, también se reportó un lado oscuro de esta sustancia y, a finales de la década de 1950, tras el éxito inicial, fue sustituida por otras opciones más seguras. Una de las mayores razones para ello fue que preocupaba que la sustancia pudiera provocar depresión en algunas personas. Se descubrió que la reserpina vacía el cerebro de serotonina así como de otros neurotransmisores como la dopamina y la noradrenalina, por lo que los científicos comenzaron a preguntarse si aquella no sería la razón de sus efectos secundarios.

Por la misma época, se descubrió que un fármaco para la tuberculosis también afectaba al estado de ánimo de las y los pacientes. Las personas que habían sido tratadas con esta sustancia recobraban el apetito, estaban más contentas y menos apáticas y a veces incluso sentían euforia. Por supuesto, si has tenido una enfermedad horrible y de repente empiezas a encontrarte mejor, no es de sorprender que tu estado de ánimo también mejore. Pero otros efectos secundarios como los mareos y la boca seca sugerían que el fármaco podía tener un impacto en el sistema nervioso. Por lo tanto, se probó en pacientes psiquiátricos y enseguida empezaron a surgir pruebas de que la iproniazida (como se llamaba el fármaco) podía ser eficaz para el tratamiento de la depresión.

Al igual que la reserpina, la iproniazida tenía efectos secundarios que causaron el rápido declive de su popularidad, pero su mecanismo de acción resultó ser un ingrediente vital para comprender la depresión. En 1952, unos científicos descubrieron que la sustancia bloqueaba una enzima que normalmente descompone las monoaminas (un tipo de neurotransmisores que incluye la dopamina, la noradrenalina, la adrenalina y la serotonina, entre otras), incrementando los niveles de estas sustancias en la neurona, que quedan listas para ser liberadas en la sinapsis.

Sumados unos con otros, los efectos de estas dos sustancias y sus mecanismos de actuación sugirieron una hipótesis sencilla. Si se reducen los niveles de monoaminas en el cerebro, se produce depresión. Si aumentan, la gente se siente mejor. Y así nació la hipótesis. A lo largo de los años siguientes, este concepto fue cobrando fuerza a medida que se desarrollaban nuevos fármacos antidepresivos, y sus mecanismos de acción aparentemente encajaban.

Los antidepresivos tricíclicos, por ejemplo, se descubrieron cuando se investigaba para encontrar mejores sustancias antipsicóticas. Estos operan a través de mecanismos complejos, pero afectan a los niveles tanto de serotonina como de noradrenalina, por lo que podían respaldar la teoría.

En la década de 1960, la investigación empezó a señalar la idea de que era específicamente la serotonina la que estaba ligada a la depresión; por ejemplo, las personas con depresión que se habían suicidado al parecer presentaban menores niveles de concentración de esta sustancia en algunas partes de su cerebro. La empresa farmacéutica Eli Lilly empezó a investigar para encontrar mecanismos que impulsaran los niveles de serotonina en el cerebro sin que se vieran afectados otros neurotransmisores. En 1974 lo consiguieron y publicaron un informe sobre su primer inhibidor selectivo de la recaptación de serotonina (ISRS): la fluoxetina. Ya en 1988, la fluoxetina había sido aprobada por la Administración Federal de Alimentos y Medicamentos de Estados Unidos (FDA-Federal Drug Administration) y se empezó a comercializar con el nombre de Prozac®.

En la actualidad los ISRS son la categoría más común de antidepresivos. Estos fármacos revolucionaron el tratamiento de los trastornos del estado de ánimo gracias a esa primera «S» de su sigla: son selectivos. Esto significa que solo apuntan a la serotonina, por lo que tienen menos efectos secundarios que las sustancias que afectan a múltiples neurotransmisores.

El mecanismo de los ISRS parece, al menos *a priori,* relativamente sencillo. Al igual que hace la cocaína con la dopamina (véase el capítulo 3), los ISRS bloquean el transportador de la serotonina. Esto impide que un exceso de serotonina vuelva a ser absorbido en la neurona que liberó la sustancia, lo que significa que está mucho más tiempo alrededor de la sinapsis después de ser liberada. Esto, al menos en teoría, produce un efecto antidepresivo.

El éxito de estas sustancias consolidó al parecer la idea de que la serotonina estaba relacionada con la felicidad y que, con potenciarla, se podía vencer la depresión. Y si potenciar los niveles de este neurotransmisor mejoraba los síntomas depresivos, desde luego significaba que se estaba produciendo en una cantidad demasiado limitada, ¿no? La teoría de la serotonina como «sustancia química de la felicidad» acababa de ver la luz.

Pero no todas las pruebas son concluyentes a este respecto. Es difícil conseguir pruebas directas de que las personas con depresión tienen niveles más bajos de serotonina en el cerebro. Algunos estudios *han confirmado* que hay niveles bajos de serotonina y otras sustancias químicas relacionadas en la sangre y en el líquido cefalorraquídeo de las personas con depresión, pero otros estudios no lo han hecho. Y es preciso interpretar estos resultados con mucha cautela, pues estas pruebas no coinciden necesariamente con los niveles en el cerebro.

Para comprobar la teoría, la investigación se centró en experimentos que disminuían los niveles de monoaminas en el cerebro. A lo largo de los años, un gran número de estudios han puesto de manifiesto que hacer esto en personas sanas *no* produce depresión ni deteriora el estado de ánimo. De hecho, ni siquiera incrementa los síntomas en todas las personas que padecen depresión[14]. Luego la idea de que un nivel bajo de serotonina coincide con un estado de ánimo bajo sencillamente no es correcta: tiene que estar ocurriendo algo más.

En lo referente al tratamiento, mientras que algunas personas con depresión responden a los antidepresivos que potencian la serotonina, existe una proporción de pacientes que no lo hacen. E incluso en personas que mejoran, se plantea un problema para la teoría. Cuando se toma un ISRS, se bloquea el transportador casi inmediatamente, por lo que los niveles de serotonina deberían aumentar enseguida. Pero la mejora del estado de ánimo, si es que se produce, no ocurre hasta pasadas varias semanas, a menudo seis o más. Si aumentar la serotonina te

---

[14] Aunque algunos estudios han concluido que la disminución de monoaminas puede causar recaídas en personas que se han recuperado recientemente de una depresión y que están tomando medicamentos ISRS.

pone más alegre y los ISRS la potencian tan velozmente, ¿por qué la gente no se encuentra mejor inmediatamente?

Las teorías más recientes explican que, aunque la serotonina desempeña un papel en la depresión, no existe relación directa entre su concentración y el estado de ánimo que se planteó inicialmente. Para comprender cómo podría funcionar esta cuestión hemos de analizar con un poco más detalladamente la anatomía de una neurona de serotonina.

## EL BOTÓN DE APAGADO

Al igual que muchos neurotransmisores, la serotonina puede tener efectos diversos dependiendo del lugar del cerebro en el que es liberada y de la neurona que la recibe. Esto se debe en parte a que existen diferentes tipos de receptores de serotonina, que tienen diversos efectos. Al igual que los receptores en los extremos de las neuronas, preparados para recibir serotonina de la célula anterior en la cadena, existe lo que se llama «autorreceptores». Estos se encuentran en la primera neurona, la que libera la serotonina. Pueden situarse en el cuerpo de la célula, en las dendritas, en el axón o incluso en el primer lado de la sinapsis, donde se conocen como presinápticos. Estos receptores desempeñan el importante papel de garantizar que los niveles de serotonina no se disparen hasta niveles peligrosos (al igual que todos los neurotransmisores, demasiada serotonina puede tener efectos secundarios dañinos, por ejemplo la psicosis), utilizando un bucle de retroalimentación negativo.

Repasemos este proceso. Una señal eléctrica se dispara en la primera neurona y viaja por esta hasta la sinapsis, donde se libera la serotonina. Gran parte de la serotonina cruza la sinapsis hasta los receptores postsinápticos, otra parte la vuelven a captar los transportadores y una pequeña parte se difunde hasta unirse a los autorreceptores presinápticos, aunque no basta para activarlos. La segunda neurona ha recibido la señal y es capaz de transmitir su mensaje a la siguiente.

Imaginemos ahora que se ha liberado un exceso de serotonina, bien por activación reiterada de la neurona presináptica, bien debido a algún tipo de anomalía en el sistema. La serotonina, como antes, viajará a través de la sinapsis para activar la neurona postsináptica. Pero también volverá hacia atrás, y como esta vez hay más serotonina, activará los autorreceptores de la neurona presináptica. Estos limitarán la actividad de esa neurona, impidiendo que dispare, de modo que ya no podrá liberar más serotonina. Cuando los niveles de serotonina empiezan a bajar (los transportadores la vuelven a captar y ya no se libera más), los autorreceptores detienen su inhibición y la neurona puede volver a disparar. Es una forma elegante que tiene el cerebro de garantizar que los niveles de serotonina no superen un determinado umbral.

Cabe imaginar el sistema algo así como una bañera inteligente de alta tecnología. En mi bañera (imaginaria), más que un simple rebosadero existe un sensor que detecta si el nivel del agua está subiendo demasiado y entonces cierra el grifo. Esto significa que la bañera nunca va a desbordarse y evita desperdiciar agua o causar una inundación. Si quitas el tapón y el nivel de agua empieza a bajar, el grifo se vuelve a abrir, garantizando el nivel perfecto de agua. El sensor desempeña un papel parecido al de los autorreceptores, que desconectan la liberación de serotonina cuando hay demasiada y luego le permiten volver a fluir cuando baja el nivel.

Pero ¿qué ocurre si algo falla con estos autorreceptores? J. John Mann, de la Universidad de Columbia, ha recabado pruebas que sugieren que este podría ser el problema en la depresión. Los médicos siguen diciéndole a la gente con depresión que tiene un nivel bajo de serotonina en el cerebro y que los ISRS lo corrigen. A Mann le interesaba lo que esto significaba exactamente. En la década de 1980 empezó a analizar el cerebro de personas con depresión que se habían suicidado y a compararlo con el cerebro de personas que habían muerto sin padecer depresión. Y descubrió algo sorprendente. «No tienen un déficit de neuronas de serotonina», me dijo. «Ni siquiera tienen un déficit de la enzima que fabrica la serotonina. De hecho, tienen lo contrario, tienen más neuronas y tienen más enzima [...]; e incluso, cuando medimos el nivel de serotonina en el interior de la neurona, en los cuerpos celulares tenían más».

Mann empezó a analizar los receptores de serotonina para comprobar si allí ocurría algo. Descubrió que, en los cerebros *post mortem* de las personas con depresión, había más autorreceptores de serotonina.

El seguimiento mediante estudios de imagen cerebral en pacientes vivos confirmó este hallazgo. Resulta interesante que, aun cuando las personas se hubieran recuperado tras un periodo de depresión, se mantenía el nivel elevado de autorreceptores. De hecho, su equipo descubrió que el número de autorreceptores podía ser predictivo. Estudiaron a los hijos e hijas de personas con depresión, que en aquel momento estaban todos sanos pero cuyo riesgo de desarrollar la enfermedad era mayor; y hallaron que las personas cuyos autorreceptores habían aumentado más tenían más probabilidad de presentar problemas futuros de depresión. Al parecer, este podría ser el mecanismo de la heredabilidad de la depresión. Si naces con más autorreceptores, tienes mayor riesgo. Pero también puedes desarrollar un mayor número de ellos a lo largo de tu vida y es probable que sea esta combinación de genes y entorno la que desencadene la depresión en la mayoría de las personas.

Pero todo esto no explicaba *por qué* existía un vínculo entre tener más de este tipo de receptores y la depresión, así que para entender mejor el mecanismo, Mann se puso a hacer estudios con ratones. Utilizando ratones manipulados genéticamente para que tuvieran un mayor número de autorreceptores, Mann y su equipo confirmaron lo que estaba sucediendo. En estos animales, solo era preciso que se liberara una pequeña cantidad de serotonina para que los autorreceptores se activaran, apagando esa neurona y evitando que se siguiera liberando serotonina.

Es como si la bañera inteligente hubiera sido fabricada accidentalmente con muchos de los sensores de apagado automático, repartidos por toda la bañera. No importaría la cantidad de agua caliente que hubiera en el depósito: cada vez que trataras de llenar la bañera, los sensores cerrarían automáticamente el grifo, con lo que nunca se llegaría a llenar.

Volviendo a los ratones, Mann descubrió que presentaban un menor disparo de las neuronas de serotonina y una menor liberación de este neurotransmisor. También eran más proclives a la versión en ratón de la depresión[15]. El investigador supone que el incremento de seroto-

---

[15] Hay varias formas de comprobar si un ratón está deprimido. Los ratones permanecen inmóviles durante más tiempo cuando se les hace escuchar un sonido que anteriormente se había relacionado con una descarga. Si se les mete en un recipiente con agua, es posible que se limiten a flotar, a la espera de ser rescatados, en vez de tratar de escapar. Y

nina dentro de las células se debe a que el cerebro está tratando de compensar esta falta de segregación de serotonina, pero sin resultado. Como él mismo dice: «En síntesis, el autorreceptor sigue inhibiendo el disparo, por lo que efectivamente tienen una deficiencia de serotonina».

Esta teoría resulta interesante, pues explica uno de los grandes misterios del tratamiento de la depresión: por qué los ISRS tardan tanto tiempo en surtir efecto. Unos estudios en ratas han puesto de manifiesto que, inicialmente, los ISRS reducen el disparo de las neuronas de serotonina, lo que concuerda con los resultados de Mann. Los ISRS bloquean la recaptación de serotonina, y por ello hay más cantidad de la sustancia en la sinapsis, que se volverá a difundir en mayor medida para activar los autorreceptores, desactivando más rápidamente las neuronas. Pero, al igual que en una persona usuaria de una droga cuyo cerebro contraataca respondiendo a altos niveles de su droga de elección (véase el capítulo 3), aumentar la serotonina provoca que el cerebro contraataque. Tras semanas de administración de la dosis, los autorreceptores se vuelven menos sensibles e incluso su número empieza a decrecer. Esto permite que las neuronas se pongan de nuevo a disparar y aumente la segregación de serotonina. Un estudio en seres humanos en 2013 puso de manifiesto que, tras sietes semanas de tratamiento con ISRS, los autorreceptores habían disminuido en un 18 por ciento.

¿Podría entonces ocurrir que, al fin y al cabo, la hipótesis de la serotonina fuera correcta? ¿Que estas personas experimentaron una disminución de su liberación de serotonina, pero que la recaptación bloqueante no fue suficiente? ¿Y que en cambio se requiere este mecanismo más lento antes de que los niveles suban y ellas empiecen a sentirse mejor? Sin duda esta puede ser una de las piezas del rompecabezas. Probablemente este receptor también sea importante para el estado de ánimo de las personas sanas. Los estudios han revelado que las personas con una determinada versión de un gen, que produce cambios en estos autorreceptores, tienen mayor tendencia a una baja autoestima, a los trastornos neuróticos, a ser socialmente más introvertidas y a tener me-

---

puede que pierdan su afición a los sabores dulces o incluso a la estimulación cerebral de recompensa. También la ansiedad se puede medir: si se les da a elegir entre dos ramales de un laberinto, uno cerrado y otro abierto, los animales con ansiedad pasarán más tiempo en el ramal cerrado y no explorarán tanto como los que no tienen ansiedad.

nos amistades. También presentan mayor riesgo de depresión. ¡Al final va a resultar que la serotonina sí que es la «hormona de la felicidad»!

## MIRA SIEMPRE EL LADO POSITIVO DE LA VIDA[16]

Mientras que en el campo de la neurociencia y la farmacología los trabajos se han centrado en *cómo* los ISRS alteran los niveles de serotonina en el cerebro, la psicología y la psiquiatría han puesto el foco fundamentalmente en *si* estos producen mejoras en los síntomas. Pero entonces faltaría una pieza en el rompecabezas: el *porqué*. ¿Por qué los ISRS ayudan a algunas personas a sentirse mejor? Este agujero nos lleva a uno de los temas más importantes de la investigación en psicología y neurociencia, y nos sitúa ante una barrera con la que me he encontrado una y otra vez escribiendo este libro, porque traducir los cambios moleculares en comportamientos y comprender cómo los primeros pueden causar los segundos es extremadamente complejo. Pero es un reto que Catherine Harmer, directora del Psychopharmacology and Emotional Research Lab (PERL), con sede en la Universidad de Oxford, no tuvo duda en asumir, según me explicó:

> Cuando yo empecé, la mayor parte de la investigación en realidad no permeaba estas diferentes divisiones [...] y la verdad es que no había comunicación entre el personal investigador de especialidades diferentes. A mí me empezó a interesar profundamente cómo estas diferentes cuestiones estaban relacionadas unas con otras, es decir, cómo los ISRS, o los antidepresivos en términos más generales, conducían de hecho a mejoras en los síntomas de la depresión [...] ¿Por qué aumentar los niveles de serotonina en el cerebro provoca que la gente se sienta mejor? Parecía como si, en las explicaciones, existiera una brecha.

Para tratar de remediarlo, Harmer analizó los efectos de los ISRS en personas voluntarias sanas y en personas con depresión, para ver cómo cambiaba su visión del mundo. Pero primero necesitaba comprobar si

[16] El título en inglés de este apartado, *Always look on the bright side of life,* hace alusión a la famosa canción de Eric Idle de los Monthy Python, de la película *La vida de Brian.*

existían diferencias entre los dos grupos antes de que se les administraran los fármacos. Su equipo descubrió que, cuando a las personas participantes les enseñaban fotografías de caras humanas, las sanas tendían a centrarse principalmente en las expresiones de alegría, mientras que aquellas con depresión, aun cuando su enfermedad estuviera remitiendo, pasaban más tiempo contemplando las expresiones de tristeza. También interpretaban las caras de forma diferente: cuando se les mostraba una expresión ambigua, las personas sanas del grupo de control tendían a interpretarla como alegre, mientras que aquellas con depresión tenían la misma probabilidad de considerarla alegre que triste. Lo mismo se comprueba en otros ámbitos, de modo que las personas con depresión tienen más tendencia a recordar palabras negativas de una lista, por ejemplo, mientras que las del grupo de control recuerdan las positivas.

Lo que los hallazgos de Harmer añaden es el sesgo negativo de las personas con depresión. Es más probable que una persona con depresión observe y recuerde los detalles negativos que los positivos de algo que ha experimentado. Y esto puede ser la causa de su bajo estado de ánimo, o al menos contribuye a mantenerlo. También puede que le incite a rehuir las interacciones sociales, porque si la mayoría de estas las vive como negativas, es menos probable que las repita. Esto puede agravar el problema pues su creciente aislamiento incrementa su depresión.

A continuación, en colaboración con la investigadora clínica Beata Godlewska, Harmer administró ISRS a sus participantes con depresión, lo que aumentó sus niveles de serotonina en el cerebro; después les hizo repetir la misma tarea. Y observó una diferencia inmediata. En este caso el grupo con depresión era más capaz de identificar expresiones faciales de alegría y les resultaba más fácil recordar palabras positivas. Su sesgo negativo había cambiado.

Lo que resulta particularmente interesante de los resultados de Harmer es lo rápidamente que aparecen los cambios. En algunos casos, son visibles tras un único tratamiento y, desde luego, mucho antes de que la persona haya notado ningún efecto del antidepresivo (recuerda que suelen pasar unas seis semanas antes de que la gente empiece a sentirse mejor). Ello significa que esta podría ser la *razón* por la que sus síntomas empiezan a mejorar. Esto es lo que explica Harmer:

> Aumentar los niveles de serotonina no mejora el estado de ánimo, pero a lo que sí te incita es a que recojas más información positiva de tu entorno. Pero eso no te hace sentir mejor inmediatamente [...]. [Las personas] no lo perciben a un nivel subjetivo, por lo que no manifiestan sentirse más positivas; sin embargo, siguen registrando más información positiva y, con el paso del tiempo y la experiencia, así como con la interacción con las cosas que les suceden en la vida, es lo que esperarán para que puedan sentirse mejor. Esto nos sugiere que la serotonina no tiene un impacto directo en el estado de ánimo, sino que afecta el procesamiento emocional, que a su vez influye en el estado de ánimo [...]. Necesitas tiempo para aprender de ese cambio.

Aquí es donde resulta clave la activación de la amígdala. Esta responde a cualquier cosa de nuestro entorno que pueda ser importante para nuestra supervivencia. Puede tratarse de cosas positivas, pero a menudo es algo negativo, algo que deberíamos temer, por ejemplo aquel gran (e imaginario) tiburón. Harmer y Godlewska también escanearon el cerebro de sus participantes y hallaron que, en las personas con depresión, siete días de tratamiento con ISRS reducían la activación de la amígdala frente a rostros con expresión de miedo. Con fármacos potenciadores de la serotonina, al parecer la amígdala se vuelve menos sensible a los acontecimientos negativos, lo que permite a las personas con depresión centrarse más en los positivos. Esto encaja con la idea de que un desequilibrio entre el sistema límbico reactivo y las regiones prefrontales más ligadas al razonamiento, que pueden inhibir nuestras respuestas emocionales, interviene en los trastornos del estado de ánimo.

Por lo tanto, parece que, a largo plazo, las emociones, controladas por nuestro sistema límbico, pueden influir en nuestro estado de ánimo. Si nos centramos en las cosas buenas de la vida, nos sentiremos más felices, pero si nuestro cerebro se encuentra en un estado en el que nos fuerza a enfocarnos en las negativas, pueden desarrollarse trastornos del estado de ánimo. Esto concuerda con una teoría que sugiere que nuestro estado de ánimo se basa en una combinación de nuestras expectativas y nuestras experiencias. Si nos han sucedido cosas buenas, y esperamos que pasen más cosas buenas, estaremos de buen humor. Cuantas más experiencias malas acumulemos, y más supongamos que ocurrirán cosas malas, peor nos sentiremos. Se trata de una idea interesante, porque explica no solo el estado de ánimo en personas sanas, sino también en situaciones de depresión: cuantas más cosas malas suceden, mayor riesgo tienes de desarrollar una depresión. Pero no es una garantía, porque las personas pueden reaccionar de forma distinta dependiendo de cómo se planteen el futuro.

Cabe señalar que, al parecer, también hay un autorrefuerzo, en la medida en que las personas experimentamos los acontecimientos como más positivos cuando estamos de buen humor. Esto podría explicar por qué es tan difícil vencer la depresión. Al igual que en los estudios de Harmer, una vez que tu estado de ánimo es bajo, es probable que experimentes los acontecimientos neutros como negativos, y esto te hará sentir peor. Mientras que la mayoría de las personas somos capaces de salir del agujero cuando caemos en uno de forma ocasional, algo en el cerebro de las personas con riesgo de depresión al parecer lo hace más difícil.

Los ISRS tal vez sean una manera de ayudar a las personas a que salgan de esta espiral, pero, como sabemos, no funcionan para todo el mundo. Harmer descubrió que este cambio en el procesamiento después de la primera o las dos primeras dosis de antidepresivo no se produce en todas las personas, y aquellas en quienes no ocurre tienden a ser las que no responden al tratamiento a más largo plazo. Esto podría ser, desde el punto de vista clínico, un descubrimiento muy importante. En la actualidad, aunque los médicos saben que solo aproximadamente un tercio de sus pacientes responderán al primer antidepresivo que prueben, no hay una forma de saber a quién sí y a quién no le funcionará hasta las seis semanas de tratamiento. Si no funciona, prueban el siguiente... y esperan otras seis semanas. El ciclo continúa hasta que finalmente aparece el fármaco que funciona o se quedan sin opciones. Esto significa que a menudo encontrar un tratamiento eficaz puede suponer varios meses de prueba y error; y eso es mucho tiempo para alguien que sufre depresión severa. Los resultados de Harmer permiten vislumbrar un prometedor panorama de cómo podríamos evaluar a las personas al cabo de tan solo una o dos dosis, utilizando una prueba como las que aplicó en su investigación, y saber así inmediatamente si ese fármaco les va a funcionar. Esto significaría que podríamos hallar el tratamiento adecuado mucho antes, con lo que la vía hacia la recuperación de las y los pacientes se hallaría mucho más rápidamente. Y eso podría cambiar de un modo significativo su calidad de vida.

Pero todavía no se ha hallado la explicación de *por qué* algunas personas con depresión no responden a los tratamientos con ISRS, aunque Harmer cree que existen varias explicaciones posibles. En primer lugar, considera que el entorno es un factor importante para la recuperación. «Cuando tienes depresión te aíslas muchísimo [...] por lo que aun cuando estás empezando a ser capaz de recoger más mensajes positivos de otras personas, si no estás encontrándote con ellas no podrás recoger dichos mensajes. O si tienes un entorno sumamente tóxico y negativo, puede que no haya nada positivo que recoger».

Una persona en tratamiento con ISRS tal vez sea más capaz de recoger información positiva en un encuentro social que la negativa que hubiera percibido anteriormente. Con el tiempo, esto podría animarla a repetir el encuentro, lo que le ayudaría a salir de la espiral depresiva. Pero si las únicas interacciones sociales que tiene son muy negativas (acaso estén en una relación de maltrato o en un entorno de trabajo tóxico), puede que no haya nada positivo que detectar, por lo que toda la serotonina del mundo no le ayudaría a encontrar la parte buena de la situación. Por ello el tratamiento de la depresión es un proceso con varias fases y los cambios de entorno pueden ser tan importantes como la terapia farmacológica. La terapia conductual cognitiva también puede desempeñar su papel, pues ayuda a las personas a desafiar y a cambiar su modo de pensar; y ello tal vez explique por qué los fármacos y la terapia combinados cosechan muchos más éxitos que cualquiera de los dos tratamientos por separado.

Existe otra explicación sencilla del fracaso de los fármacos que potencian la serotonina en algunas personas con depresión: puede que su nivel de serotonina no sea bajo. Harmer cree que la depresión puede producirse por una serie de razones diferentes y que cada una puede tener una base biológica diferente. Por ello, tratar a todo el mundo con ISRS es como administrar un antihistamínico a todas las personas que presentan congestión nasal. Sí, tal vez ayude a aquellas cuya congestión se deba a una alergia, pero no surtirá ningún efecto si el motivo es un virus del resfriado. Encontrar esa causa subyacente permitirá tratar a las y los pacientes de una manera más adaptada a su caso particular y esperemos que más eficaz.

## Esperanza a la vista

Por supuesto, existen otras teorías que explican por qué los ISRS tardan tanto en actuar. Una de ellas sugiere que la serotonina tal vez esté funcionando, no como neurotransmisor, sino como factor de crecimiento, fomentando el desarrollo de nuevas neuronas en el cerebro, la llamada neurogénesis. Sabemos que el estrés crónico en ratones conduce a una pérdida de neuronas en una región del hipocampo y que los ISRS pueden proteger contra esta pérdida. Y en seres humanos, la misma área del hipocampo es más pequeña en personas con depresión a las que no se ha tratado, aunque no en aquellas que sí han recibido tratamiento con antidepresivos. Esto puede indicar que los fármacos estén impidiendo que las neuronas mueran, o incluso que estén incrementando su producción.

El hipocampo interviene en la conexión de las emociones con los recuerdos, por lo que si esta área se reduce, se podrían producir problemas emocionales. Podría ocurrir que el beneficio aplazado de las sustancias que aumentan la serotonina se deba a su papel en incentivar la neurogénesis y en restaurar la función del hipocampo. O, como es mucho más probable en el sistema increíblemente complejo que es nuestro cerebro, podría tratarse de una combinación de ambos efectos.

Otras sustancias químicas cerebrales que intervienen en la neurogénesis también se han relacionado con la depresión. Una de ellas es el Factor Neurotrófico Derivado del Cerebro (BDNF-Brain Derived Neurotrophic Factor), una proteína que activa el crecimiento neuronal. Se ha comprobado que los niveles de BDNF son menores en personas con depresión. El tratamiento con ISRS restaura los niveles a su valor normal y el ejercicio físico también puede aumentarlos, lo que podría explicar sus efectos antidepresivos.

Esto nos lleva a otra pregunta: ¿podemos ayudar a personas con depresión a que se recuperen antes apuntando directamente a la neurogénesis? Al parecer eso es lo que consigue el tratamiento con ketamina, lo que la convierte en un tema de investigación realmente emocionante. Mejor conocida como anestésico utilizado en veterinaria, o como droga recreativa, la ketamina actúa en los receptores de glutamato, bloqueando un receptor específico que al parecer es responsable de los efectos tóxicos de un exceso de glutamato en el cerebro. Al mismo tiempo, fomenta la segregación de más glutamato. Incapaz de unirse al receptor bloqueado, este exceso del neurotransmisor excitatorio se une a un receptor diferente, impulsando la neurogénesis en el hipocampo. Sorprendentemente, la ketamina puede mejorar el estado de ánimo de personas con depresión severa en apenas dos horas. Pero puede tener efectos secundarios, entre ellos la pérdida de memoria y, en dosis más elevadas, algunas personas la consumen como droga. También resulta adictiva (véase el capítulo 3), por lo que se necesitan más estudios que demuestren que no solo es eficaz sino también segura, y que no resulta adictiva cuando se utiliza en entornos clínicos.

Es probable que el GABA (ácido gamma aminobutírico) que comentamos en el capítulo 2 también desempeñe un papel en la depresión. Esta sustancia química del cerebro reduce la actividad neuronal y una cantidad demasiado reducida de la misma, en comparación con el nivel de glutamato, puede producir ansiedad. La ketamina incrementa el nivel de esta sustancia, igual que los fármacos antiepilépticos, que posiblemente también resulten beneficiosos para la depresión. En personas sanas, se ha comprobado que el yoga incrementa los niveles de GABA en el tálamo, y esto está relacionado con la reducción del estrés y la mejoría del estado de ánimo.

Otro factor que al parecer desempeña un papel en la depresión es la inflamación. Como vimos en el capítulo 3, si el nivel en sangre de las moléculas mensajeras denominadas citoquinas proinflamatorias es elevado, estas pueden llegar a cruzar la barrera entre la sangre y el cerebro, induciendo el «comportamiento de enfermedad». Esto tiene su lógica si tienes una herida o una infección; pero si persiste a largo plazo, deja de ser beneficioso. En caso de depresión, los altos niveles de citoquinas pueden persistir, causando que las personas queden atrapadas en este comportamiento de enfermedad. Siguen durmiendo mucho, evitando las interacciones sociales normales y sin disfrutar de las actividades que antes les gustaban, síntomas todos ellos tanto de enfermedad aguda como de depresión.

Algunos estudios han puesto de manifiesto que existen niveles más altos de marcadores inflamatorios en la sangre y en el líquido cefalorraquídeo de las personas con depresión, así como en el cerebro de quienes se han suicidado. Estos altos niveles de citoquinas solo se han encontrado en aproximadamente un cuarto de las personas sin otras enfermedades más que la depresión, pero cabe destacar que son más habituales en quienes no han respondido a los ISRS ni a otros tratamientos antidepresivos. También hay más pruebas directas. Si a las personas se les administra un medicamento que aumenta la inflamación, tienen mayor riesgo de depresión. Inhibir las citoquinas en personas con trastornos autoinmunes (que están relacionados con una inflamación generalizada) puede reducir sus síntomas depresivos.

Desde un punto de vista bioquímico, existen ciertas pruebas de que unos niveles altos de inflamación fomentan la descomposición de una molécula llamada triptófano, que es necesaria para que el organismo sintetice serotonina. Esto podría explicar por qué los ISRS no funcionan en este grupo de población: bloquear la recaptación de esta sustancia no tendrá mucho efecto si para empezar esta no se encuentra en un nivel significativo. También está la relación con la dopamina que John Salamone ha estado investigando (véase el capítulo 3), por lo que tal vez las personas con depresión que tienen una inflamación necesitan potenciar sus niveles de dopamina y no los de serotonina.

## El acto equilibrador de la vida

Tengo la sensación de que tal vez estemos equivocándonos al pensar en la depresión como una única enfermedad y por lo tanto al buscar una única causa. Esto es adecuado en algo como la difteria. Una vez que descubrimos que su causa era una bacteria, pudimos desarrollar antibióticos para tratarla y vacunas para prevenirla. Pero me pregunto si la depresión es un síntoma más que una enfermedad, es decir, más bien parecida a un dolor. Si vas al médico porque tienes un dolor en la pierna, sí, te puede dar un analgésico para tratar el síntoma. Y tal vez funcione. Pero eso no significa que la causa de tu dolor fuera un nivel demasiado bajo de morfina. Puede que te hayas roto un hueso o que tengas una sobrecarga muscular. O tal vez te hayas clavado un trozo de cristal en la espinilla.

De forma semejante, puede ser que existan distintos tipos de depresión, uno de ellos causado por una baja producción de serotonina, otro por una inflamación y otro por una respuesta al estrés hiperactiva. Hasta que dispongamos de una forma para distinguir cuál de estos es el problema en cada paciente particular, desarrollar tratamientos que respondan a la causa en lugar de limitarse a tratar el síntoma seguirá siendo un reto. Es un campo en el que la ciencia está trabajando y los primeros resultados son alentadores. Así, por ejemplo, un estudio reciente que ha dirigido Annamaria Cattaneo del King's College de Londres ha puesto de manifiesto que es posible determinar la probabilidad con la que los pacientes responderán a un tratamiento convencional antidepresivo realizando un análisis de sangre para determinar los niveles de inflamación. Pero estos resultados todavía no se han generalizado en la práctica.

Cuanto más conocimiento adquirimos sobre el cerebro, más nos damos cuenta de lo interconectado que está y cómo un cambio en un lugar puede tener efectos en cadena en otros puntos. Por lo tanto, otra idea es que todas estas explicaciones son válidas y que cualquier combinación de ellas puede ser suficiente para desencadenar la depresión. Pero es probable que también estén todas relacionadas entre sí. Sabemos, por ejemplo, que el cortisol liberado cuando sentimos estrés favorece la inflamación. También actúa disminuyendo los niveles de serotonina, que pueden provocar cambios en otros sistemas neurotransmisores. Y esto puede tener efectos en cadena sobre la neurogénesis, además de la neurotoxicidad directa del cortisol. La propia inflamación puede causar más estrés, creando un impactante bucle de retroalimentación.

Si nos planteamos la complejidad de la depresión como una afección con múltiples facetas, podemos también explicar algunos de los resultados en psicología. La depresión a menudo la desencadenan acontecimientos que vivimos, pero algo que puede causar un episodio en una persona A tal vez otra persona B lo gestione sin mayores consecuencias. Esta diferencia podría explicarse por un cambio en cualquier parte de esta red. Tal vez la persona A tenga una visión muy negativa del mundo, por lo que percibe un determinado evento como una amenaza mayor, o tenga una respuesta hiperactiva al estrés debido a un trauma vivido en un momento temprano de su vida. Cualquiera de estas circunstancias, o las dos, implicarían una mayor producción de cortisol, lo que podría ser suficiente para activar el efecto en cadena y causar depresión. O tal vez la persona B tenga la fortuna de contar con una variante genética que implica un número reducido de autorreceptores de serotonina, por lo que le afectan menos los cambios en la liberación del neurotransmisor. O tal vez la persona A padezca inflamación crónica causada por factores vinculados a su estilo de vida o por una enfermedad. Cualquiera que sea la razón, o la combinación de razones, todo confluye en el mismo resultado: la depresión.

Pero conocer mejor estos trastornos, ¿puede ayudarnos a comprender mejor el estado de ánimo en la población en general? Cada vez hay mayor tendencia a pensar en los trastornos psiquiátricos como uno de los extremos de la escala. Así, consideremos por ejemplo el autismo: antes se creía que era una enfermedad específica, pero ahora se considera que todas las personas estamos en algún punto del espectro en lo relativo a los rasgos asociados con el autismo. Si estás suficientemente lejos en el espectro como para que interfiera con tu vida diaria, te diagnosticarán la enfermedad. Lo mismo ocurre con la esquizofrenia. Algunas personas de la población en general tienen una puntuación más alta en las mediciones de esquizotipia, por ejemplo las que tienen creencias poco convencionales, pero el diagnóstico no se establece hasta que esto se convierte en un problema. ¿Podría ocurrir lo mismo con la depresión? ¿Estamos todas las personas en algún punto de una escala de depresión, y podrían los mismos mecanismos que subyacen tras la depresión ser también el origen de las diferencias de predisposición en la población sana? Sin duda es una idea atractiva. Todo el mundo conoce a personas que se recuperan instantáneamente de los momentos difíciles y a otras que se ven tremendamente afectadas por el menor contratiempo. Le pregunté a Harmer si esto podría ser así:

> A menudo consideramos que la depresión cae en un espectro: es normal tener algunos síntomas, pero solo cuando estos confluyen en un nivel más grave y tienen un impacto negativo en tu vida se alcanzan los

«criterios» para un episodio. También es cierto que tenemos diferentes niveles de vulnerabilidad ante la depresión, pero esta solo se convertirá en depresión como tal unida a otras cosas que te sucedan en la vida, como tal vez estrés, inflamación o enfermedad.

La doctora Harmer también cree que sus investigaciones con personas que padecen depresión podrían aplicarse a la población en general: «Creo que el procesamiento cognitivo es un factor de vulnerabilidad para la depresión: todas las personas tenemos distintos grados de sesgo positivo y negativo, que puede hacerse exagerado o llevar a un efecto negativo si se combina con el estrés, por ejemplo». Si esto es así en el caso del trabajo de Harmer, parece razonable pensar que podría aplicarse al resto de estudios que hemos comentado en este capítulo. Un cambio en cualquier punto en esa red de depresión podría contribuir a hacernos más resilientes a algunas personas y más proclives a un bajo estado de ánimo a otras, aunque no estén clínicamente deprimidas. Este complejo conjunto de rasgos que interactúan tal vez explique por qué nuestro estado de ánimo está tan expuesto a todo tipo de cosas, desde el tiempo meteorológico hasta la calidad de nuestro sueño. Nuestro cerebro realiza un delicado acto de equilibrio y pequeñas alteraciones pueden tener consecuencias fundamentales para algunas personas.

Repasando lo que hemos aprendido a lo largo de este capítulo, me pregunto si ahora, sabiendo lo que sé sobre cómo responden mi cerebro y mi cuerpo, sería capaz de nadar entre tiburones sin sentir ese brote de miedo. Y, lo que tal vez sea más importante, ¿existen técnicas basadas en principios científicos que todas las personas podríamos utilizar para controlar mejor nuestras emociones y llevar unas vidas más felices y sanas? Existen unas cuantas técnicas que yo descubrí mientras escribía sobre el estrés y resulta que, en muchos casos, gestionar el estrés en la vida cotidiana tiene un impacto en cadena sobre nuestra felicidad a largo plazo.

En primer lugar, es vital asegurarte de que duermes lo suficiente. Como veremos en el capítulo 5, la falta de sueño incrementa tu reactividad emocional, lo que tiene un impacto negativo sobre tu humor y sobre la función cognitiva. Utilizar técnicas de relajación puede ser un excelente recurso para mejorar el sueño y el estado de ánimo. Se ha demostrado que respirar profundamente reduce los niveles de cortisol y la frecuencia cardiaca, mientras que la meditación, el yoga o el taichi, que tienden a enfocar la atención en la respiración y en el momento presente, también pueden ser eficaces para reducir el estrés y mejorar el estado de ánimo.

Un potenciador del estado de ánimo que lleva mucho tiempo funcionando es el ejercicio físico. No sabemos exactamente cómo actúa, pero algunos estudios con animales han puesto de manifiesto que el ejercicio potencia los factores de crecimiento, como el BDNF, que pueden contribuir a mantener sano el cerebro. También modifica los niveles de toda una serie de otras sustancias químicas cerebrales, incluidas la serotonina y la dopamina, lo que tal vez contribuya a sus efectos de potenciación del estado de ánimo[17]. Otra técnica útil es la gratitud. Ya sea llevar un diario, practicar la amabilidad, la meditación o simplemente hacer una lista de las cosas positivas que te han pasado al final de un día largo, existen cada vez más pruebas de que enfocarse en los aspectos positivos de tu vida puede resultar beneficioso para la salud y el estado de ánimo. Pero practicar es aquí una palabra clave. Muchas de estas técnicas no surten un efecto inmediato; sin embargo, con el tiempo puedes enseñar a tu cerebro a centrarse en lo positivo y a hacerse más resiliente frente al estrés.

---

[17] Cabe señalar que existen escasas pruebas de un aumento de las endorfinas del cerebro que causan el «subidón del corredor», a pesar de que la idea está ampliamente difundida. Es posible que desempeñen algún papel, pero no existen suficientes estudios que confirmen un vínculo directo para poder afirmar con seguridad que estos opioides crean el buen estado de ánimo que muchas personas tienen después de hacer ejercicio.

# 5

## ¿Es el sueño el mayor misterio del cerebro?

Hay una serie de cosas que los seres humanos necesitamos para ser capaces de funcionar: alimento y agua, un sitio donde cobijarnos, calor y, tal vez lo más importante, una buena conexión wifi. Pero una necesidad que es igual de fundamental, aunque con frecuencia se pasa por alto, es el sueño. El sueño es tan vital que impedir dormir se ha utilizado durante cientos de año como forma de tortura[1]. Y sin embargo muchas personas vivimos escasas de sueño, sin darnos cuenta del peaje que puede suponer para nuestro organismo.

Los efectos de una privación aguda de sueño son bastante obvios. Si alguna vez has pasado la noche en vela para terminar un trabajo que tenías que entregar al día siguiente, has estado de vigilia durante horas porque el bebé lloraba o has trasnochado porque estabas de fiesta sabiendo que tenías que trabajar a la mañana siguiente, habrás notado los efectos. El día siguiente probablemente sea una nebulosa: habrás estado irritable o triste y te habrá costado horrores terminar tareas sencillas o recordar información que normalmente te viene a la mente enseguida. Probablemente tuvieras más hambre que de costumbre, y te

[1] Y no es solo un método histórico. La privación del sueño fue una de las «técnicas mejoradas de interrogatorio» que aplicaron los militares estadounidenses con los prisioneros en Guantánamo y otros lugares.

apetecieran cosas dulces y necesitaras cafeína para levantar cabeza. Y sin duda habrás sentido cansancio, tal vez te pesaran los párpados y bostezaras más de lo normal. Todos estos efectos se deben a los cambios químicos del cerebro que se producen cuando no duermes lo suficiente.

Pero ¿qué sucede con la privación de sueño a largo plazo? De media una persona adulta necesita entre siete y nueve horas de sueño diarias: si habitualmente duermes menos de este tiempo, se dice que estarás en «deuda de sueño». Si no la saldas, a lo largo de semanas o meses incluso las deudas más ínfimas pueden ir acumulándose y empezarán a tener un impacto sobre tu funcionamiento cotidiano. De hecho, no dormir lo suficiente de forma habitual puede ponerte en una situación de mayor riesgo de enfermedad al impedir que funcione tu sistema inmune.

¿Qué hay entonces de esas personas que afirman que se encuentran perfectamente durmiendo apenas de cuatro a seis horas diarias? Es muy probable que se estén engañando a sí mismas. Ying-Hui Fu, de la Universidad de California, y su equipo han descubierto recientemente algunas variantes genéticas que *sí* permiten que las personas funcionen bien aun durmiendo muy poco. Por desgracia, no abundan. De hecho es más probable que te alcance un rayo que tengas uno de estos genes.

Decirle esto a una persona está muy bien, pero el sueño no es una opción fácil para todo el mundo. Yo nunca he dormido especialmente bien. De bebé, no me gustaba nada echar la siesta y mi padre y mi madre tenían que pasearme durante horas en el coche para que me quedara dormida. Durante la infancia, dormía bien siempre que tuviera las condiciones adecuadas. En un dormitorio silencioso, con cortinas que taparan completamente la luz y en mi propia cama, podía dormir sin problema. Pero cuando dormía fuera de casa, la cosa cambiaba. Una amiga tras otra caían dormidas a mi lado, a menudo en la posición más extraña, mientras yo estaba ahí tumbada. El tictac de un reloj, la respiración de quien dormía junto a mí, la incomodidad de estar tumbada en una colchoneta sobre el suelo, cualquiera de estos factores bastaba para impedirme dormir.

Es un problema que sigo teniendo hoy en día, y siempre me ha fascinado que algo de una importancia vital para nuestra salud a largo plazo lo tengan a su alcance algunas personas y suponga una batalla sin fin para otras. Por ello quise averiguar qué puede estar sucediendo en el cerebro para que algunas personas entren en el mundo de los sueños tan fácilmente mientras que yo tengo que utilizar todos los trucos que tengo en la chistera para persuadir a mi cerebro que renuncie al estado de consciencia. El primer paso es analizar por qué (mayoritariamente) dormimos por la noche, lo cual significa explorar nuestro reloj biológico.

## Controlar el tiempo

Contamos con relojes biológicos, o ritmos circadianos, en todo nuestro organismo, que controlan la duración de procesos como la producción de enzimas digestivas por parte del hígado o el ciclo de producción de energía de las mitocondrias de nuestras células. Pero todos ellos son regulados por un reloj maestro en nuestro cerebro, que se sitúa en la parte del hipotálamo denominada núcleo supraquiasmático (NSQ). No conocemos el mecanismo exacto mediante el cual el cerebro sincroniza el resto del organismo, pero algunas investigaciones recientes sugieren que no intervienen únicamente las neuronas del NSQ. Los astrocitos, células del cerebro cuya función se pensaba que radicaba en dar apoyo a las neuronas y mantenerlas sanas, en realidad tienen la capacidad de controlar los ritmos circadianos aun cuando no haya neuronas presentes. Esto indica que tal vez desempeñen un papel más importante de lo que solíamos pensar.

Resulta interesante que nuestro control interno del tiempo no esté perfectamente sincronizado con la duración del día. Si a un animal se le pone en condiciones de que solo pueda contar con su reloj interno, con frecuencia no se atendrá exactamente a un ciclo de 24 horas[2]. Este fenómeno se conoce como sincronización libre, que se manifiesta privando al animal de cualquier elemento que pudiera darle una indica-

[2] El hecho de que no dure exactamente 24 horas remite en realidad al origen del término circadiano: una combinación de las palabras en latín *circa* (aproximadamente) y *diem* (día).

ción de la hora que es. La luz, la temperatura y la disponibilidad de alimento deben ser constantes y el animal debe permanecer en estas condiciones durante varios días. Esto, por supuesto, dificulta la realización de estudios sobre ello con seres humanos, pero los que se han llevado a cabo nos indican que a las personas nos puede ocurrir lo mismo. La personas voluntarias se desvían muy pronto de la hora real y la desincronización puede llegar a ser de varias horas en cuestión de unos cuantos días. De hecho, algunos estudios han puesto de manifiesto que la mayoría de las personas pueden estirar sus relojes internos para que se ajusten a media hora menos o más de las 24 horas con las que solemos funcionar.

Afortunadamente, la mayor parte del tiempo podemos contar con otras cosas además de con nuestro reloj biológico. Este tiene un interruptor para reiniciarse, controlado por la luz. Durante el día, unas células específicas de nuestros ojos detectan la luz intensa y envían unas señales al núcleo supraquiasmático. Este inicia una serie de cambios en cascada que nos hacen sentirnos en vigilia y alerta. Luego, a medida que baja la intensidad de la luz, esta información también llega al NSQ, que nuevamente desencadena unos cambios, esta vez para hacernos sentir sueño. La duración del ciclo con el que funcionamos puede cambiarse ajustando el tiempo de exposición a la luz y a la oscuridad.

Esta sincronización con la luz es útil pues nos permite adaptarnos (al menos gradualmente) a los diferentes husos horarios cuando viajamos. Pero el mundo moderno puede generarnos problemas, porque nos rodea la luz artificial, que es susceptible de causar estragos en nuestros delicados ritmos circadianos. Para comprender por qué, hemos de detenernos en cómo funciona la reprogramación en un mundo en el que la única fuente de luz fuera el sol.

En este mundo, te despiertas al alba. Enseguida el sol está alto en el cielo y produce mucha luz. Esta luz avisa al NSQ y nos sentimos alerta. Al atardecer, la luz disminuye al ponerse el sol en el horizonte. Esto, junto con el tiempo que ha pasado desde que empezó a haber una luz intensa, le dice al NSQ que libere una hormona llamada melatonina, que te hace sentir sueño. Pero existe otro elemento en este proceso: el color de la luz. La luz de la mañana tiene un amplio componente azul[3] y la luz azul, con su corta longitud de onda, es particularmente adecuada para reprogramar el ritmo circadiano al aplazar la liberación de melatonina.

Pero los seres humanos siempre estamos inventando cosas y aquí es donde surgen los problemas. Ya no vivimos en un mundo donde toda la luz —ni siquiera la mayor parte de la misma— que recibimos procede del sol. De hecho, muchas de nuestras luces son ahora LED, diseñados para replicar la luz de día, que es azulada. Nuestros teléfonos móviles, ordenadores portátiles y tabletas también emiten un montón de luz brillante de tono azul. Esto significa que cuando pasamos nuestras veladas navegando por las redes sociales o viendo vídeos de YouTube sobre desternillantes gatos, nuestros ojos detectan esta luz y mandan señales a nuestro NSQ. Y nuestro pobre y confundido NSQ, creyendo que es por la mañana, aplaza su liberación de melatonina. Al final, nos metemos en la cama, pero con menos melatonina tal vez nos cueste dormir y nos pongamos a mirar el móvil de vez en cuando, con lo que agravamos el problema.

Entonces, ¿qué podemos hacer? Si te está costando bajar el ritmo por la noche, puede resultarte útil que te dé la luz nada más despertarte, por ejemplo dando un paseo (estar al aire libre, incluso en un día nublado, aporta una cantidad sorprendentemente mayor de luz que sentarse dentro de casa, aunque sea junto a una ventana). Si no es posible, puede ayudarte si inviertes en una lámpara para el TAE (Trastorno Afectivo Estacional). Estas lámparas se han diseñado para ayudar a personas que padecen depresión estacional, y proporcionan luz brillante como la luz de día con el fin de ayudarte a establecer tu ritmo circadiano. La otra opción es reducir la exposición a la luz por las noches, especialmente la luz azul. Si apagar tus dispositivos no es una opción viable, muchos de ellos disponen ahora de filtros incorporados para la luz azul que puedes configurar para que se activen desde la puesta de sol, o también puedes descargar aplicaciones que hacen lo mismo. También es una buena idea atenuar el brillo de la pantalla lo más posible.

---

[3] Esto se debe a la altura del sol en el cielo, junto a la temperatura y a la cantidad de polvo en suspensión en el aire.

Comprender cómo nuestro cerebro reacciona ante la luz también puede ser útil para el *jet lag*, que a mí me afectó mucho en un viaje que hice el año pasado desde Reino Unido a Singapur. Tumbada en la enorme cama de mi habitación en el hotel, recuerdo mirar al reloj. Los dígitos rojos parpadeaban burlones; 04:16, decían. Yo suspiré y me puse a contemplar el oscuro techo; me zumbaban los oídos. Había hecho todo lo correcto: poner el reloj a la hora de Singapur en el momento de subirme al avión, cenar ligero a las siete de la tarde, tomarme un baño relajante, atenuar la intensidad de la luz pero, a pesar de todos mis esfuerzos, el *jet lag* me estaba ganando la partida. Mi cuerpo sabía que en casa no eran más que las ocho de la tarde y me estaba reclamando un poco de chocolate y un capítulo de *Masterchef* en lugar de dormir. Probara lo que probara, daba la sensación de que era incapaz de superarlo.

Se trata de una experiencia que la mayoría de las personas hemos tenido en algún momento de nuestra vida y a menudo da la sensación de que luchar contra un *jet lag* es una partida perdida de antemano. Hasta tal punto que, hace poco, una amiga se quedó en casa entre dos viajes de trabajo, y decidió seguir básicamente la hora japonesa durante las dos semanas que pasó en el Reino Unido[4]. Por suerte, podemos recurrir a la ciencia de los relojes biológicos para entenderlo mejor.

Una manera que las científicas y los científicos tienen para hacer el seguimiento del reloj biológico de una persona es medir su temperatura corporal central, que varía hasta en medio grado centígrado dependiendo de la hora del día. La temperatura mínima se alcanza unas horas antes de aquella a la que normalmente te despiertas. Cuando llegué a Singapur, mi reloj biológico seguía con la hora británica. Quería acostarse a las 22 horas del Reino Unido y, si la hubiera medido[5], mi temperatura mínima se había registrado a eso de las cuatro de la madrugada hora británica. Pero eso significa que no empezaba a tener sueño hasta las seis de la mañana hora de Singapur, justo cuando todo a mi alrededor estaba empezando a despertar.

---

[4] ¡Hecho que me fastidiaba bastante, cuando el sonido de la ducha me despertaba a las tres de la madrugada!

[5] Por supuesto, no lo hice. Es poco probable que tomarte la temperatura a intervalos regulares te ayude a superar los problemas de sueño inducidos por el *jet lag*.

Podemos ayudar al cuerpo a que haga frente a esta situación proporcionando luz en el momento adecuado. Lo probé en un viaje más reciente a Singapur. Para adelantar mi reloj biológico, de modo que se ajustara a la hora de Singapur, debía programar mi exposición a la luz solo *una vez alcanzado* ese punto de temperatura mínima, indicado como Tmin; los estudios han puesto de manifiesto que las primeras horas después de alcanzar esa Tmin son el periodo sensible en el que la luz puede modificar de una forma más eficaz nuestros ritmos circadianos. El día en que llegué, habría alcanzado mi Tmin a mediodía en Singapur (a las cuatro de la madrugada en el Reino Unido). Me quedé en una habitación a oscuras durante toda la mañana, dejé las cortinas cerradas y me puse gafas de sol para desayunar[6]. A las 12 en punto del mediodía abrí las cortinas y pasé un rato al aire libre para que me diera el máximo de luz de día posible. Utilizando esta técnica, se supone que el reloj biológico se ajusta hasta una hora diaria[7]. De este modo, el segundo día pude abrir las cortinas a las 11 de la mañana, luego a las 10, hasta que me volví a sincronizar. Soy solo una persona y fue solo un experimento, luego el resultado no es particularmente científico, pero creo que funcionó. Desde luego, no me costó tanto dormirme como en el viaje anterior, por lo que tiendo a pensar que fue útil, y desde luego lo volvería a probar.

Cuando viajamos en la dirección opuesta, el cuerpo tiene un problema diferente. Cuando regresé de Singapur al Reino Unido tuve que esforzarme por mantenerme despierta lo suficiente como para irme a la cama a las 22 horas en el Reino Unido, cuando mi pobre cuerpo pensaba que eran las seis de la mañana y quería llevar horas durmiendo. Para volver a ajustar estos horarios tenía que atrasar mi reloj biológico. Para ello, necesitaba luz antes de alcanzar mi Tmin, es decir, a media tarde. Por suerte, al viajar en esa dirección, la luz natural tiende a ajustarse a las horas que necesitamos para alterar el reloj biológico, por lo que no tuve que hacer nada en particular. Como recibí luz de día an-

---

[6] ¡Hay que ver las cosas que hago en aras de la ciencia! Me pregunto si el resto de huéspedes del hotel pensaron que era una especie de aspirante a estrella del rock o si simplemente dieron por hecho que estaba de resaca.

[7] Aunque es el dato que se cita por todas partes, no existen demasiadas pruebas científicas que lo corroboren.

tes de llegar a mi Tmin, esto me ayudó de forma natural a modificar mi reloj biológico, una de las razones por las que al parecer es más fácil adaptarse en los viajes hacia el oeste que hacia el este. Otra razón es que sencillamente es más fácil obligarte a permanecer despierta, conversando con otras personas, mirando la televisión o bebiendo café, que forzarte a dormir cuando tu cuerpo en realidad no quiere.

## PONER EN HORA EL RELOJ

Pero ¿qué hay de los lugares en el mundo que no tienen un ritmo regular de luz y oscuridad con el que las personas puedan ajustar su reloj biológico? La gente que vive al norte del Círculo Polar Ártico (o que trabaja en estaciones de investigación al sur del Círculo Polar Antártico) viven en la oscuridad perpetua o bajo la luz perpetua en diferentes épocas del año. Esto puede causar desajustes en su reloj biológico y el sueño atrasado o «insomnio de mediados del invierno» es relativamente habitual durante la época del año en la que no hay luz natural. Sin la brillante luz de la mañana, es más difícil que el NSQ sepa cuánto tiene que esperar antes de dar la señal del sueño y esto puede conducir a problemas para adormecerse.

A pesar de ello, la mayoría de las personas consiguen seguir una rutina normal del sueño. Lo importante cuando no puedes contar con los cambios de luz de día para la regulación de tu NSQ es proporcionarle con regularidad otras señales. Puede tratarse de los momentos en los que comes, trabajas o haces vida social. Al mantener estas actividades constantes, estás dándole a tu cuerpo la mejor oportunidad de que sepa cuándo deberías estar durmiendo, en ausencia de las señales lumínicas con las que normalmente cuenta.

Helen Czerski, física y presentadora de programas científicos de la BBC, cuyo trabajo la ha llevado varias veces al Círculo Polar Ártico, está muy familiarizada con esta experiencia. La primera vez que le tocó vivir durante 24 horas con luz de día estaba acampada en la ladera de un glaciar y su único descanso de la luz era una máscara de dormir oscura. Más recientemente, trabajó a bordo de la nave de investigación polar *Oden*, donde disponía de mayores recursos para controlar la luz. Me contó que por la tarde se disminuía la intensidad de las luces y por la noche unas persianas opacas permitían que la gente a bordo durmiera en total oscuridad. En ambos casos, Czerski no tenía problemas para quedarse dormida por la noche y se despertaba por las mañanas con la sensación de estar descansada. Esto lo atribuye a los horarios estrictos que ella y sus colegas respetaron durante las dos expediciones. «Las personas en estos entornos se empeñan en mantener un ciclo de 24 horas. Lo fundamental además de dar de comer a la gente es establecer unos horarios regulares y controlados». Czerski me explicó que todo el personal científico que trabajaba en su expedición respetaba los mismos horarios de trabajo, vida social y comidas. «Para que todo el mundo siga los mismos horarios hay que darles de comer a horas establecidas estrictamente. En cada barco en el que yo he navegado lo hemos dejado muy claro: existen horarios para las comidas. Si no te presentas en esos horarios, te quedas sin comer. Haces todo lo posible para que tu cuerpo siga un ciclo de 24 horas».

Este horario estricto da al cerebro señales regulares para mantenerlo en el mismo ciclo de 24 horas y Czerski descubrió que funcionaba bien y que tanto el sueño como otros ritmos diarios se desarrollaban normalmente: «Desde luego, nunca sentí hambre entre la hora de la cena y la del desayuno. Pero los horarios eran muy estrictos, porque el truco consiste en no darle opción a tu cuerpo».

Czerski me dijo que seguía teniendo una sensación muy clara del paso del tiempo, incluso sin los cambios habituales de luz entre el día y la noche. En la mayoría de los lugares en los que hay 24 horas de luz, a menos que estés precisamente en el Polo Norte, el sol se mueve en el cielo y su altura también varía. En el glaciar se dio cuenta de que podía utilizar estas señales para mantener cierta percepción del momento del día en el que se encontraba. Pero el barco planteaba otro reto, pues cambiaba también de posición cada pocos días, lo que significa que también se apreciaban cambios en la trayectoria que describía el sol en el cielo. A pesar de ello, su cerebro no dejó de seguir esas señales: «Incluso cuando el sol se mueve desde y hacia lugares diferentes cada día porque la banquisa se ha movido, sigues teniendo la sensación de que el tiempo pasa».

Pero no solo necesitas seguir el ciclo de las 24 horas cuando pasas varias semanas a la deriva en la banquisa. Los periodos de tiempo más largos también empiezan a desdibujarse. En el *Oden* eran conscientes de ello, y trataron de mitigarlo celebrando cenas especiales el sábado por la noche. En lugar del entorno estándar de cantina, el personal se sentaba en mesas con mantel blanco, y la gente se esforzaba por vestirse más formalmente y hacer un poco de sobremesa después de la cena. «Estas excusas para marcar el momento, para darse cuenta de que el tiempo pasa [...] son particularmente importantes en periodos largos, porque al menos sabes que otra vez es sábado por la noche».

A mí todo esto me resulta extrañamente familiar. Mientras escribo esto, millones de personas en todo el mundo están confinadas para tratar de ralentizar la propagación de la COVID-19. En mi caso, por haber trabajado desde casa durante mucho tiempo, mi vida cotidiana no ha cambiado demasiado. Pero he observado que los días comienzan a confundirse unos con otros. Para tratar de evitarlo, mi marido y yo hemos empezado a encargar comida los sábados por la noche[8] para marcar la diferencia entre el fin de semana y el resto de los días. Esto contribuye a que nos resulte un poco más fácil no perder la pista del paso del tiempo en esta época tan extraña.

Mis propias experiencias con el *jet lag* y los conocimientos científicos que existen al respecto dejan claro que nuestro reloj biológico es un elemento fundamental para saber cuándo hemos de dormir. Pero ¿por qué es así? ¿Por qué no hacer depender los momentos en que dormimos de los niveles de luz o del tiempo que llevemos en vigilia? Para comprenderlo, analicemos primero lo que ocurre con otro miembro bastante sorprendente del reino animal: el pez de cueva albino mexicano.

## BAJO LA SUPERFICIE, SOBRE LA SUPERFICIE... NADANDO LIBRE

En las profundidades subterráneas de las cuevas y cavernas de México existe un tipo muy particular de pez. Tal vez no sea el pez más llamativo del río, pero el *Astyanax mexicanus* sin duda es uno de los más interesantes. Y ello porque existen varios tipos del mismo, que corres-

[8] Aunque debo reconocer que no hemos llegado a lo del mantel blanco.

ponden a la misma especie y podrían cruzarse si quisieran, solo que su existencia es muy diferente. Uno vive en los ríos de México y por todo el sur de Estados Unidos y tiene una vida típica de pez, nada por las aguas en busca de plantas o pequeños animales que lo alimenten. Pero el otro, que tal vez se encuentre apenas a unos metros de distancia, se ha adaptado a un estilo de vida muy distinto.

A diferencia de sus parientes que moran en aguas superficiales, estos peces de cueva viven en las profundidades, en los numerosos cursos de agua que surcan la capa de la tierra bajo la superficie en México. Se cree que llevan medio millón de años viviendo esta existencia subterránea, por lo que han cambiado de apariencia y de comportamiento con respecto a sus vecinos de la superficie. Para empezar, han perdido los ojos. No necesitas ojos cuando vives en la eterna oscuridad. También han perdido todas las marcas de la piel. ¿Para qué tener melanina que te proteja del sol si vives bajo tierra?[9].

Estos dos grupos de peces brindan a la ciencia unas claves poco habituales sobre la evolución, la genética y, aspecto fundamental para nuestra historia, el ritmo circadiano. Normalmente, para descubrir lo que hace un gen es preciso encontrar o crear un animal mutante con cambios en ese gen y compararlo con el «tipo salvaje» que no presenta ese cambio. Luego si una mosca normal tiene los ojos rojos, pero una mosca con tan solo un gen distinto los tiene negros, cabe decir que has encontrado un gen que participa en la coloración de los ojos. Pero es raro encontrar dos animales parecidos que presentan escasas diferencias genéticas y que viven uno junto a otro. El pez de cueva nos ofrece un experimento natural muy a mano.

La hipótesis común de por qué los animales (y las plantas) tenemos ritmos circadianos es que estos nos mantienen sincronizados con el ciclo de la noche y el día en este planeta que llamamos nuestro hogar. Y

---

[9] Llama la atención que la ciencia siempre pensara que se trataba de un ejemplo de un rasgo en extinción sencillamente porque ya no proporcionaba ningún beneficio, pero pruebas recientes sugieren que puede haber otros motivos. Al parecer la melanina está compuesta por los mismos precursores que un montón de sustancias químicas cerebrales, por lo que, si dejas de producirla, la cantidad disponible de este precursor es mayor. Esto podría potenciar el nivel de varios neurotransmisores, lo que puede resultar beneficioso para el animal.

esto lo respalda el hecho de que, como hemos visto, podemos utilizar la luz para reiniciar nuestros relojes naturales, para asegurar que seguimos en sintonía con el amanecer y el anochecer. Por lo tanto, podría ser fácil suponer que un pez de cueva, que vive en las más oscuras profundidades, no necesita un ciclo circadiano. En su pedregoso hogar está protegido de los ciclos de la luz y la oscuridad, tiene alimento a disposición a lo largo de periodos de 24 horas y ni siquiera hay un cambio de temperatura significativo que señale en qué punto de su rotación diaria se encuentra la tierra. Seguramente, del mismo modo que perdió los ojos y la pigmentación porque no los necesitaba, a lo largo de miles de años de evolución el pez de cueva habrá perdido su reloj biológico.

Andrew Beale investigó este pez para su doctorado, tomando muestras de peces en el laboratorio para comprobar su actividad génica (que siempre refleja un ritmo circadiano en otros animales) a diferentes horas del día. Y descubrió que estos peces ciegos *sí* tienen ritmos diarios. Y lo que resultó más sorprendente, que podían reiniciarlos con la luz, que detectan a través de los pigmentos fotosensibles de la piel. Esto ha sido más difícil de comprobar en su vida natural en las cuevas, pero los hallazgos sugieren que *sí* que tienen un ritmo, aunque sea más sutil. Pero la gran pregunta es por qué. ¿Por qué un ser que vive en las profundidades, resguardado de los ritmos de la tierra, ha mantenido su patrón circadiano?

Beale cree que existe algo más fundamental en juego de lo que jamás habíamos imaginado. Tal vez en lugar de ser una fuerza externa con la que nos tenemos que sincronizar, unos patrones de sueño constantes permitan que nuestro cuerpo se sincronice *internamente*. Así me lo explicó: «Cada célula del cuerpo tiene un ritmo, y para los organismos, aun cuando no recurran al sol para sincronizarlas, es vital hacerlo. Puede que el sueño surgiera como respuesta a este agrupamiento de procesos, para asegurar que todas las células del cuerpo realizaran su mantenimiento simultáneamente en lugar de entrar en conflicto unas con otras».

Estos procesos esenciales podrían ser el crecimiento frente a la muerte celular o, a nivel del cerebro, absorber nueva información frente a procesar y almacenar recuerdos. Si el cerebro hiciera las dos cosas a la vez, esto podría conducir al caos, pues habría fragmentos del entorno actual que se almacenarían con los recuerdos del día anterior. Por ello tal vez el ritmo circadiano haya evolucionado para asegurar que estos procesos vitales tienen lugar en momentos diferentes, de modo que no puedan interferir unos con otros.

No solo estos peces de cueva en particular tienen un reloj biológico. Aunque no se han realizado demasiados estudios, al parecer otros animales que viven en las cuevas también han conservado algún tipo de ritmo circadiano, aunque este suele ser más sutil y tal vez no responda a la luz. Y ahora sabemos que las plantas, e incluso algunos organismos unicelulares tales como algunas bacterias y levaduras, tienen también una versión de ritmo circadiano. Aunque todavía no se sabe con certeza por qué, es casi seguro que tener un patrón de algún tipo que seguir es vital para la vida sobre la tierra.

## Pero primero un café

A pesar de su importancia, nuestros ritmos circadianos no son el único mecanismo que controla la sensación de sueño, pues de lo contrario nunca echaríamos una siesta después de haber trasnochado ni se nos cerrarían los ojos durante una reunión aburrida. Existen otros procesos que interactúan con nuestro reloj biológico para decirnos cuánto tiempo hemos mantenido el estado de vigilia y, ¡sorpresa, sorpresa!, también ellos están controlados por sustancias químicas.

Resulta bastante obvio que cuanto más tiempo lleves sin dormir, más sueño tienes. Esto se conoce como «presión de sueño» y se produce por acción de una sustancia química llamada adenosina. Esta diminuta molécula es un derivado del proceso metabólico al que están sometidas nuestras células siempre que estamos en estado de vigilia, por lo que va aumentando a lo largo del día. Cuanta más adenosina hay chapoteando alrededor de un área del cerebro llamada cerebro basal, mayor es la «presión de sueño» y más probable es que nos durmamos.

Es el sistema de adenosina al que tantas personas engañamos con nuestra dosis diaria de cafeína. Cuando los niveles de adenosina son bajos, se libera acetilcolina en el cerebro basal. Como vimos en el capítulo 2, la acetilcolina guía nuestra atención hacia los estímulos externos, haciéndonos sentir despiertos y alerta. La adenosina impide la liberación de acetilcolina, por lo que tenemos sueño. Pero la cafeína bloquea los receptores que normalmente activa la adenosina, haciendo creer a nuestro cerebro que la concentración es menor de lo que es en realidad. Esto, a su vez, significa que se libera más acetilcolina, lo que activa las neuronas de la corteza cerebral y nos hace sentir más alerta[10].

Pero si eres una de esas personas que se levanta de la cama por las mañanas en estado catatónico, ansiando esa primera taza de café, ten cuidado: ¡es posible que tu cuerpo se haya defendido! Los niveles de sustancias químicas en nuestro cerebro están sometidos a un meticuloso control; por tanto, si aumentas regularmente el nivel de uno de ellos de forma artificial, a menudo el cerebro reacciona reduciendo la cantidad que produce o cambiando la forma en que responde ante ello. Así, por ejemplo, aunque no sabemos exactamente cómo lo hace, una forma en la que puede que el cerebro reaccione ante el bloqueo de los receptores de adenosina por parte de la cafeína es fabricando más receptores.

Esto se conoce como tolerancia y es el mismo proceso que se da en algunas personas que consumen habitualmente sustancias estupefacientes ilegales (véase el capítulo 3). En los seres humanos, la tolerancia a la cafeína se puede generar en apenas un par de días. Una vez que te has vuelto tolerante a la cafeína, ya no te da el mismo chute de energía. De hecho, sentirás mayor cansancio y decaimiento antes de tomarte el café que si nunca lo hubieras probado. Lo único que hace esa primera taza es volver a situarte en tu nivel de partida[11].

Pero todo el mundo sabe que ni siquiera todo el café del mundo te puede mantener en estado de vigilia eternamente, por lo que debe de

---

[10] Asimismo es probable que se dé un efecto complementario de la cafeína sobre el ritmo circadiano, pues algunos estudios han revelado que también puede aplazar la liberación de melatonina.

[11] Puedes restaurar tu tolerancia a la cafeína dejando de beberla. Por desgracia, esto puede requerir un par de semanas de abstinencia hasta que el cerebro se reprograma, y durante ese periodo es posible que sientas efectos de abstinencia, que van desde la irritabilidad hasta el dolor de cabeza.

intervenir algo más que esta sustancia química. Y el aumento de la adenosina no nos dice *cómo* nos adormecemos. Este proceso de transición de la consciencia a la inconsciencia es increíblemente complejo, pero estamos empezando a desentrañarlo, en parte gracias a un piloto de combate de la Primera Guerra Mundial que fue médico y neurocientífico y murió hará unos cien años.

## El interruptor del sueño

En 1916 apareció una extraña enfermedad en Viena. Los pacientes sufrían una dolencia breve y aguda que les hacía sentir malestar general acompañado de dolor de cabeza y fiebre. Pero luego empezaban a tener mucho sueño y a sentirse desorientados, y cada vez aguantaban menos tiempo despiertos. Muchos también presentaban temblores y debilidad de las manos o de los músculos oculares. Tras un par de semanas con estos síntomas, aproximadamente la mitad de las personas afectadas se recuperaban, mientras que la otra mitad se sumía cada vez más profundamente en el sueño. Aunque al principio era más fácil conseguir que se espabilaran, con el paso de los días y las semanas, durante los breves intervalos de vigilia, cada vez deliraban más para finalmente entrar en coma. Con frecuencia tras este fase se morían.

En aquella época, un joven trabajaba como piloto en el frente al servicio de las fuerzas aéreas austriacas. Su nombre era Constantin Von Economo y era el hijo menor de una familia de aristócratas griegos, aunque había nacido en Rumanía, se había criado en Italia y había ido a Viena a estudiar. Fueron estos estudios, junto a la preocupación de sus padres, los que lo devolvieron a casa desde el frente. Von Economo era médico y, presionado por sus padres para que se mantuviera alejado de situaciones de peligro, regresó a Viena para trabajar como médico militar, ocupándose de pacientes con lesiones en la cabeza. Allí fue donde se topó por primera vez con personas aquejadas de aquella misteriosa enfermedad. Al darse cuenta de que se trataba de algo que la ciencia en gran parte desconocía, en 1917 escribió un artículo sobre la enfermedad, a la que le puso el nombre de «encefalitis letárgica», aunque se la solía conocer por su nombre común de «enfermedad del sueño»[12].

En el artículo, Von Economo citaba, además de la somnolencia, otros dos aspectos de la enfermedad, cada uno con su propio conjunto de síntomas. La segunda forma causaba inquietud aguda, acompañada de contracciones físicas y desvaríos mentales, así como dolor agudo y, frecuentemente, insomnio o una inversión del patrón normal del sueño. En algunos casos, esta forma evolucionaba hacia la forma somnolienta, pero también podía producirse la muerte repentina en cualquier fase de la misma. Los síntomas del tercer tipo eran parecidos a los de la enfermedad de Parkinson en su forma aguda, cuyo síntoma destacado es la debilidad y la rigidez muscular. Aunque era menos probable que resultara mortal, esta forma a menudo se volvía crónica y los pacientes se veían incapacitados para retomar su vida de antes de la enfermedad.

Von Economo se sintió fascinado al recordar un caso similar presenciado durante su infancia que había surgido después de una pandemia de gripe. Por lo tanto, supuso, como muchos después de él, que aquella epidemia de encefalitis letárgica, la peor registrada en el mundo hasta la fecha, se debía a la llamada gripe española, que, en aquel momento, había causado más de 50 millones de muertes en todo el mundo; por ello se puso a analizar el cerebro de personas que habían fallecido a causa de la misma.

Descubrió que estos pacientes, con sus agudos trastornos del sueño, podían revelarnos cierto aspecto de cómo el cerebro controla el sueño. Utilizó su «experimento natural» para identificar un área del cerebro que controla el interruptor entre el sueño y la vigilia. Con ello, fue el primero en explorar la importancia de regiones que ahora llamamos el hipotálamo y el tronco encefálico. Observó que aquellos pacientes letárgicos tenían dañada la parte posterior de su hipotálamo, mientras que en personas con insomnio el daño se presentaba en una parte más frontal del hipotálamo, cerca del nervio óptico. Con-

---

[12] Es muy distinta de la enfermedad del sueño causada por un parásito y transmitida por las moscas tse-tse, cuyos síntomas iniciales son la fiebre y los dolores de cabeza. Si no se trata, el parásito puede atravesar la barrera sangre-cerebro, causando cambios de humor y los patrones de alteración del sueño que le han valido su nombre a la enfermedad.

cluyó que estas dos áreas eran la «parte del sueño» y la «parte de la vigilia» del cerebro.

Se calcula que la enfermedad mató a un millón de personas en aproximadamente 10 años, pero la causa de la enfermedad del sueño sigue siendo en cierto modo un misterio. Algunos análisis más recientes no han confirmado que existiera ninguna relación directa con la gripe, pero tampoco se ha encontrado ninguna otra causa concluyente. Algunas investigaciones proponen que se trata de una enfermedad autoinmune, en la que el propio cuerpo ataca y empieza a descomponer las células del cerebro, tal vez a consecuencia de la infección causada por la gripe. Según otros estudios, el culpable habría sido un virus todavía sin identificar. Afortunadamente, la enfermedad prácticamente ha desaparecido, pero esto significa que quedan muy pocas probabilidades de resolver el misterio, a menos que en el futuro la enfermedad del sueño vuelva a asomar su horrible cabeza.

Puede que Von Economo no descubriera por qué la gente llegó a desarrollar la enfermedad, pero en lo referente a sus descubrimientos sobre el sueño, dio en la diana. En 1929, después de que la dolencia hubiera desaparecido con la misma rapidez con la que se había manifestado, el médico presentó sus conclusiones al Colegio de Médicos y Cirujanos de Nueva York. Defendió que estas dos regiones del hipotálamo eran los centros del sueño y de la vigilia del cerebro[13], y que las neuronas en estos centros iniciaban una cadena de eventos para reducir o incrementar la actividad de la corteza, lo que nos permitía pasar de la vigilia al sueño e inversamente.

Sorprendentemente, en los casi 100 años transcurridos desde que expuso su teoría, se ha acumulado un montón de pruebas que la respaldan. Diversos estudios con animales han llegado a la conclusión de que una lesión en la parte frontal del hipotálamo provoca insomnio, mientras que un daño en una región posterior hará que el animal duerma mucho más de lo normal. Si se aplica un estímulo eléctrico al hipotálamo, se puede hacer que un animal se duerma o se despierte, depen-

---

[13] Nos referiremos al estado de vigilia, una expresión menos común en el lenguaje cotidiano, que indica el estado contrario al del sueño, es decir, el estar despierto frente a estar dormido. Utilizo estas expresiones en todo el capítulo.

diendo de dónde se aplique la descarga[14]. Los estudios modernos de imagen en seres humanos también han confirmado que estas áreas son vitales para el sueño y la vigilia.

## ¿DORMIR A PIERNA SUELTA?

Por supuesto, la siguiente pregunta es: ¿por qué? ¿Qué tienen esas regiones que las convierte en los centros cerebrales del sueño y la vigilia? Sabemos que el hipotálamo contiene neuronas que utilizan sustancias químicas para reforzar el sueño o la vigilia y este es el motivo por el que es tan importante.

Los sistemas que controlan nuestra transición del sueño a la vigilia e inversamente son increíblemente complejos y todavía no conocemos plenamente sus vericuetos; pero tenemos una idea general del modo en que funcionan y de las sustancias químicas que son fundamentales para que hagan su trabajo. Cabe pensar en el sueño y la vigilia en términos de un balancín de sube y baja, dos estados que pueden intercambiarse con la más mínima alteración.

En uno de los lados del balancín está el sistema de activación. Se trata de un conjunto de circuitos neurales que comienzan en el tronco encefálico y cuyas neuronas se extienden por toda la corteza cerebral. Las neuronas en estos circuitos utilizan una amplia gama de neurotransmisores: dopamina, noradrenalina, serotonina, glutamato, histamina y, tal vez el más importante, la acetilcolina. Como vimos anteriormente, la acetilcolina activa las neuronas de la corteza y nos ayuda a

[14] No está claro que suceda lo mismo en los seres humanos, pues la estimulación profunda del cerebro solo se utiliza para enfermedades cerebrales graves por los riesgos que esta conlleva. Una de las enfermedades para las cuales se utiliza, sin embargo, es el Parkinson, y el electrodo suele implantarse en el núcleo subtalámico, no lejos del hipotálamo. Además de una mejora de los síntomas motores para la cual se diseñó el procedimiento, muchos pacientes también experimentan una mejora en la calidad del sueño. No obstante, no podemos saber si esto es resultado directo de la estimulación o se debe a una reducción de otros síntomas o a la medicación que se ha utilizado para controlarlo, o a una combinación de cualquiera de estos factores. Una opción mucho más segura es aplicar electricidad a través del cráneo en vez de hacerlo en un lugar profundo del cerebro; ya se están realizando los primeros estudios para comprobar si esto podría ayudar en el tratamiento del insomnio.

sentirnos alerta y en estado de vigilia. Todas estas complejas vías pasan por el hipotálamo en algún punto de su trayectoria, atravesando precisamente el área que Von Economo denominó el «centro de vigilia». Aquí es donde al parecer interviene también la melatonina. Aunque la investigación acerca de estos mecanismos está en sus albores, algunos estudios han comprobado que la melatonina al parecer bloquea algunas de las neuronas del «centro de vigilia», ayudándonos a sumirnos más fácilmente en el sueño.

En el otro lado se encuentra un sistema de neuronas que utilizan el GABA, sustancia química que inhibe las neuronas en la corteza, con lo que a estas les resulta más difícil alcanzar el punto de disparo. Esto reduce la actividad en esa área, desencadenando el sueño. Estas neuronas se originan en una parte del hipotálamo que, como habrás adivinado, se encuentra justamente en el «centro del sueño» de Von Economo[15].

Cuando nos dormimos o cuando nos despertamos, el cerebro tiene que cambiar de posición el «interruptor» e invertir el balancín. Para evitar que esto ocurra demasiado pronto, los dos sistemas se inhiben mutuamente: cuando el sistema de activación está funcionando, la serotonina y la noradrenalina mitigan la actividad del «centro del sueño», y cuando está activo el circuito del sueño, el GABA reduce la actividad en el «centro de vigilia». Esto significa que no te quedas dormida (eso espero) cuando deberías estar despierta, y que no estás permanentemente despierto cuando deberías estar dormido. Parece probable que la facilidad con la que se puede pulsar el interruptor varíe según las personas, dependiendo de diferencias en estos circuitos neurales o de los niveles de las sustancias químicas implicadas. Esto tal vez explique mi caso: mi interruptor es más difícil de pulsar y mi balancín se inclina más hacia la vigilia que hacia el sueño.

Pero esto no es tan sencillo como un balancín de esos que vemos en los parques infantiles. Además de estos dos sistemas compitiendo, existe un tercer sistema estabilizador, que consiste en unas neuronas del hipotálamo que utilizan un neurotransmisor denominado orexi-

---

[15] Aunque, como de costumbre, las cosas también aquí son un poco más complicadas, pues mientras el GABA en el hipotálamo potencia el sueño, la liberación de GABA en un área del tronco encefálico puede fomentar la vigilia.

na[16]. Estas neuronas se conectan con los circuitos de la vigilia en la corteza y por todo el cerebro, contribuyendo a potenciar estas áreas durante la vigilia. Reciben información de áreas que controlan el ritmo circadiano así como sobre los procesos metabólicos del organismo, de modo que pueden ser una de las vías a través de las cuales estos factores influyen sobre el sueño. Cuando dormimos, estas neuronas quedan inhibidas, pero cuando estamos despiertos, están activas y nos mantienen en estado de alerta.

Se ha comprobado que las personas que sufren narcolepsia, que a menudo se quedan dormidas varias veces a lo largo del día y no pueden controlar este proceso, tienen un número reducido de estas neuronas productoras de orexina. Esto sugiere que desempeñan un papel que evita que el interruptor del sueño salte con demasiada facilidad.

El interruptor del sueño y sus estabilizadores comandan los cambios del cerebro que nos hacen pasar de la vigilia al sueño y nos mantienen allí (mayormente) durante toda la noche. Pero incluso cuando estás durmiendo, el trabajo de las sustancias químicas de tu cerebro está lejos de haber terminado. De hecho, los niveles se modifican constantemente a lo largo de la noche.

Cuando analizamos el sueño de una persona a lo largo de la noche, vemos un patrón muy claro. El sueño no es un mero proceso de encendido/apagado; por el contrario, pasas por varias fases, cada una de las cuales se caracteriza por un patrón diferente de la actividad cerebral y una combinación distinta de sustancias químicas en el cerebro. Al principio de la noche pasas por un sueño ligero hasta iniciar otro más profundo, de ondas lentas. Durante esta fase, los niveles de GABA en la corteza son altos, lo que reduce la excitabilidad de las neuronas. El cerebro está en su menor nivel de actividad y las neuronas disparan siguiendo patrones rítmicos, produciendo las ondas lentas de actividad eléctrica a las que esta fase debe su nombre.

Pero dicha fase no dura mucho. Al cabo de aproximadamente una hora, entras en la siguiente fase del sueño, que es la principal:

---

[16] La misma sustancia química también recibe el nombre de hipocretina, pues fue descubierta y bautizada simultáneamente por dos equipos de investigación. Los dos términos se utilizan indistintamente, pero por simplificar aquí usaremos el nombre de orexina.

la REM. REM es la sigla de *Rapid Eye Movement* (Movimiento Rápido de los Ojos), porque en esa fase del sueño tus ojos se mueven rápidamente debajo de los párpados. Tu cerebro también está mucho más activo. Los registros de electroencefalograma de la actividad eléctrica en el sueño REM se parecen mucho al cerebro despertándose. Muchos de los patrones de la actividad neurotransmisora también son similares. Tanto en el sueño REM como en la vigilia, los niveles de GABA en la corteza son bajos, lo que significa que las neuronas pueden estar muy activas. Los niveles de acetilcolina son elevados, pues las sinapsis excitatorias de estas neuronas se hablan, activando la corteza. Se han hecho experimentos que han puesto de manifiesto que una sustancia que incrementa la cantidad de acetilcolina en la sinapsis puede hacer que la persona pase del sueño de ondas lentas al REM.

La diferencia entre la vigilia y el sueño REM queda clara, sin embargo, cuando examinamos los niveles de monoaminas, incluida la serotonina, la noradrenalina y la histamina. Cuando estamos en vigilia, los niveles de estas sustancias por todo el cerebro son mucho más altos que cuando dormimos. Este cóctel de sustancias químicas cerebrales nos mantiene despiertos y llenos de energía, evitando que nos quedemos dormidos cuando no queremos.

La histamina en particular es liberada en cantidades mayores cuando estamos activamente alerta, en comparación con la vigilia tranquila. Esto puede parecer sorprendente, pues a la histamina se la conoce como la sustancia que nos irrita cuando tenemos alergia a algo. Bloquear sus efectos utilizando un fármaco antihistamínico puede ayudar a reducir los síntomas de la fiebre del heno, de la alergia a los animales de compañía o de cualquier cosa que esté causando una sobrerreacción de tu sistema inmunitario. Pero en el cerebro desempeña un papel distinto, fomentando el estado de alerta. Por ello muchos de los antiguos medicamentos antihistamínicos, capaces de atravesar la barrera hematoencefálica para bloquear los receptores de histamina en el cerebro, causaban somnolencia. Los fármacos modernos contra las alergias tienden a contener antihistamínicos que no son capaces de llegar al cerebro, por lo que no producen este efecto. Pero los antiguos siguen utilizándose; son el principal componente de muchos de los productos para dormir de venta libre, debido al papel de la histamina en evitar que accedamos al mundo de los sueños.

### LA NOCHE ES EL MEJOR MOMENTO

Ahora que comprendemos mejor cómo las sustancias químicas y los sistemas de nuestro cerebro controlan el sueño, llegamos a una cuestión todavía más fundamental: ¿por qué necesitamos dormir? Como puede corroborar cualquiera que haya escrito alguna vez un libro mientras trataba de llevar adelante su carrera en el ámbito de las presentaciones, las funciones escolares, la formación y un montón de cosas más, tener que dormir puede vivirse como un obstáculo. A menudo me he preguntado, ante una lista de tareas pendientes tan larga como mi brazo, cómo sería la vida si no tuviéramos que dormir. Por desgracia, sabemos que las personas adultas necesitan sus ocho horas (aproximadas) de sueño si quieren funcionar adecuadamente. Yo sé perfectamente que no puedo hacer nada que requiera de mi cerebro si no he dormido bien la noche anterior. Aunque soy capaz de llegar hasta el final del día, en plan zombi, después de un vuelo de larga distancia, la idea de escribir o de investigar sobre temas complicados como el sueño queda totalmente descartado. Por consiguiente, aun a regañadientes, hago lo que puedo para garantizar que duermo las horas que necesita mi cerebro para poder trabajar a su nivel óptimo.

Pero ¿por qué? ¿Por qué hemos evolucionado para necesitar un periodo del día en el que somos incapaces de cazar, comer, tener relaciones sexuales o hacer cualquiera de las demás cosas que habrían ayudado a nuestros antepasados a sobrevivir y a transmitir su ADN? Y lo que es peor, durante ese tiempo somos (en gran medida) inconscientes de lo que sucede a nuestro alrededor e incapaces de movernos, lo que sin duda nos hace más vulnerables ante nuestros depredadores. Para que el sueño siga aportando sus beneficios a pesar de estas circunstancias, estos tienen que ser muy claros. ¿Cuáles son? Es un campo en el que la ciencia todavía está llena de interrogantes. Pero sí hay un montón de hipótesis.

Tal vez la idea más sencilla sea que dormimos para conservar nuestra energía. Para comprender esta idea plenamente es preciso retroceder en el tiempo a nuestros antepasados más remotos, que vivían en pequeños grupos, cazando y buscando alimentos para sobrevivir. Los seres humanos dependen enormemente de la vista, por lo que es poco probable que tuviéramos mucho éxito buscando comida de noche. Y si no vas a ser capaz de encontrar alimentos, igual lo mejor es que no te muevas, de modo que quemes la menor cantidad de calorías posible. Encontrar un sitio seguro y oculto donde guarecerse durante la noche, como una cueva, también tendría la ventaja de mantenerte fuera de peligro; ¡es menos probable que te devore un depredador nocturno si te escondes que si estás deambulando al azar en la oscuridad! El problema, sin embargo, de esta teoría es que no explica la pérdida de consciencia que acompaña al sueño; desde luego no moverse, quedarse a escondidas pero seguir plenamente consciente del entorno sería la opción más segura, ¿no?

Cabría pensar que, siendo nuestro cerebro un órgano hambriento de poder, que utiliza aproximadamente el 20 por ciento de las calorías que consumimos a diario, desconectarlo ahorraría energía, como apagar el móvil cuando se le está acabando la batería. El problema es que esto no es así. Como hemos visto, nuestro cerebro está muy activo mientras dormimos, y dormir durante ocho horas apenas ahorra 135 calorías con respecto a permanecer en una silla tranquilamente en vigilia. Es el equivalente de una manzana grande más un tercio de otra, o de una bolsa de patatas con sal. No sé a ti, pero a mí esto no me parece una razón lo suficientemente buena como para asumir el riesgo de quedarme inconsciente durante grandes intervalos de tiempo de la noche.

Desde un punto de vista evolutivo, si hemos evolucionado haciendo algo arriesgado es porque los beneficios superan a los riesgos. El ejemplo clásico de esto es el sexo. En muchos animales, el sexo es un asunto realmente arriesgado. Algunos machos tienen que hacer frente a sus competidores en peleas a vida o muerte, o puede ser el objeto de sus afectos el que represente la amenaza (como en el caso de la mantis religiosa y muchas especies de araña, donde las hembras tratan a los machos como un rico bocado, ya sea antes, durante o después del acto sexual). Las hembras también se arriesgan: desarrollar huevos o criar a un ser en tu interior consume un montón de recursos y, para los seres humanos en particular, el parto ha sido históricamente algo extremadamente peligroso. Todavía hoy, aunque todos los avances de la medicina han conseguido reducir drásticamente las tasas de mortalidad materna, el riesgo sigue siendo 10 veces mayor que el del paracaidismo[17]. Luego ¿por qué lo hacemos? Porque los beneficios evolutivos superan a los riesgos. Si conseguimos transmitir nuestros genes a la siguiente generación, cualquiera que haya sido el precio, este ha valido la pena.

No son solo las actividades que ayudan directamente a un animal a transmitir sus genes las que han sido seleccionadas por la evolución. Para procrear es preciso que vivas lo suficiente para encontrar y seducir a una pareja (¡al menos para la mayoría de los animales!). Luego asumir riesgos también puede valer la pena si te ayuda a *sobrevivir*. Por ello los animales toman riesgos cuando van en busca de comida o de cobijo. Como a todas luces el sueño no ayuda a la vida sexual[18], tal vez ocurra algo durante el proceso del sueño que necesitemos para nuestra supervivencia. Esto es lo que plantea el siguiente conjunto de teorías que vamos a analizar.

## SUEÑO DE BELLEZA PARA EL CEREBRO

Para comprender el papel del sueño, la investigación empezó a centrarse en lo que de hecho ocurría en el interior del cerebro durmiente, para tratar de descubrir algunas funciones que tienen que ser realizadas diariamente para su mantenimiento. Como hemos visto, el cerebro no está descansando en absoluto en las primeras horas de la madrugada.

Una teoría es que el sueño evolucionó por su importancia para el aprendizaje y la memoria. Si no duermes lo suficiente, te darás cuenta de que tu memoria lo paga. Esto es algo que los progenitores primeri-

[17] El libro de David Spiegelhalter, *The Norm Chronicles,* sitúa el parto (vaginal) en 120 «micromuertes», mientras que en esta escala al paracaidismo le corresponde un valor de 10.

[18] De hecho, si tu pareja ha rechazado alguna vez tus propuestas amorosas, con el argumento de que tenía «mucho sueño», tal vez seas de las personas que piensan que el sueño directamente obstaculiza la vida sexual.

zos privados de sueño experimentan por todo el mundo, cuando dicen que su «cerebro de mosquito» les ha hecho olvidar dónde dejaron las llaves. Algunos estudios han puesto de manifiesto que, si tienes carencia de sueño, no solo sufre tu concentración, lo que significa que no eres capaz de absorber nueva información con la misma eficacia, sino que las conexiones en tu cerebro también se establecen peor, particularmente en el hipocampo. Como vimos en el capítulo 2, estas conexiones son fundamentales para que se almacene la nueva información, luego un cerebro privado de sueño no solo está en malas condiciones para integrar nueva información, sino que también es poco probable que sea capaz de almacenarla. Al parecer, dormir lo suficiente es fundamental para que podamos aprender y recordar.

Y no solo es importante el sueño *antes* del aprendizaje; el sueño desempeña otro papel *después* de que hayas aprendido algo nuevo, en el sentido de que ayuda a garantizar que retengas la información.

De hecho, si te echas una siesta después de haber aprendido algo, es probable que lo recuerdes mejor que si permaneciste en vigilia. La ciencia solía pensar que esto era simplemente porque durante el sueño no estamos absorbiendo ninguna información nueva, por lo que no hay nada que interfiera con lo recién aprendido. Pero ahora sabemos que interviene un proceso más activo.

Mientras estás en vigilia, el cerebro está preparado para absorber nueva información, pero es mientras duermes cuando puede organizar y almacenar dicha información. Durante la noche, tu hipocampo, que se halla situado en las profundidades del cerebro, activa repetidamente ciertas áreas de la corteza para transferir los recuerdos de un almacén temporal a otro estable y a largo plazo (véase el capítulo 2). También durante el sueño se procesan los recuerdos, se extrae la esencia y se encaja con otra información. Por ello a menudo solemos experimentar un momento de lucidez tras «consultar con la almohada» un problema. Algunas personas incluso creen que los sueños forman parte de este proceso, en el que el cerebro repasa la información del día de distintas formas a medida que la almacena.

Otra clave radica en la manera en que el sueño cambia a lo largo de nuestra vida. Los bebés duermen un montón, posiblemente por lo muchísimo que están aprendiendo mientras están despiertos. En la infancia también se duerme mucho, e incluso en la adolescencia se necesitan más horas de sueño que en la edad adulta. ¿Podría deberse a que nuestros cerebros adultos tienen menos procesamiento de recuerdos que realizar durante la noche? No lo sabemos con certeza, pero es una posibilidad interesante.

Según envejecemos, nuestro sueño vuelve a cambiar. Las personas mayores tienden a dormir menos y su sueño es más fragmentado. Existe una creencia errónea al respecto, según la cual los adultos de mayor edad necesitan menos sueño, que encajaría con la idea de que están absorbiendo menos información nueva, luego necesitan menos tiempo para almacenarla. Sin embargo, algunos estudios recientes han señalado que esto no es cierto. Por ejemplo, un estudio dirigido por Iris Haimov en el Max Stern Yezreel Valley College de Israel puso de manifiesto que las personas mayores que tienen el sueño más alterado tienen más problemas de memoria. El insomnio se ha llegado incluso a relacionar con un mayor riesgo de muerte, aun teniendo en cuenta la edad y el estado de salud. Al parecer las personas mayores necesitan la misma cantidad de sueño que las adultas más jóvenes, solo que les cuesta más dormirse.

En parte, esto se debe a cambios en nuestro reloj biológico, que se alteran liberando antes la melatonina a medida que envejecemos. Esto hace que muchas personas mayores tengan sueño a media tarde, pero si aguantan (incluso con la ayuda de una siesta o dormitando delante de la tele), esto les puede causar dificultades para conciliar el sueño cuando se acuestan. A pesar de ello, es posible que se despierten temprano, con lo que no habrán dormido suficientes horas. Existen también otros problemas. A medida que envejecemos, nuestra vejiga se debilita, por lo que es más probable que nos despertemos durante la noche para ir al baño. Las señales del reloj interior también se debilitan, y no tienen tanto efecto sobre el deseo del cerebro de dormir como cuando la persona era más joven.

Las personas mayores tienden a pasar menos tiempo en la fase de sueño profundo, de ondas lentas, y más tiempo en un sueño más ligero, del que es más probable que se despierten si hay ruidos u otras perturbaciones a su alrededor. Esto puede deberse a cambios en los circuitos del sueño y de la vigilia del cerebro. A medida que envejecemos, empezamos a perder neuronas y existen áreas de los circuitos del sueño y de la vigilia en las que esto es al parecer particularmente habitual, incluidas las neuronas productoras de orexina del hipotálamo. Esta pérdida tal vez desestabilice el balancín, haciendo más fácil que las personas mayores pasen del sueño a la vigilia e inversamente. Cuando envejecemos, el número de receptores de adenosina también disminuye. Esto significa que, aunque la sustancia química aumente como siempre (o incluso más) a lo largo del día, el tiempo que lleven despiertas influye menos en el caso de las personas mayores en el sueño que tienen. Y su cerebro, incapaz de responder a la adenosina, no duerme tanto tiempo ni tan profundamente como debería para eliminarla.

Como hemos visto, para aprender necesitamos haber descansado y dormir después de aprender es fundamental para almacenar los nuevos recuerdos. Por lo tanto, se presenta una interesante posibilidad: ¿podría el deterioro cognitivo que con frecuencia se produce con la edad ser *causado* por este sueño fragmentado? Es difícil confirmarlo, pues podría tratarse sencillamente de una correlación, o la relación de causa a efecto podría ser la inversa, siendo las cuestiones cognitivas las que causan las perturbaciones del sueño. Para averiguar cómo se produce, tendríamos que hacer un experimento con personas sanas a las que despertaríamos a lo largo de la noche, durante años. Estoy segura de que ya te has dado cuenta de cuál sería el problema: ¿te imaginas que te pidieran que participaras?

> «—Nos gustaría limitar tu sueño a tan solo cuatro horas por noche, despertándote a intervalos regulares, y ver cómo eso afecta a tu cerebro y si es más probable que desarrolles problemas de memoria.
>
> —Eeeh, pues no sé si lo veo, pero me imagino que es por una buena causa. ¿Cuánto tiempo duraría el estudio? ¿Dos días? ¿Una semana?
>
> —Cincuenta años...»

## El ciclo de aclarado del cerebro

En cambio, la ciencia ha empezado a interesarse por lo que sucede en el cerebro cuando los animales duermen. En 2013 se publicó un artículo que cambió nuestra perspectiva sobre el sueño y el cerebro.

Maiken Nedergaard y sus colegas de la Universidad de Rochester, Estados Unidos, estaban analizando el flujo del líquido cefalorraquídeo. Este líquido transparente baña el cerebro, lo protege contra los impactos y llena los espacios (o ventrículos) que lo conforman. El equipo observó que cuando los ratones estaban despiertos, el líquido apenas se movía por el cerebro, mientras que cuando dormían empezaba a circular mucho más. Descubrieron que las células del cerebro se encogían mientras el ratón dormía, con los que los espacios intercelulares se ampliaban, facilitando la circulación del líquido.

Aunque suena a algo negativo, este encogimiento es de hecho un proceso vital para mantener sano el cerebro. Durante el día, los procesos metabólicos conducen a la acumulación de todo tipo de productos de desecho en el cerebro. Este «ciclo de aclarado» nocturno elimina todos los desechos, permitiendo que al día siguiente el cerebro funcione eficazmente. El equipo de investigación lo comparaba con un lavavajillas que se activara y llamaron al sistema «glinfático» por analogía con el sistema linfático[19] del cuerpo y por las células gliales del cerebro que al parecer controlan el proceso.

Entre todos los productos que el sistema glinfático aclara, el que ha suscitado mayor interés es un pequeño fragmento de proteína conocido como amiloide-beta (A-beta). La razón de este interés es que se cree que la A-beta está relacionada con la enfermedad de Alzheimer, en particular cuando se aglomera en grandes «placas». Aunque no conocemos el mecanismo exacto de este vínculo, el cerebro de las personas que padecen Alzheimer presenta frecuentemente más placas de A-beta que el cerebro de personas sanas de edad similar. Esto ha planteado una posibilidad fascinante. Si el sueño es el periodo de tiempo durante el cual el cerebro limpia estas moléculas potencialmente tóxicas, ¿podría la falta de sueño poner a una persona en riesgo de desarrollar una demencia? ¿Podría ser esta otra vía a través de la cual la falta de sueño puede conducir al deterioro cognitivo?

---

[19] El sistema linfático participa en el mantenimiento del equilibrio fluido y es una parte importante del sistema inmune. También le ayuda al cuerpo a deshacerse de subproductos, células dañadas y bacterias u otros patógenos.

Existe un elevado número de estudios que establecen un vínculo entre la falta de sueño y la acumulación de placas A-beta en el cerebro. Cuando se hace el seguimiento a lo largo de los años de personas mayores sanas, las que manifiestan dormir peor y sentir somnolencia a lo largo del día revelan más placas A-beta a través de estudios con neuroimágenes y más biomarcadores del Alzheimer en su líquido cefalorraquídeo. Pero las pruebas no son tajantes. La propia enfermedad de Alzheimer provoca trastornos del sueño y para empezar las personas que se sentían somnolientas durante el día solían tener más placas en el cerebro. Es decir, que, como vimos antes, es difícil saber si los problemas del sueño son una causa o un efecto de las alteraciones observadas en el cerebro. Estos cambios van acumulándose durante décadas, por lo que, nuevamente, resulta difícil diseñar un experimento para comprobarlo directamente.

Debido a ello, la ciencia está estancada a la hora de tratar de deducir lo que está ocurriendo a partir de la información que podemos obtener. Una cosa que sí se puede hacer es observar lo que ocurre en el cerebro después de una noche sin dormir. Sorprendentemente, un pequeño estudio encabezado por Nora Volkow, directora del National Institute on Drug Abuse de Estados Unidos, encontró un incremento del 5 por ciento de A-beta en el hipocampo (que, como hemos visto, es importante para la memoria) después de tan solo una noche de privación del sueño. Otra forma de solventar el problema es buscar experimentos naturales: personas que lleven años padeciendo problemas de sueño, que pueden compararse con individuos semejantes que no tengan esos problemas. Un grupo de potencial interés es el de las personas que padecen apnea del sueño.

La apnea del sueño es una enfermedad relativamente común que consiste en que la garganta se cierra durante el sueño, causando a quienes la padecen que se despierten jadeando en pos de aire, antes de volverse a dormir. Esto puede ocurrir muchas veces a lo largo de una noche (a veces tan frecuentemente como cada dos minutos), aunque a la mañana siguiente la persona no suele acordarse de que haya ocurrido. Sin embargo, sí nota que su sueño no ha sido reparador, pues a menudo se despierta sintiendo que no ha pegado ojo, sin tener ni idea de por qué. Existe una marcada relación entre la apnea del sueño y una leve disfunción cognitiva (que a menudo es un precursor del Alzheimer), e incluso parece ser que tratar los problemas de respiración y recuperar un sueño reparador ayudan a mejorar los síntomas cognitivos.

Por supuesto, no podemos generalizar afirmando que es la falta de oxígeno que llega al cerebro, y no la falta de sueño, lo que causa estos problemas, pero sin duda es una interesante línea de investigación que puede ayudarnos a comprender por qué el sueño es tan fundamental para la salud de nuestro cerebro.

## Dormir para olvidar, dormir para recordar

Además de desempeñar un papel en relación con la memoria y la cognición, el sueño también es vital para mantener nuestra estabilidad emocional. Todas las personas sabemos que un niño[20], cuando está muy cansado, puede mostrarse más quejicoso, lloroso o irritable, pero lo mismo sucede con una persona adulta. Una investigación de la Universidad de California, Berkeley, halló que solo una noche sin dormir incrementaba la ansiedad en las personas, muchas de las cuales incluso alcanzaban los criterios clínicos del trastorno de ansiedad. Cuando el equipo científico examinó su cerebro, encontró una mayor actividad en la amígdala y en otras regiones cerebrales emocionales, así como una actividad reducida en las áreas prefrontales conectadas con la amígdala que regulan las emociones. Como vimos en el capítulo 4, es el equilibrio entre estas dos áreas el que nos ayuda a controlar nuestras emociones, por lo que si las áreas prefrontales ya no son capaces de inhibir la reacción de la amígdala, esto podría explicar los cambios de humor que son tan comunes en las personas privadas de sueño. También plantea preguntas interesantes sobre los trastornos del estado de ánimo y si los problemas de sueño podrían contribuir a la ansiedad, la depresión y otros dolencias en las que existe un desequilibrio entre estos dos sistemas.

La carencia de sueño también produce otro efecto sobre el estado de ánimo. No solo te provoca mayor reactividad, sino que perder una

[20] ¡O un marido, por cuanto yo sé!

noche de sueño al parecer te inclina a ver las cosas en negativo. En un estudio que dirigió Daniela Tempesta en la Universidad de L'Aquila, Italia, las investigadoras recurrieron a estudiantes sanos y los dividieron en dos grupos. El primer grupo disfrutaba de una noche de sueño normal, mientras que el segundo grupo se quedaba sin dormir. A ambos grupos les hacían ver seis clips de vídeo, dos positivos, dos negativos y dos emocionalmente neutros. Más tarde, después de que los dos grupos hubieran dormido normalmente durante dos noches, volvían al laboratorio y se les hacía una prueba para averiguar en qué medida recordaban los videoclips. No hubo sorpresa, pues el grupo inicialmente privado de sueño tuvo peores resultados generales en la prueba de memoria. Pero la diferencia desaparecía cuando las investigadoras se fijaban únicamente en los vídeos negativos. Al parecer, mientras que la carencia de sueño te hace más difícil recordar las cosas buenas o neutras, todo lo malo que te ocurre sigue siendo almacenado. O, como explicaban las investigadoras en su artículo: «El reconocimiento de estímulos negativos es más "resistente" a los efectos disruptivos de la privación de sueño».

Esto resulta totalmente lógico. Sabemos que la carencia de sueño conduce a respuestas hiperactivas de la amígdala y sabemos que la amígdala nos ayuda a almacenar de un modo eficaz los recuerdos emocionales. También es lógico desde el punto de vista evolutivo. Es mucho más peligroso olvidar que casi te mata un felino dientes de sable (negativo) cuando fuiste a un determinado lugar que olvidar que viste un pájaro (neutro) o que hallaste unas sabrosas bayas (positivo).

Tempesta y su equipo también descubrieron que, cuando son privadas de sueño, las personas tienen una visión más negativa que cuando han dormido bien. Y que la falta de sueño no tiene por qué ser de una noche entera sin dormir. En un estudio reciente, las personas valoraban imágenes positivas y neutras como más negativas cuando se les había limitado el sueño a cinco horas por noche durante cinco noches que cuando habían dormido normalmente. Un estudio dirigido por Jaime Tartar en la Nova Southeastern University, Estados Unidos, reveló que los estudiantes con peor calidad del sueño tenían mayor probabilidad de presentar síntomas depresivos así como de mostrar sesgos negativos.

Si todo esto te resulta familiar, buena noticia. Este sesgo negativo es extremadamente similar al que halló Catherine Harmer en personas con depresión (véase el capítulo 4). Y no es particularmente extraño, pues existen claros vínculos entre los problemas de sueño y prácticamente cualquier trastorno del estado de ánimo abordado en este libro. Incluso podría ser un círculo vicioso. No dormir lo suficiente podría conducir a este sesgo negativo, lo que haría que la persona sintiera que su vida es peor de lo que realmente es, lo que aumentaría su ansiedad o depresión, lo que a su vez le haría más difícil conciliar el sueño.

Muchos antidepresivos al parecer mejoran la calidad del sueño, y esto puede ser uno de los mecanismos a través de los cuales operan. De hecho, parece ser que las personas cuyo sueño se normaliza mientras toman antidepresivos tienen mayor probabilidad de recuperarse y menor probabilidad de recaer[21]. Resulta sin embargo irónico que esto no le ocurra a todo el mundo, y el insomnio también puede ser un efecto secundario de la medicación antidepresiva en algunos casos, lo que pone de manifiesto la complejidad de estos sistemas.

Otra idea sugiere que, mientras dormimos, los recuerdos se almacenan, pero su contenido emocional queda reducido. Matthew Walker, profesor de Neurociencia y Psicología de la Universidad de California, Berkeley, y autor del libro *Por qué dormimos*, propone una teoría que denomina «dormir para olvidar y dormir para recordar». Cuando los recuerdos se forman inicialmente, van acompañados de mucha emocionalidad, ya sea positiva o negativa. Pero con el tiempo la emoción va desapareciendo, por lo que, aunque sé que mi primer beso resultó fascinante a la par que aterrador, no vuelvo a experimentar esa emoción hoy del mismo modo que lo hacía en los días posteriores al beso.

Walker explica que, mientras dormimos, la emoción de un recuerdo se «desacopla» de su contenido, por lo que puedes recordar lo que ocurrió sin experimentar su impacto emocional. Si este proceso funcionó mal, podrías acabar con una marea de emociones cada vez que evocaras un recuerdo, como la gente con TEPT que comentamos en el ca-

---

[21] Aunque, nuevamente, es difícil saber cuál es la dirección de la relación. Es posible que una reducción de los síntomas depresivos facilite a la persona conciliar el sueño, y no al revés.

pítulo 2. En particular, plantea que este proceso de desacople ocurre durante el sueño REM. Este sería un momento especialmente adecuado para que ocurriera, debido a los neurotransmisores que están activos en el cerebro. Durante el REM, igual que en el estado de vigilia, el nivel de GABA en la corteza es bajo y el de acetilcolina es alto, por lo que las neuronas pueden ser reactivadas de una manera similar a cuando se formó el recuerdo. Pero los niveles de noradrenalina, una hormona del estrés, son mucho más bajos que en la vigilia, como también lo es la actividad en las neuronas que utilizan otras monoaminas como la dopamina y la serotonina. Esto brinda la oportunidad de rememorar un recuerdo sin su experiencia emocional. A pesar de lo atractiva que es esta hipótesis y de lo que Walker defiende en su libro, que esto suceda realmente todavía es objeto de debate. Los resultados de distintos estudios experimentales son variados: en algunos se concluye que el sueño en general o en realidad específicamente el sueño REM *incrementa* el contenido emocional de los recuerdos, en lugar de reducirlo.

Todavía menor es nuestro conocimiento del hecho de si los sueños son una manifestación de este procesamiento emocional. Desde luego, una gran proporción de sueños tienen un contenido emocional, y es más probable que sueñes con algo que te preocupa. También existen algunas pruebas de que la gente que sueña con temas difíciles se recupera mejor de conflictos emocionales o traumas. Los sueños cargados de emociones podrían brindarnos la oportunidad de practicar nuestras habilidades de regulación emocional, lo que significa que estamos mejor equipados para gestionar los factores reales de estrés cuando se presentan durante el día. Por otra parte, podrían ser simplemente un salvapantallas: algo que crea el cerebro para mantener nuestra mente consciente ocupada cuando no está recibiendo información del mundo exterior. A pesar de ser un tema que ha fascinado al ser humano durante miles de años, todavía sabemos muy poco de los motivos de nuestros sueños y si su contenido tiene algún significado.

## ¿PARA QUÉ ES BUENO EL SUEÑO?

Aunque cada una de estas teorías proporciona ideas interesantes sobre los procesos que ocurren mientras dormimos, no sabemos con seguridad cuál es el motivo de la evolución del sueño. El problema radica en parte en que el sueño tiene más de una función. Si un animal pasa parte de su tiempo sin moverse y en un estado de menor capacidad de respuesta ante el mundo exterior, sería una ventaja realizar todo tipo de mantenimientos del cerebro y del cuerpo durante ese tiempo y no cuando el animal está despierto y ocupado cazando o emparejándose. Por consiguiente, una vez que el sueño hubiera evolucionado, parece probable que la evolución hiciera que todo tipo de otros procesos ocurrieran durante ese momento. Pero eso significa que es casi imposible saber qué se produjo primero, cuál fue la fuerza motriz de esta evolución[22].

Otro problema con todas estas teorías del sueño es que se centran en los seres humanos y en las cosas que son importantes para nosotros: las emociones, la memoria, la cognición. Pero no explican por qué el sueño es tan universal en todo el reino animal. Y no alcanzan a explicar la variación que existe entre animales. Si fuera el caso de que dormimos para que nuestro cerebro procese información y almacene recuerdos, o para gestionar las emociones, cabría esperar que los animales con cerebros más grandes y complejos, y con una inteligencia superior, durmieran más que los animales más simples. Pero no es así. Los koalas, por ejemplo, no son las criaturas más avispadas del mundo, y sin embargo duermen hasta 22 horas diarias[23]. Por otra parte, los elefantes, a pesar de su inteligencia y de la compleja vida social que llevan, solo duermen dos horas al día en su hábitat natural. De hecho, al parecer no

[22] Se trata de un problema real para la psicología evolutiva en general. A diferencia de los huesos y los dientes, el cerebro no se fosiliza y resulta difícil recrear el comportamiento de un ser humano primitivo a partir de los emplazamientos arqueológicos. Esto dificulta que podamos llegar a demostrar o a revelar que son falsas las teorías evolutivas. Aunque hemos incluido algunas en este libro, pues considero que constituyen una forma interesante de plantearse el cerebro, deberían tomarse con cautela por este motivo.

[23] Aunque cierto estudio sugiere que parte de este tiempo es solo de descanso y que en realidad solo duermen 14 horas al día. ¡Aun así yo diría que no es un tiempo nada despreciable!

existe ninguna correlación entre el tiempo de sueño y la capacidad cognitiva de los animales, y en las medusas, que ni siquiera tienen cerebro, se han observado estados semejantes al sueño. Estos descubrimientos implican que, aunque es posible que *utilicemos* el sueño para procesar y almacenar recuerdos, y que este sea importante para la cognición y la emocionalidad, la cosa no termina aquí. Debe de haber evolucionado hace muchísimo tiempo en nuestra historia evolutiva, y haberse conservado, de alguna forma, en todos los animales que han evolucionado desde entonces. Esto sugiere que el proceso que lo impulsó debió de ser de una importancia vital, pero de momento sigue siendo un misterio en qué consistió dicho proceso.

Tenía la esperanza de que, a estas alturas, ya tuviéramos un mayor conocimiento de los procesos que nos permiten dormir y de lo que sucede en el cerebro cuando lo hacemos. Y que tal vez pudiera utilizar parte de este conocimiento para mejorar mi propio sueño. Pero, aunque estamos empezando a comprender cómo nuestro cerebro pasa del estado de vigilia al de sueño, esto no ha conducido a ninguna revolución a la hora de mejorar la calidad individual del sueño.

Tomar suplementos de melatonina tal vez resulte beneficioso para las personas mayores, cuyos ritmos circadianos están desajustados, así como para las personas que presentan trastornos de su reloj biológico. Y existen varios tipos de pastillas para dormir, que pueden ayudar a personas con insomnio clínico. Pero solo suelen recomendarse como solución a corto plazo, para su uso en una noche especialmente mala, no a diario.

Parte del problema es que, sin comprender para qué sirve realmente el sueño, es difícil saber cómo fomentar el tipo adecuado de este. Algunas sustancias, por ejemplo, ayudan a la gente a dormir, pero cambian la arquitectura de ese sueño, de modo que se puede producir más sueño REM de lo normal, o menos. Todavía no sabemos con seguridad qué implicaciones en cadena puede llegar a tener esto. La ciencia está investigando otras formas de fomentar el tipo adecuado de sueño en el momento adecuado, incluso utilizando la estimulación eléctrica a través del cráneo, o emitiendo determinados sonidos en momentos específicos de la noche, pero este tipo de intervención todavía no está lista para su uso generalizado.

En definitiva, ¿me propongo cambiar algo para que mejore mi sueño? Parece ser que las mejores técnicas son las conductuales. Centrarnos en que nos dé la luz por la mañana para ajustar nuestro ritmo circadiano para el día, no cenar demasiado tarde y dejar que pase algún tiempo para bajar el ritmo antes de irnos a la cama, alejándonos de las pantallas que emiten luz, puede que no cure el insomnio en todos los casos, pero para muchas personas podría suponer la diferencia entre una noche durmiendo bien o durmiendo mal.

# 6

## ALIMENTO PARA EL PENSAMIENTO

Todo el mundo sabe lo que es. Se acerca la hora de comer y tienes la sensación de que desayunaste hace un siglo. Estás tranquilamente en tu butaca en la oficina tratando de concentrarte en la reunión, pero no puedes evitar que te distraigan las crecientes señales de tu estómago. Se trata de esa insistente y desagradable sensación que sabes perfectamente que solo significa una cosa. De repente... brrRRRppp... tu estómago emite un gruñido[1] tan sonoro que todas las personas a tu alrededor se han enterado de que tienes hambre. El hambre es un motor vital: garantiza que nos alimentemos lo suficiente para sobrevivir y reproducirnos. Pero no es tan sencillo como pueda parecer a primera vista; gran parte del proceso lo controlan sustancias químicas de tu cuerpo y tal vez te sorprenda saber que también de tu cerebro.

El hambre puede desencadenarse por estados internos como un bajo nivel de azúcar en sangre y una falta de reservas de grasa, pero también la puede disparar el oler o ver la comida e incluso el estrés. En mi caso, fue algo que no experimenté hasta los 11 años. Siempre he disfrutado comiendo y de niña me tomaba prácticamente todo lo que me ponían en el plato. Pero, a diferencia de algunas de mis amigas, cuyos padres y madres tenían que llevar siempre encima algún tentempié, yo

[1] Por si te lo estabas preguntando, el término técnico para designar los sonidos del estómago es borborigmo.

nunca reclamaba nada de picar. Recuerdo vívidamente que, en 6.º de primaria, mientras esperábamos en el aula a que nos dejaran salir para ir a comer, me volví hacia mi compañera y le dije que no comprendía por qué siempre me sentía tan rara antes de comer, como si tuviera náusea o me doliera la tripa. Me miró incrédula y me dijo, como si estuviera hablando con una niña pequeña un poco tonta: «¡Lo que tienes es hambre!».

Desde entonces, el hambre siempre me ha acompañado. Me gusta picotear y me cuesta estar más de unas horas sin hincarle el diente a algo, pero, a la hora de la comida, me lleno enseguida. En cambio, tengo amistades y parientes que son capaces de saltarse el almuerzo para disfrutar a tope si van a salir a cenar y así poder consumir mucha más comida, mientras que a mí me cuesta terminarme el plato principal. ¿Por qué estas diferencias? ¿Cuál es la causa fisiológica que me hace incapaz de funcionar sin un sustento regular, cuando otras personas no tienen hambre hasta que se sientan a la mesa?

## La necesidad de comer

Antes de que exploremos la cuestión del hambre en el cerebro, es preciso que comprendamos lo que ocurre en nuestro organismo cuando comemos. Mantener estable el nivel de azúcar en sangre es fundamental para el funcionamiento de nuestro organismo, y en especial de nuestro cerebro. Si sube demasiado durante demasiado tiempo, puede dañar la vista, los riñones y los nervios. Y si es demasiado bajo, pueden aparecer síntomas como mareos, visión borrosa e incluso convulsiones. Afortunadamente, en la mayoría de las personas el organismo trabaja para evitar que ocurran cualquiera de estos dos extremos sin que tengamos que estar pendientes de ello.

Cuando comemos algo dulce o con hidratos de carbono, estas moléculas se descomponen rápidamente en glucosa, que es absorbida por la pared de nuestro intestino delgado y se difunde en el flujo sanguíneo, causando un incremento en el nivel de azúcar en sangre. Nuestro páncreas detecta el incremento y libera una hormona llamada insulina, que induce a las células musculares y a las grasas a absorber la glucosa. También provoca que el hígado convierta la glucosa en glicógeno, que puede almacenarse para más tarde. Pero solo puede almacenarse una determinada cantidad de glicógeno; si ingerimos más azúcar de lo que el hígado puede procesar, la cantidad sobrante se convierte en grasa.

Cuando los niveles de azúcar en sangre bajan, también lo hacen los niveles de insulina, y el hígado se pone a convertir el glicógeno nuevamente en glucosa, que libera en nuestro torrente sanguíneo. Las personas con diabetes o bien no producen insulina (tipo 1) o no responden a ella (tipo 2), lo que significa que este proceso puede alterarse. La dificultad que presentan para mantener niveles estables de azúcar en sangre subraya la importancia de este mecanismo para la salud de nuestro cuerpo.

La insulina también desempeña otro papel, en el cerebro. Cuando los niveles en sangre son altos, la insulina viaja al cerebro para avisarle de que te has llenado. Este papel de la insulina es fundamental y un ratón sin receptores de insulina enseguida desarrolla obesidad. Al descender los niveles de insulina cuando cae el azúcar en sangre, el cerebro lo detecta e inicia la respuesta del hambre.

Pero esta no es la única señal que recibe nuestro cerebro. En realidad, el hecho de que sintamos hambre radica en un delicado equilibrio entre toda una serie de señales diferentes. Unas horas después de tu última ingesta, la comida pasa del estómago al intestino para seguir su procesado. Esto vacía el estómago, que se encoge. Los sensores que tapizan la pared del estómago miden lo estirada que está y, al detectar este cambio, mandan señales eléctricas directamente al cerebro a través del nervio vago. Simultáneamente se libera una hormona llamada grelina.

La grelina es la única «hormona del hambre» que se ha encontrado hasta la fecha, pero tiene un efecto muy marcado. Si se administra a una persona una cantidad extra de grelina, comerá aproximadamente un 30 por ciento más. Para comprobar lo potente que es esta hormona, se puede analizar lo que sucede en personas que la producen en exceso. Un grupo es el de quienes presentan una alteración genética llamada síndrome de Prader-Willi. Las personas que padecen este síndrome presentan dificultades de aprendizaje, junto con una obesidad severa y un apetito voraz. Ahora se sabe que tienen altos niveles de grelina, lo que puede explicar que coman en exceso y tengan sobrepeso.

Un estómago vacío avisa de que necesitamos comer, pero la historia no acaba aquí. Cuando nuestra última comida llega al intestino, se emite otra señal. Una sustancia química denominada colecistoquinina (CCK) desencadena cambios que ayudan a tu organismo a procesar y a absorber nutrientes de los alimentos, pero también manda señales al cerebro a través del nervio vago, que conecta el cerebro con el sistema digestivo. Esto altera el equilibrio haciendo sentir más saciedad que hambre. Y retrasa el vaciado del estómago, de modo que los receptores de estiramiento no envían su señal de «come más». Cuanta más grasa contienen los alimentos ingeridos, más CCK se libera y menos probable es que vuelvas a comer inmediatamente[2]. Después de una comida copiosa, la CCK y otras señales de saciedad pueden superar a las que produce el estómago vacío, lo que significa que no necesitas comer hasta dentro de varias horas.

Esta multitud de señales, algunas de ellas transportadas a través de la sangre y otras a través del sistema nervioso, viajan hasta el cerebro, donde deben ser interpretadas; y es el cerebro el que provoca la sensación de hambre tal como la sentimos. Pero ¿cómo decide qué señal es más importante? Aquí es donde las cosas se complican un poco... pero antes de abordarlo, tiempo para un tentempié.

## INCLINAR LA BALANZA

El hipotálamo es probablemente la región más importante del cerebro en lo que a control del apetito se refiere, y está bien situada para ser nuestro «centro de la alimentación». Tiene conexiones con otras regiones del cerebro y con la glándula pituitaria, lo que significa que puede controlar la segregación de hormonas. De una manera poco habitual para una región del cerebro, parte del hipotálamo se halla fuera

[2] Existen otras sustancias químicas implicadas en la sensación de saciedad. Los intestinos inferiores segregan el péptido YY, ralentizando la digestión, y el páncreas libera otra hormona llamada amilina. Ambos actúan sobre determinadas partes del cerebro, contribuyendo a la sensación de saciedad tras una comida.

de la barrera hematoencefálica, lo que significa que tiene acceso a la fuente de sangre principal y puede detectar, por ejemplo, los niveles de glucosa en sangre. También controla el funcionamiento del sistema inmune. Si existen altos niveles de citoquinas proinflamatorias en la sangre, el hipotálamo sabe que tienes una infección y eleva la temperatura de tu organismo para tratar de combatirla: tienes fiebre. También reduce el apetito, de modo que puedas movilizar toda tu energía para luchar contra la enfermedad y no la necesites para digerir la comida.

Ya desde la década de 1940 se sabe que dañar esta área del cerebro puede causar obesidad, tanto en animales como en seres humanos. En estudios experimentales, los animales que tenían estas áreas dañadas comían más de lo necesario y se mostraban insaciables con la comida. Pero las técnicas utilizadas eran burdas y afectaban tanto al hipotálamo como a otras zonas a su alrededor, lo que hacía difícil determinar con certeza qué áreas estaban implicadas. Al avanzar las técnicas experimentales, otros estudios sobre lesiones más precisas pusieron de manifiesto que solo una parte del hipotálamo, al estar dañada, producía la sobrealimentación y la obesidad: el área «ventromedial».

En cambio, si el daño se producía en el hipotálamo lateral, el animal dejaba de comer, se consumía y moría, a menos que se le alimentara a la fuerza. Esto condujo al desarrollo de la «hipótesis del centro dual». Al igual que los centros del sueño y la vigilia en esta área (véase el capítulo 5), según esta teoría el hipotálamo ventromedial era un «centro de la saciedad». Si se activaba el centro del hambre, o se dañaba el centro de la saciedad, el animal comía vorazmente, incapaz de hartarse. Si se provocaba lo contrario, el animal moría de inanición sin sentir hambre.

Ahora sabemos que, como sucede casi siempre en neurociencia, esta teoría temprana resultó ser una simplificación excesiva. Aunque el hipotálamo es importante para regular el comportamiento ligado a la alimentación, también intervienen otras partes del cerebro y del sistema nervioso. Pero, al parecer, la hipótesis del centro dual tampoco se alejó demasiado de la realidad. Más que una simple área del hambre y la saciedad en el cerebro, ahora la ciencia habla de *redes* del hambre y la saciedad. Cada una de estas pasa por el hipotálamo, pero no se circunscribe a una parte del mismo. Estimular una pequeña región del hipotálamo puede provocar que los animales coman más, pero eso se podría deber también a que se producen efectos en cascada a través de las conexiones de esta región con otras partes del cerebro.

Es también en este sistema donde las sustancias químicas de las que hemos hablado anteriormente surten su efecto. Cuando la insulina viaja al cerebro, por ejemplo, inhibe nuestro circuito del «come», mientras indirectamente activa el circuito del «no comas», lo que hace que sintamos saciedad. Por otra parte, la grelina, o un estómago vacío, activan las neuronas de nuestro circuito del «come», mientras que inhiben las neuronas del «no comas». El equilibrio entre las dos redes es delicado y puede inclinarse hacia un lado o hacia el otro debido a una variedad de insumos.

Pero hallar la región del cerebro que coordina estas señales sigue sin decirnos *cómo* esta regula nuestro apetito. Las claves sobre esta cuestión se descubrieron en ratas de laboratorio con el hipotálamo dañado. Sorprendentemente, seguían engordando sin fin. En cambio, en un momento dado, empezaban a comer más despacio y se establecían en un peso más alto. Si se les obligaba a comer, podían ganar todavía más peso, pero una vez que se les permitía comer normalmente, perdían ese exceso de peso. O sea, que no es simplemente que las ratas dejaran de tener siempre hambre. Seguían controlando su peso, solo que a un nivel mayor que el anterior.

Esto condujo a la formulación de una teoría conocida como «teoría del punto de ajuste», según la cual la fisiología de un animal actúa para mantener el peso de este en un punto de ajuste. En 1953, Gordon Kennady propuso la «teoría del lipostato», basándose en que los depósitos de grasa producen una especie de señal de retroalimentación para el hipotálamo, alterando la cantidad de alimento que un animal consume. Si engorda, reduce su ingesta hasta que se normaliza su peso. Si adelgaza, come más para recuperar peso. Supuestamente, la señal podría ser algún tipo de producto metabólico que circularía en la sangre.

También en la década de 1950, Romaine Hervey realizó una serie de experimentos bastante siniestros en la Universidad de Cambridge que pusieron de manifiesto que esta señal existía. La prueba consistía en unir quirúrgicamente a dos ratas cuando eran jóvenes, de modo que compartieran la irrigación sanguínea. Descubrió que, cuando lesionaba el hipotálamo de una de las ratas, esta se volvía obesa, tal como había esperado. Lo que le ocurría a la otra rata sin embargo era más sorprendente. En lugar de engordar, empezaba a adelgazar y comía muy poco cada vez que le ofrecían alimentos. Hervey explicó que esto sugería la existencia de un mecanismo de retroalimentación a través de la sangre, que controlaba el hambre. Un animal se volvía insensible a esta señal si su hipotálamo resultaba dañado. El sujeto delgado de la pareja de ratas respondía a esta señal e intentaba (sin conseguirlo) reducir el peso de la pareja en su conjunto, mientras que la rata con la lesión comía sin preocuparse. Esto respaldó la teoría de Kennedy, pero no nos dio ninguna clave sobre cuál era dicha señal. Para ello fue precisa la intervención de dos tipos muy especiales de ratones...

## EL FACTOR SACIEDAD

En 1949, la investigación genética estaba en pañales, pero estaba a punto de revolucionar nuestro conocimiento de la obesidad y de la alimentación. Cada año, el laboratorio Jackson de Maine, Estados Unidos, criaba millones de ratones para estudiar a fondo su genética y para proporcionar a la investigación tipos de ratones específicos para los experimentos. Aquel verano, una de las personas encargadas del cuidado de los ratones descubrió algo asombroso. Uno de los ratones jóvenes tenía un severo sobrepeso, siendo su tamaño tres o cuatro veces superior al de sus hermanos y hermanas. Los científicos investigaron el caso y enseguida descubrieron que este animal, y otros a los que habían criado igual que a él, tenían una mutación en un gen del cromosoma 6. El gen fue bautizado «ob» (de obeso) y el ratón, que tenía dos copias de estas mutaciones, pasó a ser conocido como ob/ob.

En 1966, se descubrió una cepa distinta de ratones obesos, con una mutación diferente. Estos ratones eran insaciables, físicamente inactivos y sufrían resistencia a la insulina y diabetes, por lo que se les llamó ratones db/db. Siguiendo los pasos de Hervey, Douglas Coleman, que trabajaba en el laboratorio Jackson, realizó una serie de experimentos con ratones unidos quirúrgicamente, para tratar de descubrir a qué afectaban realmente aquellas mutaciones genéticas.

Cuando un ratón de tipo salvaje (es decir, un ratón sin mutaciones genéticas conocidas) se conectaba a un animal db/db, dejaba de comer y adelgazaba, al igual que las parejas de los animales lesionados de Hervey. E igual que antes, los ratones db/db seguían comiendo sin verse afectados. Esto indica que los ratones db/db estaban *emitiendo* una señal «deja de comer», pero eran incapaces de responder a ella. Sin embargo, cuando los unían, el ratón de tipo salvaje era capaz de detectar la señal y dejaba de comer en respuesta a la misma. A diferencia de cuando unían un ratón ob/ob a un ratón de tipo salvaje o a un ratón db/db, comía menos y adelgazaba, mientras que en su pareja no se apreciaba ningún cambio. Esto sugería que el ratón ob/ob era capaz de responder a la señal que circulaba, pero no la emitía.

Aunque estos resultados eran interesantes, seguían sin explicar exactamente lo que podía ser el «factor saciedad» que circula en la sangre, por lo que fueron acogidos con cierta resistencia por parte de la comunidad científica. Esta resistencia persistió precisamente hasta el momento en que se descubrió el factor.

A finales de la década de 1980, Jeffrey Friedman montó su propio laboratorio en la Rockefeller University, donde acababa de terminar su doctorado. Desde que había decidido dejar de ejercer como médico para dedicarse a la investigación, su interés se había centrado en cómo las sustancias químicas del cerebro podían producir un determinado comportamiento. Hacía poco se había descubierto que la CCK, una sustancia química producida en el intestino delgado, también actuaba sobre el cerebro. Algunos investigadores sugirieron que esto podía ser la causa de la obesidad en ratones genéticamente obesos, pero otros no estaban convencidos. A Friedman el tema le fascinó, por lo que se puso a trabajar con estos ratones ob/ob. Además de comer demasiado, tenían toda una serie de problemas adicionales que no se habían detectado en personas obesas. Tenían baja temperatura corporal, problemas del sistema inmunitario y eran estériles. Friedman realizó un mapeo del gen de la CCK y lo comparó con el gen que estaba afectando a los ratones ob/ob. Descubrió que los dos eran radicalmente distintos y se hallaban en partes diferentes del ADN del ratón. Por consiguiente, no era posible que la CCK causara el problema de estos ratones.

Friedman estaba empeñado en averiguar cuál era el problema de los ratones ob/ob. A lo largo de ocho años, su laboratorio utilizó técnicas punteras para localizar exactamente el gen ob del ADN del ratón. Una vez que localizaron la región, pudieron examinar todos los genes de esa área para ver cuál era el que tenía más probabilidad de estar implicado. Al final, hallaron un gen en esta región que solo se «activaba» en el tejido adiposo. Clonar el gen permitió comprobar que codificaba una hormona: habían descubierto una sustancia química que podía tener un impacto en el peso. La llamaron leptina, de *leptos*, delgado en griego. En una entrevista publicada en la revista *Disease Models and Mechanisms* en 2012, Friedman recordaba el momento del descubrimiento:

> Creo que fue el momento puntual más emocionante de mi vida profesional: resultó totalmente apabullante. Los datos iniciales no solo mostraban que habíamos identificado el gen ob, sino que también sugerían que el producto del gen estaba bajo control de retroalimentación y probablemente codificaba una hormona. Esto reforzó nuestro júbilo, porque era la primera indicación de que la hipótesis de Coleman y la nuestra eran correctas.

Ahora que la ciencia había descubierto la señal de saciedad que faltaba, la idea de que el hipotálamo fuera el regulador del peso corporal cobró mayor impulso. Este descubrimiento dio peso[3] a la teoría del punto de ajuste. El hipotálamo ayuda a los animales a mantener un peso constante al detectar la leptina, que le informa de cuánta energía está almacenada en forma de reservas de grasa. Esto lo combina con la información sobre los niveles de azúcar disponibles en cada momento en la sangre, y esto lo utiliza para decidir si debemos comer o no. Si durante las Navidades nos pasamos y engordamos unos kilitos, trata de contrarrestarlo produciendo una cantidad extra de leptina y disminuyendo las señales de hambre hasta que el peso vuelve a bajar. Y si empezamos a adelgazar, nos anima a comer más. Es una de las razones por las que la pérdida de peso puede resultar tan difícil: nuestro cuerpo lucha contra ella, pidiéndonos a gritos que ingiramos más calorías si

[3] Nunca mejor dicho. El juego de palabras es intencionado.

nuestras reservas de grasa empiezan a bajar de nuestro punto de ajuste. Con unos niveles de leptina más bajos, debido a esta reducción de las reservas de grasa, resulta difícil sentir saciedad, y por ello es tan difícil seguir una dieta. Pero en los raros casos en los que los seres humanos, igual que los ratones ob/ob, no son capaces de producir leptina, este problema puede llegar a ser muy grave.

Cuando nació Poppy[4], nada hacía pensar en lo que pasaría después. Era una bebé a todas luces sana y el parto fue (relativamente) fácil. Cuando sus progenitores la llevaron a casa, empezaron a notar diferencias entre Poppy y Evan, su hermano mayor. Mientras que su madre había sido capaz de alimentar a Evan solo con su leche durante los primeros seis meses, al cabo de apenas unas semanas se dio cuenta de que la lactancia materna no le iba a bastar a Poppy. Su apetito parecía insaciable. Apenas media hora después de haber mamado, se echaba a llorar de hambre. Así que empezaron a darle el biberón. Enseguida aumentó de peso y, a los seis meses de edad, pesaba 15 kg, más o menos el doble de peso que la media para su edad.

Sus progenitores, que habían sido ambos delgados toda su vida, no tenían ni idea de lo que estaba pasando, pero afortunadamente llevaron a Poppy a una unidad de endocrinología para que valoraran su caso. Allí descubrieron que tenía una mutación en uno de los genes que participan en la síntesis de leptina, lo que significaba que no estaba produciendo la hormona en absoluto. Le pusieron como tratamiento una terapia de sustitución, inyectándole la hormona y, al cabo de dos semanas, empezó a perder peso. A los tres años, ya no tenía obesidad mórbida y comía y se comportaba como cualquier niña normal y sana.

Las mutaciones genéticas que impiden que un individuo sintetice la leptina son raras, pero existen otras afecciones que pueden tener un efecto similar. Las personas con lipodistrofia, por ejemplo, tienen muy poco o nada de tejido adiposo. Esto puede deberse a una mutación genética de nacimiento o puede desarrollarse más adelante en la vida, pero ambas formas conducen a bajos niveles de leptina en circulación.

---

[4] Esta historia se basa en una serie de estudios de caso de diferentes pacientes con esta enfermedad, y los nombres son ficticios.

Aunque sienten hambre y suelen comer más de la cuenta, las personas que no pueden producir grasas no engordan. Pero tienen toda una serie de otros síntomas. A menudo se vuelven diabéticas, pues son incapaces de controlar su azúcar en sangre, y pueden presentar resistencia a la insulina. También tienen altos niveles de grasa en sangre, lo que puede causarles otros problemas. Y con frecuencia tienen problemas de fertilidad. Si estos síntomas resultan familiares, es porque son muy parecidos a los que se encontraron en los ratones obesos, aunque estas personas no lo fueran. Esto llevó al personal científico a preguntarse si algunos síntomas tales como la infertilidad que padecían los ratones no se debían a la propia obesidad sino a una falta de leptina.

A lo largo de la historia, los animales han evolucionado para sobrevivir a breves periodos de hambruna. Lo conseguimos almacenando energía en forma de grasa, pero los animales también modifican su comportamiento cuando no tienen nada que comer. Para empezar, se sienten hambrientos y tienen más energía, por lo que buscan frenéticamente el alimento. Pero si no lo encuentran, entran en una segunda fase. Reducen sus movimientos y su temperatura corporal baja, con el fin de conservar la energía. El sistema inmune funciona peor y el animal se vuelve estéril. Básicamente, el organismo hace todo lo que puede para conservar la energía hasta que termine el ayuno. Durante este periodo, los niveles de leptina disminuyen y, recientemente, los científicos y las científicas han empezado a preguntarse si un bajo nivel de leptina podría achacarse a estos síntomas de hambruna. Administrando inyecciones de leptina a animales en ese estado de ayuno, tal como habían previsto pudieron comprobar que los síntomas de la hambruna se mitigaban.

Si la leptina es la señal que el cuerpo le manda al cerebro para decirle que nos estamos muriendo de hambre, esto explica mucho de lo que sucede tanto en los modelos con ratones como en los casos de seres humanos que no producen leptina. Normalmente, nuestras células grasas producen leptina para decirle al cuerpo que tenemos reservas de energía. Si adelgazamos, estos niveles de leptina circulante disminuyen y se desencadena la respuesta al hambre, con lo que comemos más para recuperarlos. Pero si no tienes células grasas que fabriquen leptina, o si estas células no son capaces de producir la hormona, o si tu cerebro no es capaz de responder a ello, estarías todo el rato en modo hambruna. El apetito de Poppy era insaciable porque sentía que se iba a morir de hambre. Y tanto los animales deficientes en leptina como los resistentes a la leptina experimentaban lo mismo; esto explica tanto que comieran más de lo necesario como el resto de sus síntomas. Estos síntomas de lipodistrofia también encajan con la explicación de la respuesta al hambre.

Para individuos como Poppy, la terapia con leptina funciona. Una vez sustituido el factor de saciedad del que carecía, su cuerpo se dio cuenta de que no estaba muriéndose de hambre y fue capaz de perder mucho peso. La Administración de Alimentos y Medicamentos de Estados Unidos (USFDA-Food and Drug Administration) y la Comisión Europea han aprobado ahora la leptina como terapia para la lipodistrofia, después del éxito de los ensayos clínicos, y la Agencia Reguladora de Medicamentos y Productos Sanitarios del Reino Unido (MHRA-Medicines and Health Products Regulatory Agency) está planteándose hacer lo mismo. Incluso se han dado casos de mujeres muy delgadas (como atletas o bailarinas) que eran incapaces de concebir y que han conseguido quedarse embarazadas tras un tratamiento con leptina.

Esto, por supuesto, plantea una pregunta: ¿todas las personas con sobrepeso tienen bajos niveles de leptina? ¿Podría este tratamiento ser la panacea para ayudar a quienes luchan por perder peso? Lamentablemente, la respuesta es no. Los estudios han puesto de manifiesto que, salvo raras excepciones, las personas con sobrepeso *son capaces* de producir leptina, a menudo en grandes cantidades. Pero lo que suele pasar es que estas personas son resistentes a la hormona, lo que significa que ejerce mucho menos efecto en ellas. Friedman considera que aproximadamente el 10 por ciento de las personas que sufren obesidad mórbida tienen alguna mutación genética que supone que producen menores niveles de leptina; y en el caso de estas personas se ha visto que el tratamiento para incrementar dichos niveles sí ayuda a adelgazar. Pero en el otro 90 por ciento no surtiría ningún efecto.

## UNA CUESTIÓN DE PESO

Nuestro conocimiento sobre cómo el cuerpo y el cerebro controlan el hambre y la ingesta de alimentación aumenta a gran velocidad, pero no tanto como nuestra cintura: en todo el mundo se calcula que 2.100 millones de personas tienen sobrepeso o son obesas, y los números siguen creciendo.

Una rápida advertencia al respecto: el IMC (índice de masa corporal) suele utilizarse para calcular si una persona tiene el peso adecuado. Por desgracia, es un indicador de salud deficiente, porque solo utiliza la altura y el peso para la evaluación. Como el músculo pesa más que la grasa, las personas muy musculosas figuran como obesas. Sería preferible medir el porcentaje de grasa del cuerpo, pero incluso esto es imperfecto, porque es importante tener en cuenta dónde está almacenada esa grasa. La grasa visceral, que se deposita alrededor de los órganos, es mucho peor para la salud, por lo que las personas que almacenan grasas en sus muslos o en sus nalgas tienen menos riesgo de sufrir enfermedades tales como la diabetes y las afecciones cardiacas que las que la amontonan alrededor de la cintura. De hecho, una persona puede tener un peso normal y parecer delgada, pero tener niveles poco sanos de grasa visceral. Y, por supuesto, el peso no es el único parámetro de salud; es perfectamente posible que una persona con más peso esté más en forma y tenga mejor salud que otra persona más delgada que, por ejemplo, fuma, come mal y no hace ejercicio. Lamentablemente, el IMC sigue siendo la medida que se utiliza en la mayor parte de los artículos de investigación, por lo que, cuando hablamos de obesidad en todo este capítulo, esta se habrá medido según dicho factor.

También hay pruebas de que ese sesgo del peso resulta dañino para la salud de personas con mayor peso. La vergüenza y la estigmatización pueden hacer que a estas personas les cueste más hacer ejercicio y tal vez les induzca a comer más y por ende a engordar más. Algunos estudios incluso han llegado a sugerir que la estigmatización puede provocar problemas de salud *independientemente* del IMC, tal vez debido a unos mayores niveles de estrés y a las hormonas asociadas con ello. Un estudio dirigido por Angelina Sutin de la Florida State University halló que las personas que experimentan discriminación por motivos de peso tienen un 60 por ciento más de probabilidad de morir que aquellas que no la sufren, independientemente de su IMC. También se ha demostrado que existe un sesgo entre el personal sanitario en relación con el peso: es menos probable que las personas con más peso vayan al médico y, cuando lo hacen, suelen recibir una atención peor, lo que probablemente también explique algunos de los vínculos entre la obesidad y los problemas de salud.

Todo ello significa que el vínculo entre obesidad y problemas de salud tal vez no sea tan directo como se solía pensar. Pero esta área de investigación todavía es relativamente reciente y requiere que se explore mucho más. Sin embargo, no cabe duda de que, a lo largo de este capítulo, cuando digo que la obesidad incrementa el riesgo de enfermedad, estoy pensando en la población en su conjunto, no en las personas individualmente. No estoy afirmando que el vínculo sea una causa directa. Y, desde luego, no estoy diciendo que ningún tema de salud sea culpa del individuo. Aunque la aceptación sin duda es importante para quienes desean perder peso, ¿hay algo que pueda ayudarles? La pérdida de peso es notoriamente difícil y tu cuerpo es capaz de jugarte malas pasadas. Como hemos visto, cuando una persona empieza a perder peso, su cuerpo responde a la pérdida de grasa corporal como si se fuera a morir de hambre, y trata de mantener su punto de ajuste haciéndola sentir hambrienta. Tener hambre tiene un efecto en cadena sobre tu sistema de recompensa (véase el capítulo 3), lo que provoca que la comida te resulte todavía más tentadora. Estos procesos naturales hacen que resulte extremadamente difícil seguir rigurosamente una dieta.

En la actualidad solo existe un único tratamiento realmente eficaz contra la obesidad: la cirugía bariátrica (o de pérdida de peso). Esta puede adoptar diversas formas, pero todas ellas tienen por objetivo la reducción de la capacidad del estómago, con lo que las personas se sacian más rápidamente. Esto puede conseguirse colocando una banda de silicona alrededor del estómago para que la presión lo cierre en la parte superior (banda gástrica), insertando un globo en su interior para ocupar espacio o cortando una parte del estómago (baipás gástrico o manga gástrica). Después de la cirugía, los pacientes se sentirán saciados comiendo cantidades muy pequeñas de alimento, lo que reducirá su ingesta y les hará adelgazar.

Pero la historia no termina aquí. Las personas y las ratas a las que se les ha practicado la cirugía podrían comer con mayor frecuencia para obviar el hecho de que su estómago es más pequeño. Sin embargo, no lo hacen. Al parecer, se debe a que alterar el tracto digestivo modifica la liberación de hormonas. Después de la cirugía, se produce un aumento de las sustancias químicas saciantes como el péptido YY, que activa la red «no comas» en el hipotálamo, y una disminución de la grelina, la hormona del hambre. Estos cambios se combinan para ayudar a que las personas se sientan llenas y por lo tanto coman menos.

Existen estudios que también han puesto de manifiesto que el baipás gástrico incrementa las calorías que queman las ratas, lo que significa que necesitan un 40 por ciento más de alimento que los animales de control para mantener el mismo peso corporal. Todavía no se sabe cómo se produce este hecho, pero nuevamente puede estar relacionado con esas neuronas del hipotálamo. La cirugía al parecer restablece el punto de ajuste del animal, con lo que su cuerpo hace todo lo que puede para alcanzar y mantener el nuevo peso, más bajo, incluso quemando más calorías.

Se ha comparado a pacientes que pierden peso tras la cirugía bariátrica con individuos similares que perdieron peso a través de una dieta y del ejercicio físico, y se ha descubierto que las personas sometidas a cirugía tenían niveles más bajos de la hormona del hambre grelina. Esto podría ser la causa de que, a largo plazo, la cirugía es más eficaz que otros planes de gestión del peso. Por lo tanto, si estos procedimientos son eficaces, al menos en parte, debido a cambios en los niveles de hormonas implicadas en las sensaciones de hambre y saciedad, podría conseguirse este mismo efecto sin cirugía. Aunque muchos procedimientos se hacen ahora mediante cirugía laparoscópica y son relativamente seguros, cualquier operación acarrea un riesgo y el tratamiento con medicamentos puede ser una alternativa más segura. Y, además, debería ser más barato. La ciencia todavía no ha alcanzado este punto, pero sin duda es una apasionante línea de investigación.

De momento, teniendo en cuenta lo que estamos empezando a descubrir sobre el estigma, se está ensayando un nuevo enfoque. Conocido como «salud para cada talla», se trata de poner el foco en potenciar los comportamientos saludables más que en perder peso. Están surgiendo pruebas de que, si se compara con los tratamientos de pérdida de peso, este enfoque tiene más éxito a la hora de mejorar la salud de las personas a largo plazo.

## ¡COMIDA, GLORIOSA COMIDA!

El hambre es importante, pero, como sabemos, no es la única razón por la que comemos; y tal vez sean estas otras razones las que están contribuyendo a que la cintura de la humanidad esté aumentando de tamaño. ¿Quién no se ha servido una segunda ración de postre que en realidad no necesitaba, o no ha parado hasta terminarse el paquete entero de galletas solo porque lo tenía delante? ¿Qué sucede en el cerebro que causa este impulso por comer aun cuando fisiológicamente no lo necesitamos?

El grupo de Gina Leinninger de la Michigan State University está tratando de descubrir la red de las áreas del cerebro que intervienen en la sobrealimentación, y ha encontrado una región particularmente interesante, el hipotálamo lateral[5]. Esta región se conecta con otras áreas del hipotálamo, lo que le permite recibir señales del cuerpo sobre si necesitas comida, pero también se conecta con las neuronas de dopamina del sistema de recompensa. Como vimos en el capítulo 3, este sistema no sirve tanto para la recompensa en el sentido del placer, sino que nos induce a buscar determinadas cosas o a comportarnos de una determinada manera, desde consumir drogas o tener una relación sexual hasta comer. Leinninger lo explica en los siguientes términos:

> Sabemos que el mecanismo de señalación de la dopamina regula el anhelo de cosas sabrosas, que nos premian [...] pero también está relacionado con los sistemas del cerebro que regulan cuánto nos gustan esas cosas. Esto se suele coordinar con el momento en que necesitamos comer a

[5] Tal vez recuerdes esta región: era el «centro de la saciedad» de la hipótesis del centro dual de la alimentación que comentamos más arriba.

través del hipotálamo lateral (HL). El HL recibe información de otras partes del cerebro que detectan el nivel energético y dicen: «eh, que no tienes bastante». Entonces las neuronas del HL «estimulan» a las neuronas de dopamina para que se coordinen con el fin de incrementar nuestra motivación para procurarnos comida.

Por ejemplo, cuando el azúcar en sangre o los niveles de leptina son altos, el HL sabe que el cuerpo tiene muchas reservas de energía, por lo que no activa el sistema de «querer». Pero a medida que los niveles descienden, incrementa nuestro deseo de procurarnos comida. Este sistema es la causa de que, cuando tienes hambre, hambre *de verdad*, la comida se convierte en lo único en lo que eres capaz de pensar[6]; y cuando encuentras algo, te sabe de maravilla.

Yo misma experimento esto en los hoteles que tienen un desayuno-bufé. A mí me encanta desayunar, suelo despertarme con hambre y nunca puedo entender que otras personas sean capaces de aguantar hasta el almuerzo sin haberse tomado nada más que una taza de café. Simplemente no soy capaz de funcionar hasta que como algo. Normalmente suelo comer muy sano. No me cuesta trabajo cambiar el pastel del postre por un plato de fruta o comer una zanahoria a media mañana en lugar de unas galletas. Pero todo esto cambia cuando estoy delante de un bufé de desayuno. En ese estado de hambre, me atraen irresistiblemente los bollos: es como si los crujientes y hojaldrados cruasanes, las tentadoras danesas rellenas de manzana caramelizada y los suaves y esponjosos *muffins* me estuvieran llamando. Esa mezcla de azúcar y grasa es como un canto de sirena para mi hambriento cerebro[7]. Para eludirlo, he desarrollado un hábito. No me permito la opción de elegir y servirme el desayuno nada más llegar. Cuando me acerco por primera vez al bufé, voy directamente al área de la fruta y me lleno el plato de fruta fresca y yogur natural. Solo regreso al bufé una vez que me he comido esto y mi hambre está parcialmente saciada. Como ya no me estoy «muriendo de hambre», me resulta mucho más fácil hacer elecciones sanas.

---

[6] Me acuerdo de los tebeos en los que el personaje que tiene hambre empieza a ver a sus amigos como un jamón.

[7] Y, como veremos más adelante, no soy la única que reacciona de este modo.

Es decir, que el hipotálamo lateral es un área de regulación que conecta nuestras necesidades con nuestros deseos. Y, como siempre, el mecanismo cuenta con unos mensajeros químicos. Los ratones sin señalización de leptina en esta región comen más de lo necesario y se vuelven obesos; sustituir la leptina precisamente en esta área les hace recuperar su peso normal. También restablece los bajos niveles de dopamina. Pero la leptina y la dopamina no son los únicos elementos que actúan en esta región. También están las neuronas que utilizan un neurotransmisor llamado neurotensina. Esta sustancia química reduce el impulso de comer alimentos sabrosos, incrementa el movimiento y suprime peso. Leinninger cree que las diferencias individuales en el adecuado funcionamiento de esto podrían explicar por qué algunas personas somos capaces de comer tan solo un puñado de patatas fritas mientas que otras se zampan una bolsa de «tamaño familiar» entera:

> Alterar los tipos de neuronas cuya misión es coordinar las neuronas de dopamina podría conducir a estas diferencias. Lo que hace que esto resulte increíblemente complicado de estudiar es que existen muchísimos tipos diferentes de factores genéticos, moleculares, en el área del hipotálamo lateral y en las neuronas de dopamina; la menor alteración del tipo que sea en estas puede cambiar la forma en que funciona esta interacción y ser el origen de esta variabilidad.

Tal vez en el caso de la obesidad, de algún modo esta área se desconecte del estado interno, de modo que tu motivación para comer se rige más por señales externas como la vista, el aroma y los sonidos asociados con la comida. Son tantas las que nos rodean que no es de extrañar que muchas personas nos veamos inducidas a comer más de lo que necesitamos.

> Si las neuronas de dopamina o el HL se desvincularan de esa necesidad de comida, podría ocurrir que comieras cuando en realidad no lo necesitas. No sabemos cómo llega a desconectarse este sistema de dopamina [...] Pero creo que esa disfunción del HL podría ser un factor que lo indujera.

Otra área del cerebro implicada en este proceso es la región prefrontal. Como hemos visto, dicha área, detrás de la frente, participa en «funciones ejecutivas» tales como la toma de decisiones de alto nivel y el control inhibitorio. Básicamente, se trata de la vocecilla que te dice que ya has comido bastante tarta, aun cuando te apetecería tomarte otro trozo. Todavía no sabemos exactamente cómo se relaciona con el resto del sistema de alimentación, pero sí sabemos que las neuronas de dopamina desempeñan un importante papel, luego es probable que aquí también existan vínculos con el hipotálamo lateral.

## ¿HAS COMIDO?

Al igual que los factores obvios que marcan cuándo comemos, como el hambre y la tentación al ver algo apetitoso, existe otro factor tal vez más sorprendente que afecta a nuestro apetito: el recuerdo. Resulta que la memoria desempeña un papel enorme en la elección de nuestros alimentos. Si anoche cenaste *pizza,* tu recuerdo de esa abundante comida tal vez te anime a optar por una ensalada en el almuerzo del día siguiente. Pero es todavía más fundamental que eso. Las personas que presentan un tipo de amnesia severa, que no son capaces de formar nuevos recuerdos, se tomarán un segundo almuerzo apenas 10 minutos después de haber acabado de comer. También explican que no tienen menos hambre después de una comida de la que tenían antes de empezar.

No sé qué te parece a ti, pero a mí me resulta realmente sorprendente. Desde luego en mi caso las sensaciones de hambre y de saciedad son concretas y viscerales y se localizan en mi estómago, no en mi cerebro. Antes habría dicho que como menos a la hora de la cena si mi almuerzo ha sido copioso porque no necesito alimentarme. El hecho de que esto tenga que ver con mi memoria me hace dudar de lo que creemos que sabemos las personas acerca de nosotras mismas y de nuestros cuerpos. Si podemos equivocarnos sobre la causa de nuestras sensaciones de hambre y de saciedad, ¿de qué otras sensaciones corporales deberíamos empezar a dudar? Aquí es donde interviene la ciencia. Ya que no siempre podemos fiarnos de nuestras percepciones, hemos de recurrir a métodos científicos para desentrañar lo que las causa.

Cuando analizamos con mayor detalle las conexiones dentro del cerebro, todo empieza a encajar. Las personas con amnesia aguda tienen dañado el hipocampo, una parte del cerebro que es vital para recordar las cosas que han sucedido en tu vida, por ejemplo tu 18 cumpleaños, la última discusión que has tenido con tu pareja o lo que acabas de comer (como vimos en el capítulo 2). Pero este no es el único papel del hipocampo. Esta área del cerebro también contiene células que reciben señales sobre el hambre que sientes, por ejemplo a través de los receptores de insulina y de grelina. Esto significa que también es posible que participe en un proceso conocido como interocepción.

La interocepción es la capacidad de detectar sensaciones corporales, como el calor, el dolor o el hambre. El hecho de que las personas afectadas de amnesia sientan la misma hambre después de haber comido que la que tenían antes de hacerlo se debe probablemente a que no han sido capaces de detectar las señales que llegan a su cerebro procedentes de su cuerpo. Y resulta que incluso en personas que no tienen ningún daño cerebral, algunas tienen una mejor interocepción que otras. Esto se comprueba pidiéndole a las personas que detecten su propio latido del corazón sin palparse el pulso. La gente que es capaz de hacerlo de un modo fiable también es más capaz de sentir que está saciada cuando su estómago se dilata, y de sentir que el estómago se contrae cuando está vacío. Pueden confiar en mayor medida en estas señales internas a la hora de decidir si comer o no y qué cantidad, mientras que otras personas con una interocepción menos sensible se guían más por factores medioambientales, por ejemplo lo sabrosa que está la comida o la hora del día.

Cuando estaba leyendo sobre este tema me resultaba muy familiar, pues siento que mi modo de alimentarme se guía en gran medida por señales internas. Se me da muy mal ignorar el hambre y siempre me ha maravillado que mis colegas puedan seguir trabajando a la hora de la comida cuando tienen algún plazo que cumplir. En mi caso, me resulta imposible ignorar la señal interna. Pero por otra parte tampoco puedo comer mucho más de la cuenta en una misma ingesta, pues la sensación de saciedad de mi estómago enseguida se vuelve incómoda,

¡algo que me resulta muy frustrante cuando otras personas se están sirviendo un segundo plato en la comida de Navidad! Esto significa que soy más de picotear, me gusta comer poco en muchas tomas para que mi estómago siempre esté contento. Tal vez alguna de estas cuestiones esté relacionada con una interocepción demasiado activa.

En el laboratorio de Marise Parent en la Georgia State University, un equipo de investigación está tratando de descubrir cómo el hipocampo y sus conexiones con el hipotálamo controlan la alimentación. Para ello utilizan una técnica llamada optogenética, que les permite manipular genéticamente unas ratas para que algunas neuronas puedan activarse o desactivarse mediante la luz. Esto les permite desconectar algunas células en el hipocampo antes, durante o después de que la rata haya comido. Han comprobado que aquellas ratas cuyo hipocampo había sido desconectado después de una ingesta volvían a comer antes y consumían aproximadamente el doble de alimento. Al igual que las personas aquejadas de amnesia, al parecer estas ratas no recuerdan que ya han comido y no son capaces de detectar su estado de saciedad, por lo que siguen comiendo. Resulta interesante que este efecto se produzca independientemente de que a las ratas se les ofrezca una comida poco atractiva o un apetitoso dulce, por lo que se diría que las ratas no se ven afectadas por el placer que les proporciona el alimento. Incluso funciona con la sacarina, un edulcorante que no contiene calorías.

Y no hace falta llegar a algo tan excepcional como la amnesia o las luces en tu cabeza para que esto te afecte. La investigación sugiere que, si comes mientras estás jugando a un juego de ordenador o mirando la televisión, prestas menos atención a la comida, lo cual basta para animarte a que más tarde comas más. ¡Tal vez esto explique las grandes cantidades de chocolate que mi marido es capaz de consumir mientras mira la televisión por la noche, incluso después de haber cenado abundantemente!

En cambio, tomar consciencia de lo que estás comiendo reduce la cantidad de la futura ingesta. De hecho, la cantidad de comida que recuerdas haber ingerido a mediodía es un mejor predictor de la cantidad que cenarás que la propia cantidad de alimento que has consumido. Así que tal vez algunos casos de obesidad se podrían achacar a las diferencias individuales en el hipocampo, o a la conexión entre este y el hipotálamo. Lucy Cheke, profesora de la Universidad de Cambridge, realizó una serie de estudios que revelaron que personas con mayor IMC obtenían resultados bastante peores en unas pruebas de memoria. Pero esto, por supuesto, es una correlación, luego no podemos afirmar que su peor memoria *causara* su obesidad.

Es más, podría ocurrir al revés. Existen estudios que han puesto de manifiesto que alimentar a una rata con una dieta rica en azúcar y grasas de hecho puede llegar a afectar a su memoria hipocampal; los estudios en seres humanos han sugerido efectos similares. Ya sea por la inflamación, la resistencia a la insulina o cualquier otro motivo, parece ser que la insulina daña el hipocampo y el resto de la red de la memoria. En efecto, un estudio realizado por Kaarin Anstey y su equipo en la Australian National University, en el que hizo un seguimiento de personas mayores de 60 años durante ocho años, reveló que el hipocampo de aquellas que tenían mayor IMC se redujo más durante aquel periodo que las que tenían un peso menor.

Tal vez estemos ante un círculo vicioso. La obesidad causa alteraciones de la memoria, que a su vez dificultan que la persona regule su ingesta de alimento, con lo que engorda. Hallar una forma de ayudar a la gente a salir de este círculo vicioso podría marcar un hito en la identificación de tratamientos.

## A LA POSTRE ME ESTRESO

Aun teniendo en cuenta el hambre psicológica, el deseo psicológico de comida y el de picotear sin ton ni son, *seguimos* sin tener el cuadro completo de los factores que nos pueden inducir a alimentarnos.

El estrés, por ejemplo, es una razón habitual por la que las personas comemos, particularmente alimentos «reconfortantes» y poco sanos. Cuando comemos algo delicioso, el cerebro libera sustancias químicas que nos hacen sentirnos bien. Si comemos un dónut cuando estamos en situación de estrés, nos sentimos mejor, al menos durante un ratito. El problema es que muchas personas padecemos mucho estrés. El cerebro aprende muy bien a repetir comportamientos que nos han ayudado en el pasado, por lo que si ese dóonut te ayudó la última vez, te animará a que te comas otro la próxima vez que tengas estrés. Más que un sácame-del-agujero ocasional, comer para consolarse se convierte en un hábito, y los hábitos son difíciles de cambiar. Esto es especialmente cierto si la oportunidad inicial de aprendizaje se produjo durante la infancia, cuando nuestros cerebros están en su fase más flexible y moldeable.

Pero ¿qué significa en términos del cerebro decir que hemos desarrollado un hábito? Esa primera vez comimos un dónut porque nos movió un deseo de recompensa. La señalización de dopamina en el núcleo accumbens convirtió ese alimento en nuestro objetivo y nos lo comimos. Experimentamos su sabor delicioso y nos hizo sentir mejor, por lo que se reforzó el comportamiento (comerse un dónut). El cerebro ha aprendido que es algo que nos va bien cuando estamos sufriendo estrés. Pero con el tiempo, al repetir el comportamiento, se impone una parte distinta del cerebro. Interviene el estriado dorsal y, a partir de ahí, vamos a por el dónut en piloto automático, sin quererlo ni disfrutarlo activamente. Comer en situación de estrés se ha convertido en un hábito.

Pero a largo plazo esta automedicación a base de ricos bocados puede causar problemas en cascada más allá de la expansión de la cintura. En ocasiones se dice que las personas que comen más de la cuenta experimentan síndromes de abstinencia cuando evitan sus alimentos preferidos. Desde luego, cualquiera que haya seguido una dieta sabe lo cascarrabias que puede volverse. La teoría plantea que negarte algo delicioso te provoca ansiedad y activa tu sistema de estrés. Has aprendido que la comida te ayuda a soportar ese estado y, por supuesto, sientes el impulso de comer para aliviar las emociones negativas. De hecho, debido a este sistema, incluso puede que acabes comiendo más compulsivamente que si, desde el principio, no hubieses tratado de evitar ese alimento.

Y aunque puede hacer que te sientas mejor a corto plazo, algunos estudios en animales han descubierto que consumir habitualmente alimentos deliciosos, que cada vez que los tomas potencian las sustancias químicas de la felicidad, de hecho desensibiliza el sistema de recompensa a largo plazo. Las personas que padecen obesidad aparentemente encajan en este patrón, pues en ellas se produce una reducción de los receptores de dopamina en las áreas de recompensa del cerebro, así como una respuesta menor en esta región del cerebro cuando ingieren una comida apetitosa. Esto podría conducir a comer más de la cuenta, pues la persona necesita cada vez más de este alimento para tener la misma sensación de satisfacción. Y puede desarrollar una tendencia mayor a las emociones negativas a largo plazo, creándose un círculo vicioso.

Si todo esto te está sonando, no eres la única persona que piensa que, en este sentido, puede que existan semejanzas con el consumo de drogas de abuso mencionado en el capítulo 3. Incluso intervienen las mismas regiones del cerebro, según me explicó Gina Leinninger:

> El HL [hipotálamo lateral] interviene en el consumo de alcohol, en el movimiento, en las drogas de abuso, en el dolor, y así sucesivamente. Al parecer es el coordinador mediocampista de [todo tipo de] comportamientos [...] Sabemos que el sistema de dopamina en general regula la recompensa para alimentos, drogas, etc.; no sabemos si todas las neuronas de dopamina lo hacen del mismo modo.

## NUNCA ME HARTO

No paramos de leer titulares que proclaman que el azúcar, los dónuts, los *nuggets* de pollo o el *cheesecake* son «tan adictivos como la cocaína». Pero ¿qué significa eso en realidad? Como vimos en el capítulo 3, para ser definida como una adicción, una cosa debe ser perseguida en detrimento de otras en la vida de una persona[8]. Pero la tendencia a la adicción es más difícil de definir. Podría significar la probabilidad que tienes de desarrollar una adicción después de haberla probado una vez, o unas cuantas veces. Podría significar la probabilidad que tienes de desarrollar una adicción después de un uso prolongado o incluso la probabilidad que existe de que una persona, elegida al azar en la calle, sea adicta.

---

[8] Tuve un amigo en la universidad que tenía tanto afán por comerse una salchicha gigante con patatas fritas cada vez que salía de fiesta que ni siquiera acompañaba a casa a la chica con la que se había pasado la noche bailando si eso significaba renunciar a su tentempié de medianoche... ¡lo cual sin duda representaba un problema para su vida sentimental!

Como ves, esto arrojaría resultados muy distintos. Si por un momento nos ponemos de acuerdo en que el azúcar es adictiva[9], si tomamos una persona al azar, sería más probable que esa persona fuera adicta al azúcar que a la cocaína[10]. Eso es porque la mayoría de las personas tenemos mayor exposición al azúcar que a la cocaína. Pero si diéramos a 10 personas una dosis de azúcar y a otras 10 una dosis de cocaína, seguramente la cocaína resultaría ser la opción «más adictiva».

En apariencia al menos, las personas que comen más de lo necesario comparten toda una serie de comportamientos con las personas drogadictas. Ambos grupos se sienten inclinados a consumir, aun cuando hacerlo tenga evidentes consecuencias negativas, ya sean sociales o de salud. Ambos grupos sienten antojos y síntomas de abstinencia cuando tratan de no consumir. Y ambos suelen experimentar recaídas cuando pensaban que se habían «quitado de encima el hábito».

Pero sigue en tela de juicio si realmente deberíamos pensar que la comida es adictiva. En un artículo reciente que presenta ambos puntos de vista, sus autores plantean primero qué sería lo que en la comida podría considerarse adictivo. Paul Fletcher, profesor de Neurociencia de la Salud de la Universidad de Cambridge, defiende que no puede haber una adicción sin una sustancia adictiva, lo que ha llevado a Paul Kenny, profesor de Neurociencia de la Icahn School of Medicine de Mount Sinai, Nueva York, a responder que el problema no es una única sustancia, sino una combinación de azúcar y grasa que nunca se encontraría en la naturaleza y que «tiene un gran impacto suprafisiológico en los circuitos de motivación del cerebro». Sin embargo, Fletcher, y otros muchos científicos, siguen sin estar convencidos de las pruebas de la existencia de una adicción al azúcar, o al azúcar más grasa.

Sin embargo, sí que se han hallado algunas pruebas de que el cerebro responde de forma diferente a alimentos que contengan una mezcla de grasa y azúcar que a cualquiera de estos nutrientes por separado. Cuando damos a unos roedores acceso solo a la grasa, o solo al azúcar, no tienden a engordar demasiado, aun cuando se les deje comer

---

[9] Cuestión que no está en absoluto zanjada, como veremos más adelante.

[10] ¡A menos, tal vez, que hiciéramos la prueba en la fiesta de Navidad de unos banqueros de la City de Londres!

todo lo que quieran. Pero mezclando ambas sustancias, enseguida empiezan a ponerse gramos encima. Y las personas también prefieren esta mezcla de nutrientes. En un estudio realizado en el laboratorio de Dana Small, de la Yale University, Alexandra Di Feliceantonio y su equipo ofrecían a las personas participantes distintas opciones de tentempiés y les preguntaban cuánto estarían dispuestas a pagar por ellos. Aunque previamente habían calificado todos los tentempiés como igualmente apetecibles, aquellos que combinaban la grasa y el azúcar (como las galletas) valían para las personas participantes más dinero que los que contenían fundamentalmente hidratos de carbono o fundamentalmente grasas.

Escaneando su cerebro, el equipo descubrió que la actividad en el estriado y en otras partes del circuito de recompensa y motivación era mayor como respuesta a los tentempiés con grasas y azúcar. Pero ¿por qué sucedía esto? Una teoría recurre a una explicación evolutiva. En nuestra protohistoria, los alimentos ricos en grasa o en azúcar escaseaban, y los alimentos ricos en ambos compuestos casi no existían. En un mundo en el que no sabes lo que podrá ser tu siguiente comida, tiene lógica que te atiborres de estos premios cuando los encuentras. Pero ahora que existen en abundancia, el mismo mecanismo puede llevarnos a comer más de lo que necesitamos de ellos.

Sin embargo, para llegar a decir que muchas personas que comen demasiado son adictas a la comida, gran parte del personal investigador cree que deberíamos dar un paso más y demostrar que son los mismos procesos neurales los que controlan la sobrealimentación y el consumo de drogas. Muchos de los estudios a los que se alude al respecto en los medios de comunicación tratan de hacer esto, observando la actividad del cerebro cuando comemos azúcar, por ejemplo, y comparándola con el consumo de drogas de abuso. Y existen algunas semejanzas llamativas. Como hemos visto, comer alimentos dulces, sobre todo aquellos que también contienen grasas, activa las neuronas en el sistema de recompensa, causando la liberación de dopamina al igual que lo hacen las drogas. Esto es lo que genera el querer y nos incita a procurarnos más de esa sustancia.

Los alimentos ricos también provocan al parecer que nuestro cerebro libere sustancias químicas de placer natural, como los opioides y los cannabinoides. Estos actúan sobre los mismos receptores que muchas drogas de abuso. Pero aquí son importantes las cantidades: por muy rica que esté la tarta de chocolate, no va a producir la misma cantidad de opioides que experimentaría una persona usuaria de heroína. Todo esto significa que el debate sigue abierto con respecto a si deberíamos diagnosticar las adicciones alimentarias del mismo modo que las drogadicciones.

Pero podría haber otra manera de considerar la pérdida de control que algunas personas experimentan con respecto a la comida, no como una adicción a una sustancia sino como una adicción conductual. La inclusión de las adicciones conductuales en el Manual Diagnóstico y Estadístico de los Trastornos Mentales (DSM-Diagnostic and Statistical Manual of Mental Disorders, que establece la lista de todos los posibles diagnósticos actuales y que utilizan las y los profesionales clínicos y de la investigación) ha cambiado mucho a lo largo de los años, pero en su última versión, el DSM-5, solo contempla una: la ludopatía. Cabe sin embargo señalar que se ha creado una nueva categoría denominada «Trastornos no vinculados a una substancia». Esto sugiere que queda abierta la puerta a la incorporación de otros diagnósticos en esta categoría para la siguiente versión, como tal vez Internet, el *shopping* o la adicción al sexo; todas ellas se han investigado pero todavía no han recabado las pruebas necesarias para que se puedan incluir. Tal vez más que pensar en la adicción a una sustancia (un alimento), deberíamos plantear esta cuestión en términos conductuales: adicción a comer.

La comida sabrosa aporta una gran recompensa y vimos en el capítulo 3 que, con el tiempo, la liberación de dopamina se puede transferir a cualquier cosa que anuncie una recompensa. En el mundo real, esto significa el logo de tu restaurante favorito o el aroma de unas galletas recién horneadas. Experimentar estas señales podría inducirte a buscar el alimento como hábito que se impondría a cualquier concepto relativo a si «necesitas» el alimento (el hambre que tengas) o si te «gusta». El sistema de deseo toma el mando, del mismo modo que la ansiedad por consumir droga puede ser desencadenada por el lugar al que la persona usuaria suele acudir para conseguir su dosis, o el ansia de juego puede ser desencadenada al pasar delante del salón recreativo.

¿Ocurre lo mismo con la comida? Existen pruebas de que las personas con obesidad y con trastornos por atracón *son* más sensibles a la vista o al olor en el entorno vinculado con la comida. Y el grado de sensibilidad a estas señales predice que engordaremos a largo plazo.

Aunque existen propuestas de que posiblemente se produzcan cambios en el sistema de recompensa en personas con obesidad semejantes a los que se observan en personas drogadictas, esta línea de investigación está en sus albores. Al igual que el sistema de recompensa, también existen pruebas de que la corteza prefrontal se ve afectada por las drogas. Esta área actúa como un freno en el sistema de recompensa y ayuda a obviarlo en aquellos casos en los que no deberíamos ir en pos de aquello que queremos. Si este freno deja de funcionar, puede resultar más difícil resistirse a la tentación. Algunas pruebas indican que se produce un efecto parecido en personas que ingieren mucha comida altamente procesada, que contiene esa mezcla tan tóxica de grasa y azúcar que tanto nos gusta. Pero de momento no se ha llegado a una conclusión y son precisos ulteriores estudios en seres humanos para poder afirmar que los mismos mecanismos que producen las adicciones están detrás de comer en exceso. También cabe preguntarse si es una comparación útil. Mientras que abstenerse de las drogas, el juego o incluso el sexo es posible, necesitamos alimentarnos para vivir. Luego tratarlo de la misma manera tal vez no resulte útil. Pero sin duda da la sensación de que comer como hábito, y no como opción, tiene algún impacto en el hecho de engordar. Es interesante señalar que al parecer también tiene un impacto en aquellas personas que están en el otro extremo de la escala: las que tienen trastornos alimentarios.

## ¿CUÁL ES LA CAUSA DE LOS TRASTORNOS ALIMENTARIOS?

En mi instituto de secundaria, todo de chicas, los trastornos alimentarios estaban a la orden del día. Cada año, una compañera dejaba de acudir a clase. Los días se convertían en semanas y entonces empezaban a propagarse los rumores. ¿Tenía gripe o era otra alumna más que luchaba contra la anorexia? Cuando descubrí que una de mis mejores amigas llevaba meses peleando contra la enfermedad, me sentí tremendamente culpable. ¿Cómo era posible que no me hubiera dado cuenta? Pero el secretismo es uno de los sellos de la anorexia. La veía comer a mediodía, pero no me daba cuenta de que, con la vida tan activa que llevaba, eso no bastaba ni de cerca. Y, en aquella época, tampoco era consciente de que hacer muchísimo ejercicio físico formaba parte de la enfermedad. Desde luego yo no me ofrecía a acompañarla en sus carreras por el campo de deportes durante el recreo, pero es que yo no era deportista y ella sí. Y su amplia vestimenta ocultaba el peaje que la enfermedad se estaba cobrando con su cuerpo.

Si comer demasiado y su afección asociada, la obesidad, está en un extremo del espectro, la anorexia está en el otro. A pesar de estar peligrosamente delgadas, la mayoría de las personas que sufren la enfermedad no se perciben a sí mismas como tales y piensan que siguen necesitando perder peso, al tiempo que temen engordar. Si no reciben tratamiento, siguen adelgazando, a veces hasta el punto de morir. De hecho, la anorexia es la más mortífera de todas las enfermedades mentales, y también es una de las más difíciles de tratar: entre el 30 y el 50 por ciento de las y los pacientes se recuperan con un tratamiento pero, desgraciadamente, el 5 por ciento muere. El resto luchará contra la enfermedad durante toda su vida. Mi amiga al parecer ha sido una de las afortunadas; tras un periodo difícil, a día de hoy aparentemente está bien, aunque ahora tenemos poco contacto.

Nuestro conocimiento de la anorexia se ha desarrollado bastante a lo largo de los últimos 10 años aproximadamente. Se solía pensar que la enfermedad, que normalmente se manifiesta durante la adolescencia, era un intento por adquirir control personal sobre un aspecto de la vida que, de lo contrario, venía controlado por otras personas. Se solía culpar a los padres y madres (y, por más precisión, como ha sido a menudo el caso históricamente, a la madre). Y se achacaba a la personalidad y al temperamento de la persona afectada: perfeccionista, seguidora estricta de las normas, con un alto nivel de ansiedad. Coloca esta mezcla en un entorno de mucho control y ¡bum!, anorexia. Pero algunos estudios más recientes han puesto de manifiesto que esta teoría no es correcta. Sí, existen semejanzas entre las personalidades de las personas con anorexia, pero eso puede ser simplemente un *resultado* de pasar tanta hambre más que la causa de ello.

Cabe señalar que no todas las personas con anorexia restringen las calorías que ingieren en la misma medida. En un conjunto de experimentos, un equipo de investigación al que pertenecía Karin Foerde y sus colegas del New York State Psychiatric Institute dieron acceso a las personas participantes a un bufé de comida y registraron lo que comían. Mientras que las personas de control sanas comían una amplia selección de alimentos, aquellas con anorexia tendían a evitar los que tenían alto contenido en grasa. Como era de esperar, también ingerían menos calorías totales.

El equipo realizó el seguimiento del grupo de pacientes después del tratamiento, cuando su peso había vuelto a un nivel sano. Habían estado ingiriendo con éxito alimentos que la clínica les servía, que contenían más calorías y más grasa, y estaban listas para que les dieran el alta. Sin embargo, preocupantemente, el equipo de investigación halló el mismo patrón. Aunque las personas con anorexia ingerían entonces más calorías que inicialmente, seguían comiendo menos que las personas de control y evitaban los productos con mucha grasa. Su preferencia seguía siendo la misma, solo que había quedado enmascarada porque no podían elegir libremente su comida. Este puede ser el motivo por el cual tantas personas con anorexia, incluida mi amiga de la infancia, recaen y se pasan los años entrando y saliendo de hospitales y clínicas. En cuanto les dan el alta y empiezan a elegir ellas mismas sus alimentos, muchas regresan a su patrón de alimentación original. De hecho, al parecer existe una correlación entre este afán por evitar la grasa y la probabilidad de recaída. Por lo tanto, hacerle el seguimiento a esto puede resultar fundamental para ayudar a alguien a recuperarse definitivamente.

Otro factor importante es la variedad de alimentos que estas personas consumen. Algunos estudios, entre ellos el de Janet Schemendach y su equipo, en la Columbia University, han puesto de manifiesto que las y los pacientes que comen lo mismo todos los días durante el tratamiento, siguiendo de modo estricto una serie de normas, presentan mayor probabilidad de tener dificultades cuando regresan al mundo real. Esto encaja con la visión de la anorexia como un hábito, que ha propuesto Timothy Walsh, catedrático de Psicofarmacología Pediátrica de la Columbia University. Hemos visto en anteriores capítulos, cuando hablábamos de comer más de lo necesario, cómo los comportamientos pueden pasar de estar orientados al objetivo («Voy a optar por cenar una ensalada porque estoy tratando de mantener una dieta sana y he comido mucho a mediodía, o porque me apetece algo fresco») a convertirse en un hábito («Siempre ceno una ensalada»). Walsh cree que esto es lo que subyace tras la anorexia. Puede que una persona decida que quiere perder un par de kilos. Empieza una dieta y pierde peso. Se siente bien, así que decide repetir la dieta. Con el tiempo, se halla atrapada en un ciclo restrictivo. Es la propia restricción, más que su resultado, la que se convierte en una recompensa. Nuevamente, en cierto modo como comer más de lo necesario, comer menos de lo necesario se convierte en un hábito, o incluso tal vez en una adicción.

Haciendo un escáner cerebral a las y los pacientes mientras les pides que tomen decisiones sobre la comida, se observa este hecho en directo. Tanto en pacientes como en controles, las regiones de la corteza prefrontal están activas y registran nuestra valoración individual de cada alimento[11]. Pero en personas con anorexia, el estriado dorsal, responsable de los hábitos, está significativamente más activo. Por consiguiente, la clave hacia la recuperación consiste en romper ese hábito. Pero nunca es un proceso sencillo.

También están implicados otros factores, como la respuesta de la persona a la recompensa. Para la mayoría de las personas, la comida sabrosa es una gran recompensa: nos sentimos bien comiendo un helado y utilizamos esa sensación como parte de nuestra valoración de ese alimento. Pero para las personas con anorexia, no es una recompensa, pues comer les produce ansiedad en lugar de placer. No sabemos exactamente por qué ocurre esto, pero existen diversas teorías. Cierto número de estudios han hallado que las personas con anorexia son menos sensibles a las recompensas inmediatas (como un pastel) y más sensibles a las recompensas a largo plazo (como perder peso). También son excesivamente receptivas al castigo y se enfocan más en los resultados negativos (como la posibilidad de llegar a tener sobrepeso) que en los positivos.

---

[11] Véase el capítulo 7 para más información sobre cómo calculamos el valor y lo utilizamos para tomar decisiones.

Otros estudios sugieren que, una vez más, un desequilibrio de las sustancias químicas del cerebro puede ser una causa fundamental de esto. La serotonina está relacionada con el estado de ánimo y, debido a la relación existente entre unos niveles bajos de serotonina y la depresión (véase el capítulo 4), muchas personas creen que potenciar la serotonina te puede hacer más feliz. Pero el cerebro es una maquinaria delicada y, si bien un nivel demasiado bajo de serotonina puede ser algo negativo, uno demasiado alto también lo puede ser. Los niveles altos de esta sustancia se han relacionado con la ansiedad. Walter Kaye, un investigador que se centra en los trastornos alimentarios, plantea que las personas con anorexia tienen niveles elevados de serotonina, teoría que respalda el descubrimiento de que es mayor su probabilidad de tener un gen que incrementa los niveles de esta en el cerebro. La serotonina se sintetiza en el organismo a partir del triptófano, un aminoácido que obtenemos de nuestra alimentación. Según esta teoría, si te obligas a pasar mucha hambre, puedes conseguir reducir la serotonina. Las personas con anorexia notan que ponerse a dieta, ya sea voluntariamente o por otra razón, por ejemplo una enfermedad, les hace sentirse menos ansiosas, pues sus niveles de serotonina disminuyen. Se dan cuenta de que se sienten mejor cuando limitan la ingesta de calorías, por lo que lo siguen haciendo.

Pero, como hemos visto anteriormente, cuando alteras los niveles de una sustancia química en el cerebro, el cerebro se defiende. Para aprovechar al máximo la poca cantidad que queda de serotonina, el cerebro de una persona que pasa hambre crea más receptores para dicha sustancia. Pero eso significa que, cuando tratan de comer, o les obligan a hacerlo, la serotonina inunda su cerebro ahora hipersensible, lo que lo sobrecarga, causando a esta persona una ansiedad severa todavía peor que antes de que limitara la ingesta de alimento. Esto conduce a un círculo vicioso, en el que la persona se está «automedicando» pasando hambre, lo que provoca que su cerebro se vuelva más sensible a la serotonina y le resulte más difícil volver a una dieta normal. La propia situación de pasar mucha hambre ha hecho que la enfermedad avance.

Poniendo a prueba esta teoría, la investigación ha descubierto que las personas que actualmente sufren la enfermedad tienen menores niveles de serotonina en su líquido cefalorraquídeo y que estos niveles vuelven a aumentar cuando se recuperan. Cabe señalar que, incluso después de una prolongada recuperación, los niveles de serotonina siguen siendo más altos que en las personas de control que jamás han sufrido la enfermedad, lo que tal vez explique por qué, para tantas y tantos pacientes, la anorexia es una afección que deben gestionar durante toda su vida.

Es de esperar que, comprendiendo mejor la anorexia, seamos capaces de encontrar un tratamiento; pero, por desgracia, de momento no lo hemos conseguido. Tratar la anorexia como una adicción tiene un éxito limitado y los fármacos que funcionan para el TOC (otra teoría fue que se trataba básicamente de un trastorno obsesivo-compulsivo vinculado a la comida) no han tenido éxito. Sin embargo, han ayudado en otro trastorno de la alimentación: la bulimia. Las personas con bulimia pasan por fases en las que comen de manera compulsiva, consumiendo grandes cantidades de alimentos, y fases de purga, en las que se obligan a vomitar o utilizan laxantes o hacen ejercicio físico excesivo para contrarrestar las calorías ingeridas. Aunque esto presenta sus propios problemas, las personas no acaban pasando hambre severa como en el caso de las personas con anorexia, por lo que posiblemente sea este estado de hambre el que impida que los fármacos funcionen en el caso de la anorexia.

Como las personas con anorexia, las que padecen bulimia posiblemente tengan unos circuitos de serotonina alterados. Cuando no comemos, por ejemplo durante la noche, nuestros niveles de serotonina disminuyen, pero en personas con bulimia dichos niveles caen todavía más drásticamente que en las personas de control sanas. Comer compulsivamente puede ser una forma de tratar de restaurar estos niveles. Se cree que las personas con trastornos por atracón, que al igual que las personas con bulimia comen más de lo necesario aunque no se purgan, tienen niveles crónicamente bajos de serotonina y nuevamente están tratando de automedicarse a través de la comida. El vínculo se aplica también a quienes no tienen un trastorno; se ha descubierto que las diferencias en un gen importante para la regulación de los niveles de serotonina en el cerebro están relacionadas con la alimentación por atracón en la población en general.

Al igual que los niveles de serotonina, el sistema de recompensa también desempeña al parecer un papel importante en estos trastornos.

Mientras que es posible que las personas con anorexia produzcan demasiada dopamina, lo que las vuelve ansiosas y lo que significa que pueden verse privadas de experiencias normalmente placenteras como comer, la bulimia se asocia con bajos niveles de dopamina y de algunos de sus receptores. Cuando una o un paciente come por atracón, la dopamina aumenta en algunas áreas, aliviando este problema. Las personas que tienden a comer por atracón son al parecer particularmente sensibles a las recompensas y tienden a buscarlas. Pero esto no se aplica solo a la comida. Las personas que comen por atracón tienen también más probabilidad de consumir drogas y alcohol. En la bulimia, purgarse también es una recompensa y las y los pacientes más sensibles a la recompensa tienen mayor probabilidad de provocarse el purgado.

Como sabemos, el sistema de recompensa y el hipotálamo están estrechamente vinculados en lo referente a comer. Y el trabajo de Gina Leinninger sobre la neurotensina (esa sustancia química del hipotálamo que suprime la necesidad de comer) conduce a una posibilidad llamativa. Tal vez sea esta regulación la que esté alterada en el caso de la anorexia. Resulta interesante, y tal vez contrario a la intuición, que la neurotensina incremente la liberación de dopamina, algo que normalmente relacionaríamos con un mayor «anhelo», que provoca que el animal (o la persona) coman más. Le pregunté si un nivel mayor de dopamina podría limitar el deseo de comer.

> Aquí es donde las cosas se vuelven complejas [...] puede ser que existan distintos tipos de neuronas de dopamina [...]. Tenemos pruebas de que la activación de algunos circuitos de dopamina puede de hecho reducir la motivación por conseguir una recompensa. Nuestra teoría es que estas neuronas de neurotensina pueden hacer que intervenga un conjunto específico de neuronas de dopamina, y que su activación suprima la ingesta de comida. Al parecer incrementa la motivación a moverse; tal vez esté sesgando el tipo de comportamiento de recompensa que estás buscando. Quieres ir a correr en lugar de comerte la galleta.

Estas mismas neuronas son las que reducen tu deseo de comer cuando no te encuentras bien y suspenden tu sensación de hambre en caso de deshidratación, para que te puedas centrar en encontrar agua.

Si estas se alterasen de algún modo en la anorexia, podrían suprimir el deseo de alimento. Leinninger explica su teoría de la siguiente forma: «La alteración del sistema de neurotensina conduce a una señalización excesiva de dopamina a través de estos circuitos, que restringe excesivamente la ingesta. Cortocircuita el cerebro; en lugar de ser capaces de detectar que necesitamos comida, compensa por exceso la restricción de alimento». Actualmente ha solicitado una beca para poder estudiar este fenómeno, con la esperanza de que si resultara ser parte del problema, podría conducir a que unos medicamentos u otras intervenciones ayudaran a las personas con trastornos de la alimentación en los dos extremos del espectro.

Este descubrimiento, a saber, que la dopamina en una misma área del cerebro puede tener dos efectos completamente distintos, evidencia uno de los problemas de la investigación en neurociencia. El cerebro es increíblemente complejo, en particular en lo referente al equilibro de los neurotransmisores que se requieren para un estado de salud óptimo. En la actualidad, las sustancias químicas que utilizamos para incidir en la química del cerebro son instrumentos burdos, que cambian los niveles en todas las áreas del cerebro. Esto puede tener algunos beneficios, pero sobrecargar nuestros circuitos neurales de este modo también puede tener inconvenientes inesperados. Leinninger me dijo por qué creía que han fracasado tantos fármacos de los desarrollados hasta ahora:

> Es posible que no se hayan orientado adecuadamente. Muchos de ellos actúan en muchas áreas del organismo [...] en el intestino delgado y en el cerebro [...] y han provocado respuestas diferentes [...]. La falta de especificidad ha resultado ser problemática. Comprendiendo cómo funcionan los circuitos neurales específicos en este proceso, cabe la esperanza de que podamos diseñar tratamientos realmente aplicables al trastorno específico que padece un individuo [...] e incluso que lleguemos a diseñar una medicina personalizada.

La medicina personalizada y la prescripción de medicamentos hechos a medida de cada persona, a menudo basándose en su genética, están apenas empezando a utilizarse para algunas afecciones como el cáncer. Sigue siendo algo lejano, pero tal vez algún día los circuitos cerebrales de una persona serán capaces de guiar los tratamientos. Leinninger se muestra esperanzada: «Comprender la ciencia básica de estos procesos nos ayudará a desarrollar tratamientos en el futuro».

Crucemos los dedos para que tenga razón.

# 7

## ¿Lógica, emoción o química?

En el capítulo 6 descubrimos lo compleja que es la arquitectura del cerebro que controla una decisión aparentemente simple: comer o no comer. Pero a diario, cada persona debe tomar cientos de decisiones. Algunas de estas son sencillas, como qué ropa ponerse o qué ruta elegir para ir a trabajar. Pero otras son complicadas e importantes, por ejemplo si aceptar un nuevo trabajo o comprar una casa. Nos gusta pensar que tomamos estas decisiones racionalmente, sopesando los pros y los contras de cada opción y llegando a una conclusión. Pero la verdad es que no ocurre así. Podemos sufrir influencias sin siquiera saberlo y gran parte del tiempo nuestras decisiones se basan en emociones o suposiciones más que en las frías pruebas objetivas.

Hace mucho tiempo que me interesa la cuestión de cómo tomamos las decisiones. No soy la mejor del mundo a la hora de elegir cuando se trata de cosas del día a día. Hacer la compra me resulta agotador y, si el menú tiene más de una docena de opciones, me veo superada. Y no soy la única. Muchas personas experimentan esta «fatiga decisional», en particular cuando las decisiones son difíciles porque, por ejemplo, tienen el dinero contado. A menudo, para evitar que el problema me supere, suelo elegir cualquier opción que sea «suficientemente buena» o pedir a otra persona que elija por mí.

Mi marido se lo plantea de otra manera, pues trata de recoger el máximo de información posible sobre cada opción (a menudo en una hoja de cálculo para las grandes decisiones[1]) y se toma su tiempo para sopesar cada opción. Esto puede resultar realmente útil cuando se trata de una decisión fundamental como dilucidar si debemos mudarnos de casa, pero más bien frustrante para otras más intrascendentes, como qué cama comprar para amueblar nuestro piso. Y cuando va a hacer la compra a un supermercado nuevo puede tardar horas, porque se pone a darle mil vueltas a qué marca concreta de cereales comprar. Esto me llevó a preguntarme por qué las personas tienen esos enfoques distintos a la hora de tomar decisiones y cómo podemos comprender este proceso en general. Y si las redes para la toma de decisiones sencillas, binarias, son tan complicadas, ¿cómo demonios es posible que nuestras neuronas valoren múltiples opciones, cada una con sus propias ventajas e inconvenientes?

## Por lo que vale

Para tomar una decisión, consciente o inconscientemente tenemos que asignar un valor a cada una de las opciones. Si estamos eligiendo entre el helado de vainilla o el de chocolate, el producto al que asignamos un valor más alto es aquel del que disfrutamos más. Para la mayoría de las personas esto es una elección sencilla y la mía sería siempre el chocolate (cuanto más negro mejor). Por desgracia, en la vida las opciones raras veces son tan simples. Supongamos que el helado de vainilla tiene un descuento y está a la mitad de precio que el de chocolate. Ahora he de tener en cuenta el valor hedónico de cada opción (cuánto la disfrutaré) *y además* el valor monetario, por lo que la decisión se vuelve un poco más difícil. ¿Disfrutaré del chocolate el doble que de la vainilla? ¿El valor de ese disfrute adicional me importa más que el dinero que ahorraría comprando el helado en oferta? ¿Cuánto tiempo puedo estar de pie delante del cajón de los congelados mirando fijamente los productos antes de que alguien me acompañe a la salida del supermercado?

[1] Por ejemplo qué suministrador de energía elegir, una decisión que al parecer requiere horas de investigación y múltiples columnas en una hoja de cálculo.

Durante décadas, entender este tipo de decisiones ha sido el dominio de la economía, que generó algunas teorías. La economía tradicional se basó en un conjunto de suposiciones que utilizó para hacer predicciones. Supuso, por ejemplo, que todas las personas pertenecemos a la especie del *Homo economicus*, un individuo racional y egoísta con unas preferencias relativamente estables. También daba por supuesto que somos capaces de valorar los pros y los contras de cada opción, y que queremos hacerlo, para llegar a una decisión ponderada.

Tomemos un ejemplo del mundo de las apuestas. Si nos ofrecen la oportunidad de pagar 1 euro por comprar una participación en una lotería en la que las posibilidades de ganar son de 1 sobre 100 y cuyo premio es de 50 euros, deberíamos ser capaces de darnos cuenta de que no vale la pena jugar. Podemos llegar a esta conclusión utilizando el valor esperado de la apuesta, que es la media si apostáramos un número infinito de veces. Para calcularlo, hemos de multiplicar el valor por la probabilidad, dado un valor esperado de 50 × 0,01 = 50 céntimos. ¿Vale la pena pagar 1 euro en una apuesta con un resultado esperado de 50 céntimos? ¡No!

Pero si esta fuera la manera en que valoráramos cada opción en nuestra vida, nadie jugaría al Euromillón (salvo, tal vez, cuando haya un bote muy grande), pues el resultado esperado es menor que el precio de la apuesta. También puede explicar por qué aseguramos nuestras casas, cuando el riesgo de incendio es tan pequeño.

Veamos este otro ejemplo de apuesta. Tengo una moneda sin trucar y voy a lanzarla al aire. Para empezar, pongo 2 euros en el bote, pero cada vez que me sale cara, la cantidad de dinero del bote se dobla. La primera vez que sale cruz, se acaba el juego y te llevas el dinero del bote. Es decir, que si sale cruz la primera vez que lanzo la moneda, te llevas 2 euros. Si sale la segunda vez, te llevas 4 euros, y así sucesivamente. ¿Cuánto pagarías por jugar a ese juego? Esto recibe el nombre de «paradoja de San Petersburgo» y en sus orígenes fue ideada por el matemático Daniel Bernoulli en el siglo XVIII. Si calculas el valor esperado, resulta que es infinito[2]. Pero la gente no está dispuesta a pagar una cantidad infinita por jugar. De hecho, no pagará casi

---

2 $(1/2 \times 2) + (1/4 \times 4) + (1/8 \times 8) + \ldots = 1 + 1 + 1 + \ldots = \infty$

nada, y de ahí que se designara como paradoja: la teoría no se ajustaba a la vida real.

¿Por qué sucede esto? Bernoulli propuso algunas ideas. Una hipótesis era que sencillamente descartamos los acontecimientos muy improbables, por lo que ignoramos la (ínfima) posibilidad de ganar una suma muy elevada. Otra explicaba que era porque considerar exclusivamente el resultado esperado de una apuesta es demasiado simplista. Da por supuesto que todo el mundo atribuye el mismo valor al mismo resultado y eso sencillamente no es cierto. Por lo tanto planteó que, en lugar del valor esperado, debíamos considerar la *utilidad* esperada. Esta es la valoración que hace el individuo de los resultados más que el resultado en sí mismo. Pensó que esto podría explicar por qué la gente no está dispuesta a pagar demasiado por jugar a este juego. Si te mantienes en el juego, y ganas repetidas veces, enseguida te conviertes en una persona increíblemente rica. Y ahora que eres rica, las ganancias extraordinarias cada vez valen menos; luego, aunque el valor final asciende a ∞ (infinito)=, la utilidad final no lo hace. Una vez que tienes más dinero del que te puedes gastar en toda tu vida, seguir sumando es por así decirlo inútil.

Otra idea es que ignoramos el hecho de que el premio es supuestamente infinito, porque sabemos que nadie tiene una suma infinita de dinero. Si calculamos el valor esperado de jugar a este juego contra Bill Gates, donde el máximo que podríamos ganar es su riqueza (en el año 2020) de 111.800 millones de dólares, el valor esperado es de unos 37 dólares, por lo que no es de sorprender que la gente no esté dispuesta a pagar demasiado por jugar.

Por lo tanto, la teoría de la utilidad esperada es un poco mejor que la del resultado esperado. Al igual que tu riqueza inicial, también puede tener en cuenta que algunas personas tienen mayor aversión al riesgo que otras. Pero no es capaz de explicar por qué una persona con 1 millón de euros que antes hubiera tenido 2 millones estará menos contenta que otra que tenía medio millón de euros y ganó otro medio millón. Está dando por supuesto que dos personas con la misma cantidad de dinero deberían de estar igual de contentas a igualdad del resto de condiciones.

También hace otras suposiciones relativas al comportamiento. Por ejemplo, para que estos cálculos funcionen, cada persona debe tener unas preferencias definidas y decidir de manera constante; por lo tanto, si el lunes elige el helado de chocolate mejor y no el de vainilla, y el martes prefiere la vainilla a la fresa, se puede deducir que, si el miércoles la persona vuelve a tener las mismas opciones, preferirá el chocolate a la fresa. Pero como es bien sabido, nuestras preferencias pueden cambiar de un día para otro, por lo que esto puede no cumplirse. También asume que las personas siempre están en condiciones de decidir y nunca se hallan tan cegadas por las opciones que acaban no eligiendo ninguna de las posibilidades, como suele pasarme a mí cuando necesito un bote de champú. Y da por supuesto que añadir una tercera opción no influenciará tu valoración de las dos que ya te han ofrecido anteriormente cuando en realidad sí que lo hace.

Básicamente, las teorías económicas tradicionales se olvidan de que los seres humanos somos, pues eso, humanos. Somos criaturas complicadas y estamos sometidas a nuestro estado de ánimo, al tiempo atmosférico y a todo tipo de otras cosas. Más recientemente ha tomado cartas en el asunto la psicología y ha creado una especialidad que se conoce como economía del comportamiento, que estudia cómo las personas se comportan *realmente* cuando se enfrentan a elecciones, y lo compara con cómo los modelos predicen que *deberíamos* de comportarnos. Y todavía más recientemente se ha implicado también la neurociencia para explorar las redes y sustancias químicas cerebrales subyacentes que nos permiten tomar estas decisiones complejas basadas en valores.

## *Wake me up before you no-go*[3]

Como vimos en el capítulo 3, la dopamina es uno de los recursos con los que el cerebro codifica el valor de algo. Cuando haces algo bueno para la supervivencia de la especie, como comer un alimento rico, beber cuando tienes sed o tener una relación sexual, se activan las neu-

[3] La autora hace un guiño a la canción de Wham! de 1984 titulada *Wake me up before you go-go* («Despiértame antes de irte»). Emplea «no-go» (no-ir) en lugar de «go-go» (ir-ir; el «go-go» de la canción rima con el final de la frase siguiente de la letra, «yo-yo») en alusión al contenido del texto de este apartado *(N. de la T.)*.

ronas de dopamina del área tegmental ventral (ATV). Estas neuronas se extienden hasta el núcleo accumbens, incrementando los niveles de dopamina en esta área e induciéndote a que repitas este comportamiento. ¿Podría entonces ser esto lo que nos permite sopesar el valor de distintas opciones y decidir entre ellas?

Algunos estudios han puesto de manifiesto que la tasa de disparo media de las neuronas en el núcleo accumbens *sí* está en correlación con el valor subjetivo de una opción, medida en términos de lo mucho que tendrá que esforzarse un animal para conseguirla. Esto es totalmente lógico, puesto que antes hemos visto que más dopamina en esta área te induce a buscar una recompensa. Pero aquí también existe otra capa de complejidad, porque esta área puede tener asimismo en cuenta la probabilidad de conseguir la recompensa. Supongamos que estoy jugando a un juego de azar extraño basado en los helados, en el que ganar o perder depende de la tirada de un dado. Si apuesto por la vainilla, consigo el helado si obtengo cualquier resultado excepto el 6. Si apuesto por el chocolate, tengo que conseguir un resultado par para ganar. A la opción de caramelo salado solo accedo si me sale un 1. Pero mi cerebro debe tener en cuenta no solo el valor de cada posible recompensa, sino la probabilidad de recibirla. Y las neuronas de dopamina del núcleo accumbens también pueden hacer esto.

Al parecer las neuronas de esta área codifican información sobre el valor esperado (o tal vez deberíamos decir sobre la utilidad esperada). Ciertos estudios de imagen cerebral en seres humanos han respaldado este descubrimiento procedente de la investigación con animales. Cuando las personas están jugando a juegos de azar, su núcleo accumbens está más activo cuando prevén una ganancia importante. Cabe señalar que, al parecer, existen regiones ligeramente diferentes para el valor y para el valor esperado, pero estas también se solapan ampliamente y es probable que operen juntas para ayudarnos en la toma de decisiones. Así que tal vez los economistas tuvieran razón y sí que tomemos decisiones basadas en la utilidad esperada de los resultados, ¿no?

Pero, como suele ocurrir en relación con el cerebro humano, si profundizamos un poco más, enseguida vemos que las cosas no son tan sencillas como «más dopamina = elige esta opción», ni siquiera dentro del núcleo accumbens. De hecho, la ciencia considera ahora que existen dos vías en esta área, conocidas como las vías «go» y «no-go». De forma parecida a las redas que te hacen pasar de la vigilia al sueño, o te inducen a comer o a no comer, estos diferentes grupos de neuronas se inhiben mutuamente, y es el equilibrio entre ambos lo que determina si vas a por la recompensa («go») o te apartas de la misma («no-go»).

Supongamos que es temprano por la mañana y vas a llegar tarde al trabajo, por lo que sales corriendo de casa sin desayunar. En la estación compruebas que tienes cinco minutos antes de que salga el tren, pero hay una cola ante el puesto de cafés. ¿Te arriesgas a perder el tren para conseguir un café y un *muffin?* ¿O pasas del café y te subes al tren con un par de minutos de margen? Para decidirlo tienes que valorar los beneficios de conseguir el café frente a los potenciales costes de perder el tren y llegar tarde. Tu vía «go» está motivada por el pensamiento de un delicioso café con su *muffin,* el chute que te va a dar esa cafeína y la sensación de hambre en tu estómago. Tu vía «no-go» está inhibiendo esta señal, actuando como el «ángel en tu hombro» que te dice que no vale la pena que te arriesgues. Y es la dopamina la que rige el equilibrio entre ambos. Cuando es liberada, la dopamina activa las neuronas de la vía «go» e inhibe las de la vía «no-go», haciendo que se incline la balanza. Por lo tanto, una señal en el entorno, como el aroma del café, puede ser suficiente para inducirte a asumir ese riesgo.

Pero nuestro cerebro es muy listo y puede aprender. Y, como vimos en el capítulo 3, la dopamina también es importante para aprender. Cuando anticipamos lo bueno que será algo, se libera dopamina en previsión de la recompensa, conduciéndonos hacia esta. Pero si esa recompensa es peor de lo esperado (por ejemplo, si el café está frío o el *muffin* seco), esto causa un error de predicción. El cerebro utiliza entonces esta información para aprender, fortaleciendo las conexiones entre neuronas, en este caso en la vía «no-go». La próxima vez no esperarás que el café de ese puesto esté tan bueno y eso simplemente puede hacer que la balanza se incline hacia el «no-go» y te ayude a tomar ese tren.

Este sistema dual para la toma de decisiones también permite explicar por qué personas diferentes toman dediciones diferentes, incluso a partir de exactamente la misma información. Por ejemplo, hay personas que, cuando se les dice que estén en el aeropuerto dos horas antes de un vuelo, añaden tiempo de contingencia para la cola en el aparcamiento del coche, los atascos en la carretera y cualquier otro imprevisto, lo que hace que acaben llegando incluso antes de que esté abierto el *check-in* (¡he de admitir que tiendo a pertenecer a ese grupo!). Luego están las personas, como mi marido, que creen que todo irá bien y que deberíamos salir de casa media hora antes de que termine el embarque[4].

¿Podrían ser las diferencias en nuestras vías «go/no-go» las que hacen que yo sea más precavida y él esté más dispuesto a asumir riesgos? ¿Y quién está tomando la mejor decisión, él o yo? Cabe señalar que al parecer algunas personas, en su toma de decisiones, están más guiadas por su vía «go» y otras por su vía «no-go».

Para estudiar este fenómeno, Michael Frank, a la sazón en la University of Colorado Boulder, desarrolló un experimento. Las personas participantes veían pares de símbolos: tenían que elegir uno de los dos y a continuación se le informaba si habían acertado. Pero no existía una relación unívoca; el símbolo A no era siempre correcto y el símbolo B no era siempre incorrecto. Las relaciones variaban, pero en el par más fiable, A era correcto el 80 por ciento de las veces. Otros pares (por ejemplo C frente a D) eran más aleatorios. Con el tiempo, las personas participantes aprendían qué símbolos tenían mayor probabilidad de llevar a un acierto (simplemente haber acertado es suficiente para que el cerebro lo interprete como una recompensa) y cuáles tenían menor probabilidad. Pero había dos formas de hacerlo: podías aprender o bien a elegir A, puesto que llevaba más frecuentemente a una recompensa, o a evitar B, lo que conducía al castigo (equivocarse) más a menudo. Para deshacer estas correspondencias, una vez que habían aprendido estas relaciones se cambiaban los pares. Entonces, por ejemplo, en lugar de que siempre apareciera A frente a B o C frente a D, el símbolo A podía quedar emparejado con el D. ¿Las personas participantes a las que se les enseñaban estas nuevas parejas iban a preferir seleccionar la «buena» opción, eligiendo siempre A independientemente de con qué símbolo estuviera emparejado? ¿O tratarían de evitar con mayor pericia la opción «mala» B?

---

[4] ¡Bueno, puede que exagere, pero ya sabes a lo que me refiero!

Para analizar el papel de la dopamina en estas elecciones, el equipo estudió a personas aquejadas de Parkinson. El daño a las neuronas de dopamina causado por esta enfermedad provoca problemas en la toma de decisiones, así como la característica dificultad de movimiento. Pero algunos hallazgos anteriores habían generado cierta confusión. En algunos casos los fármacos potenciadores de los niveles de dopamina habían conseguido mejorar la toma de decisiones, mientras que en otros la empeoraban. El trabajo teórico de Frank le sugería que la dopamina podía estar teniendo efectos diferentes en diferentes redes de neuronas procedentes del estriado, el área del cerebro que contiene el núcleo accumbens. Tal como había predicho, su equipo halló que aquellas personas que no estaban siendo medicadas conseguían con éxito aprender a evitar B, pero les resultaba más difícil aprender a elegir A. Su sistema «no-go» funcionaba, pero el «go» estaba dañado. Tomar su medicación, que incrementaba los niveles de dopamina, revertía este efecto, inclinando la balanza hacia la vía «go».

También sometieron a prueba a personas voluntarias sanas a las que les dieron fármacos para incrementar o disminuir los niveles de dopamina. Como escribe Frank en un artículo para la Dana Foundation:

> Hallamos un efecto sorprendente de las diferentes medicaciones de dopamina sobre este sesgo de aprendizaje positivo frente al negativo [...]. Las personas participantes, mientras se les administró el placebo, alcanzaron todas buenos resultados con la opción de elegir A y evitar B. Pero cuando se aumentaron sus niveles de dopamina, tuvieron más éxito eligiendo el símbolo más positivo A y menos éxito evitando el B. Inversamente, unos niveles reducidos de dopamina se asociaron con el patrón opuesto: peores resultados en la elección de A y resultados más fiables a la hora de evitar B. Por consiguiente, los tratamientos de dopamina causaron que las personas participantes aprendieran más o menos de los resultados positivos frente a los negativos de sus decisiones.

¿Podría esto explicar la diferencia entre mi marido y yo? ¿Podría ocurrir que él fuera alguien que aprende de los resultados positivos mientras que yo aprendo más de los negativos? ¿Y podría estar esto relacionado con los niveles de dopamina en estas vías? Aunque no lo sepamos con seguridad, es posible. Algunos estudios con personas voluntarias sanas han puesto de manifiesto que existen variantes genéticas relacionadas con la dopamina en este campo, que pueden predecir algunas de estas diferencias entre individuos. En cuanto a qué vía conduce a la toma de mejores decisiones, al parecer, como ocurre con tanta frecuencia, es importante el equilibrio. Si una vía domina a la otra, la consecuencia puede ser peor aprendizaje y peores decisiones[5]. El cerebro debe mantener un delicado equilibrio de dopamina para permitir que estos sistemas antagónicos operen de la forma más eficaz y adecuada. ¡Tal vez esto sea también una metáfora para el equilibrio y el compromiso en la vida de pareja!

## SEGUIR TUS INSTINTOS

Sabemos que el estriado y sus neuronas de dopamina desempeñan un papel importante en la toma de decisiones. Pero si hemos aprendido algo a lo largo de este libro, es que, en el cerebro, las cosas raras veces son tan sencillas. Es posible que el estriado esté ahí para valorar los potenciales beneficios de dos opciones, pero sabemos perfectamente que las decisiones no se basan exclusivamente en los posibles beneficios. También hemos de tener en cuenta los potenciales costes y las desventajas de cada opción. Y a nuestras neuronas de dopamina, centradas en la recompensa, esto no se les da muy bien.

En un conjunto de experimentos, Mark Walton de la Universidad de Oxford y sus colegas de la Universidad de Washington entrenaron a unas ratas para que presionaran unas palancas si querían obtener recompensas en forma de comida. A veces había dos palancas en la misma jaula, por lo que las ratas tenían que elegir, mientras que otras veces solo había una, lo que forzaba su decisión. Esto significaba que el personal investigador podía conocer la preferencia de las ratas, pero también observar su respuesta cerebral cuando elegían la opción preferida o la no preferida.

---

[5] Aunque en la vida real es mucho más difícil que en el laboratorio definir qué es una decisión «buena» o una «mala».

Además de variar la cantidad de comida que recibían cada vez que pulsaban la palanca, podían variar el número de presiones que el animal tenía que hacer para conseguir la comida. Así, por ejemplo, podían entrenar a una rata a que la palanca izquierda daba una bolita de comida después de pulsarla cuatro veces, mientras que la derecha daba seis bolitas de pienso pulsándola veinte veces. ¿La rata averigua que la opción más difícil es la que mayor ratio coste/recompensa tiene? Y ante una combinación que arroja una clara favorita, ¿qué hace la dopamina en su cerebro?

Cabe señalar que, al parecer, las ratas tienen preferencias, que se basan en la ratio esfuerzo/recompensa. Pero no es codificada por la dopamina en su núcleo accumbens. En otra tarea los investigadores compararon una opción fácil que daba una recompensa pequeña con una opción más difícil que daba una recompensa un poco mayor. Las ratas preferían invariablemente la opción fácil, pues calculaban que su valor era mayor. Pero sus células de dopamina seguían respondiendo más a la mayor de las dos recompensas aunque tuvieran que esforzarse mucho más por conseguir una ganancia apenas un poco mayor. Esto nos revela que, aunque la dopamina codifica el valor, está asociada fundamentalmente con el valor de la recompensa y casi nunca tiene en cuenta el esfuerzo para conseguirla. Pero no es así como las personas, ni las ratas, toman decisiones. Por consiguiente, tiene que estar ocurriendo algo más que hace tener en cuenta lo negativo. Y aquí es donde entran en juego nuestras emociones.

Nuestras emociones las controla una compleja red de áreas del cerebro (o probablemente múltiples redes) que se conocen con el nombre de sistema límbico (véase el capítulo 4). Aunque todas las personas sabemos cómo se perciben las emociones, definir lo que son es mucho más difícil; pero al nivel más básico algunos investigadores y algunas investigadoras han propuesto que se trata de estados suscitados por recompensas y castigos. Y, como tales, resulta fácil comprender por qué deben intervenir en nuestra toma de decisiones. Si una decisión que has tomado generó una recompensa y te puso alegre, deberías tomarla de nuevo. Si una opción acarreó un castigo o la desaparición de esa recompensa, hecho que te puso triste o te produjo enfado, deberías evitar esa decisión en el futuro. Este tipo de aprendizaje emocional se basa en la amígdala y es enormemente importante para tomar buenas decisiones.

Cuando se nos presentan múltiples opciones, existen diferentes vías que podemos adoptar para tomar una decisión. Podríamos elegir al azar, lo cual resulta rápido y fácil pero no suele conducirnos al mejor resultado. Podríamos adoptar una decisión racional, sopesando los pros y los contras de cada opción (como hace mi marido), pero eso requiere mucho tiempo y un montón de esfuerzo. O podríamos confiar en lo que se llama la heurística: unas aproximaciones rápidas y generales que nos conducen más veces a una buena respuesta que lo contrario y resultan fáciles de utilizar. Algunas personas dicen que eso es lo que son las emociones. ¿Estás pensando en elegir un restaurante y una de las opciones te lleva a una emoción negativa porque una vez encontraste allí a un camarero maleducado? Fácil, descártalo. ¿Has ido a comprar un sofá y has tenido un flechazo con uno que has visto? Estupendo, ¡a por él!

Tal vez no parezca la mejor manera de tomar decisiones complejas, pero algunos experimentos han puesto de manifiesto que tus emociones son una valiosa guía y si por algún motivo las obvias, el resultado puede ser desastroso.

## ELIGE UNA CARTA, UNA CUALQUIERA...

Un famoso experimento utilizado para examinar la toma de decisiones emocional se conoce como el «Juego de Azar de Iowa» (IGT-Iowa Gambling Task). Un grupo de investigadores de la Universidad de Iowa, entre los cuales se contaba António Damásio, diseñaron un juego de naipes en el que a los participantes se les presentaban cuatro mazos de cartas. Tenían que elegir una carta de cualquier mazo y darle la vuelta para comprobar si habían ganado o perdido dinero. Sin que los participantes lo supieran, dos de estos mazos eran «mazos buenos». Por término medio, los jugadores que solo utilizaban uno de estos mazos acumulaban dinero a lo largo del juego. Los otros dos eran «mazos malos», que hacían que el jugador perdiera dinero. Pero los «mazos malos», aunque te hacían perder dinero a largo plazo, también incluían algunos premios gordos.

Cuando son individuos sanos los que participan en este juego, enseguida aprenden a centrarse en los mazos buenos y evitan los malos. Desde los años en los que se diseñó este experimento, se ha repetido con una inmensa gama de grupos de pacientes y voluntarios sanos, y se han medido diferentes factores. En uno de estos experimentos, Damásio y su equipo descubrieron que los jugadores que tenían dañada la amígdala al parecer no eran capaces de aprender esta regla.

Para averiguar lo que estaba sucediendo, midieron la conductancia de la piel de los jugadores, pues esto les permitía saber si las emociones estaban siendo más intensas[6]. Las personas sanas experimentan un incremento de la conductancia de la piel cuando reciben una recompensa o un castigo y con el tiempo desarrollan un incremento anticipatorio, lo que supone que la conductancia de su piel aumente antes de elegir una carta, especialmente si están planteándose elegir un mazo malo. Las personas con lesiones en la amígdala tienen un nivel de respuesta mucho más bajo a la recompensa y al castigo y no desarrollan esta respuesta anticipatoria.

Estos descubrimientos proporcionaron respaldo a la hipótesis de Damásio del marcador somático, la idea de que utilizamos las emociones para ayudarnos a tomar buenas decisiones de forma rápida. En este juego de azar, según los autores, aprendemos a asociar los mazos malos con la sensación negativa que nos produce el castigo. Las personas con la amígdala dañada no pueden hacerlo porque esta es fundamental para el aprendizaje emocional; es lo que vincula la respuesta emocional con el objeto. Estas personas sí mostraron una respuesta emocional a un fuerte ruido, luego no es simplemente que no pudieran sentir emociones, sino que no eran capaces de aprender a asociar ese sonido con algo que lo predijera, como lo hacen rápidamente las personas sanas. Este hallazgo se ve respaldado por estudios con animales que han confirmado que destruir la amígdala impide el aprendizaje de cuestiones relacionadas con el miedo. Es decir, que nuestra amígdala nos permite utilizar las emociones para tomar buenas deci-

[6] Cuando sientes intensamente una emoción, buena o mala, tus manos se ponen a sudar, aunque sea muy levemente. Es posible que no lo percibas, pero hace que la electricidad circule mejor sobre tu piel. Al colocar sensores sobre la mano, es posible medir este cambio y utilizarlo para detectar emociones que tal vez ni siquiera fueras consciente de que estuvieras sintiendo.

siones. Pero no es la única región implicada. Resulta interesante que el primer estudio que utilizó el Juego de Azar de Iowa no estaba centrado en la amígdala, sino en un área del lóbulo frontal llamada la corteza prefrontal ventromedial, que se sitúa justo por encima de las órbitas oculares.

Muchas de las áreas de la red cerebral vitales para la toma de decisiones se hallan en nuestro lóbulo frontal. Como hemos visto en capítulos anteriores, se sabe que esta área controla nuestras funciones de más «alto nivel», como el razonamiento, la planificación y el control cognitivo. Por consiguiente, no es de sorprender que sea importante para la toma de decisiones. A Damásio y a su equipo les interesaba estudiar la corteza prefrontal ventromedial debido a las dificultades que sufrían las personas que presentaban daños en esa zona, particularmente un paciente conocido por sus iniciales, EVR. Cuando contaba 35 años, EVR estaba casado y tenía dos criaturas; había progresado en su carrera hasta el punto de ser el responsable de todas las operaciones contables de una empresa dedicada a la construcción de viviendas. Era un miembro activo de la iglesia y sus cuatro hermanos más jóvenes decían que era una persona a la que siempre habían admirado. Pero luego las cosas empezaron a cambiar. Se le manifestaron problemas de visión y empezó a actuar de un modo diferente. Resultó que EVR tenía un tumor cerebral que afectaba a sus dos lóbulos frontales, por lo que se programó una operación quirúrgica. Después de esta, aparentemente se recuperó bien y al cabo de dos semanas le dieron el alta hospitalaria.

Sin embargo, en las consultas de seguimiento quedó claro que las cosas no iban bien. Tres meses después de la operación, EVR volvió al trabajo, pero no tardó en asociarse con un antiguo compañero suyo al que habían echado de la empresa. Sus amistades y su familia le advirtieron de que aquella persona no era de fiar, pero EVR ignoró sus avisos e invirtió todo su dinero en aquel proyecto, que no tardó en fracasar, por lo que EVR se arruinó. Consiguió otro trabajo pero enseguida lo despidieron porque, a pesar de tener las competencias que se requerían para el cargo, era desorganizado y llegaba tarde a menudo. Sus 17 años de matrimonio también se fueron a pique y acabaron en divorcio. EVR se vio obligado a mudarse a casa de sus padres y, al cabo de un mes, se volvió a casar, esta vez con una prostituta, a pesar de las protestas de su familia.

Las consultas médicas de seguimiento confirmaron que el tumor no se había reproducido y revelaron que su CI estaba intacto. De hecho, obtenía puntuaciones muy altas en todas las pruebas que le hacían, incluidas las de memoria y personalidad. Pero algo no iba bien. Aunque era capaz de mantener una conversación inteligente sobre los acontecimientos mundiales y los temas económicos, EVR podía verse completamente superado si tenía que tomar una decisión tan sencilla como dónde ir a cenar o qué camisa comprarse. Se metía en bucles sin fin, tratando de sopesar cada aspecto de cada cuestión racionalmente, llegando a coger el coche para ir hasta el restaurante a comprobar si estaba muy lleno antes de tomar una decisión que, con mucha frecuencia, no llegaba a adoptar. Pero las pruebas seguían arrojando resultados normales. Como explican el neurólogo Paul Eslinger y Damásio en su artículo de 1985 sobre EVR: «La conclusión es que sus "problemas de ajuste" no son fruto de problemas orgánicos ni de una disfunción neurológica [...] sino que reflejan problemas de ajuste emocional y psicológico y por lo tanto son referibles a tratamiento psicoterapéutico».

Pero la terapia tampoco ayudó, con lo que EVR acabó siendo tratado por Eslinger y Damásio. Nuevamente, le hicieron montones de pruebas, que él superó satisfactoriamente, incluso aquellas diseñadas para comprobar las funciones del lóbulo frontal. Sin embargo, los estudios de imagen de su cerebro reflejaban un daño en la corteza prefrontal ventromedial, a ambos lados del cerebro.

Uno de los resultados más llamativos era que EVR era capaz de contestar adecuadamente a preguntas sobre situaciones sociales, cuando en cambio llevarlas a la práctica en la vida real lo superaba. Como explicaron los investigadores:

> Cuando despertó, no había indicios de que un programa automático interno estuviera listo para propulsarlo a las actividades rutinarias del día a día relacionadas con el cuidado y la alimentación, y menos aún con desplazarse a un lugar de trabajo y realizar las tareas de una jornada determinada. Era como si hubiese «olvidado recordar» los objetivos a corto y medio plazo.

No se trataba de un comportamiento impulsivo ni temerario, como se observa en algunas personas que tienen dañadas otras áreas del lóbulo frontal. Tampoco le costaba ponerse en movimiento. Solo daba la sensación de tener problemas con una compleja secuencia de acciones orientadas a objetivos. Los científicos se dieron cuenta de que eran las áreas del lóbulo frontal que se conectan con el sistema límbico las que estaban afectadas, por lo que pensaron que esta podía ser la fuente de los problemas de EVR. Sus áreas emocionales y sus áreas prefrontales racionales no podían comunicarse, ni en una dirección ni en la otra. Esto significaba, según escribieron los autores, que ya no podía regular sus acciones adecuadamente. Por un lado, su lóbulo frontal no era capaz de modular sus impulsos más básicos, basados en su entorno, y en la otra dirección, estos «impulsos y tendencias» básicos no conseguían activar sus regiones frontales tan vitales para que pudiera tomar las decisiones que necesitaba para alcanzar sus objetivos.

Fue el afán por entender los problemas que sufrían EVR y otras personas como él el que indujo a Damásio y sus colegas a diseñar el Juego de Azar de Iowa. Y, como habían previsto, EVR mostró tener un impedimento específico para la tarea. Al igual que los pacientes con la amígdala dañada, las personas que tienen lesiones en la corteza prefrontal ventromedial, como EVR, toman decisiones arriesgadas y siguen eligiendo cartas de los mazos malos. Pero se observaron algunas diferencias interesantes entre los dos grupos en lo referente a sus respuestas dérmicas galvánicas. A diferencia de las personas con la amígdala dañada, aquellas con la corteza prefrontal ventromedial dañada sí respondían emocionalmente cuando ganaban o perdían dinero. Pero no desarrollaban respuestas *anticipatorias*, como lo hacían las personas participantes sanas. Resulta fascinante que un número elevado de pacientes de este grupo eran capaces de decir a los investigadores qué mazos eran «buenos» y cuáles no, pero esto no les impedía elegir los malos una y otra vez. En las personas participantes sanas, el aumento de conductancia de la piel antes de elegir el mazo «malo» empezaba a aparecer antes de que pudieran afirmar conscientemente qué mazo era bueno y cuál era malo, pero esta fase de «corazonada» al parecer no se daba en personas con la corteza prefrontal ventromedial dañada.

¿A qué se deben entonces las semejanzas y las diferencias entre las personas con la amígdala dañada y aquellas con daños en los lóbulos frontales? Estos hallazgos sugieren que ambas regiones forman parte de una red de toma de decisiones, pero que desempeñan papeles diferentes. Las personas que tienen dañada la corteza prefrontal ventromedial experimentan emociones cuando ganan o pierden y, a diferencia de las personas con daños en la amígdala, son capaces de aprender para asociar una señal con un evento emocional, como un ruido fuerte. Pero no son capaces de *utilizar* estas experiencias emocionales para guiar su toma de decisiones. Durante la tarea, cada mazo se asocia tanto con las ganancias como con las pérdidas, es decir, con emociones tanto positivas como negativas. Las personas que presentan daños en su corteza prefrontal ventromedial no son capaces de integrar toda esta información y de utilizarla para tomar una decisión. No recrean los estados emocionales asociados a un mazo antes de elegir una carta, como lo hacen los jugadores sanos, luego no pueden utilizar estos «marcadores somáticos» para guiarse. Y, por consiguiente, toman malas decisiones.

En contextos de la vida real, mientras que las personas con la amígdala dañada no tienen sentido del peligro y harán elecciones que les causarán perjuicio directamente a ellas o a otras personas, los individuos con daños en la corteza prefrontal ventromedial, como EVR, no toman este tipo de malas decisiones. En cambio, sus decisiones tienden a causar problemas en el futuro. Damásio y su equipo interpretan esto como un respaldo a su hipótesis: las personas con daños en la corteza prefrontal ventromedial tomaban peores decisiones porque no podían utilizar los marcadores somáticos como guía. Al parecer, no volver a experimentar las emociones asociadas con errores pasados supone una incapacidad para aprender de ellos.

## ¿SUSTANCIAS QUÍMICAS AL MANDO?

Esta investigación resulta fascinante y nos revela muchas cosas sobre las redes cerebrales implicadas en la toma de decisiones. Pero este es un libro sobre las sustancias químicas del cerebro, luego por supuesto nuestra siguiente tarea consiste en averiguar si algunos neurotransmisores están vinculados a este proceso de toma de decisiones emocional. Y resulta que Damásio propuso algunas ideas, aunque a nivel de hipótesis. Como vimos en el capítulo 4, las emociones son cambios en el cuerpo y en el cerebro, y muchos de estos cambios son químicos. Por ejemplo, el estado corporal que se experimenta al perder mucho dinero probablemente involucre a hormonas del estrés como la adrenalina y el cortisol. Damásio pensó que aunque el hecho de recrear estos estados antes de las decisiones tal vez no produzca los mismos cambios en el cuerpo, podría desencadenar cambios químicos en el cerebro, y puso de relieve la dopamina y la serotonina como mediadores de esta señal. En el nivel más simple, los cambios en la liberación de estas sustancias químicas en un área del cerebro podrían alterar lo fácil que resulta que se active otra área.

Sabemos que la dopamina ayuda al cerebro a sopesar la importancia de cada opción, por lo que esto tiene sentido. Los cambios en los niveles de esta sustancia química desencadenados emocionalmente podrían reforzar la atención que prestamos y la importancia que le damos a una respuesta con respecto a otra, lo que nos ayudaría a tomar la decisión.

También se ha estudiado el papel de la serotonina, aunque los resultados no son nada concluyentes. Una forma de explorar cómo la serotonina afecta a la toma de decisiones es dar a las personas participantes sustancias ISRS, que potencian los niveles de serotonina en el cerebro. Algunos estudios han puesto de manifiesto que esto resulta beneficioso, pues incrementa el número de «buenas» opciones en el Juego de Azar de Iowa, especialmente en la segunda parte del experimento, cuando los participantes por fin intuyen lo que está pasando. Pero no hay consenso pleno sobre esta cuestión, pues otros estudios no han arrojado el mismo resultado.

Otra forma de modificar los niveles de serotonina en el cerebro consiste en incrementar o reducir la cantidad de la molécula que la compone, el triptófano. Administrar a seres humanos una dosis extra de triptófano, por ejemplo, puede reducir el sesgo en la toma de decisiones. Y privarlos de ella, reduciendo así los niveles de serotonina, al parecer dificulta la toma de decisiones en ratas, lo cual refuerza la idea de que la serotonina está implicada en el proceso.

También podemos detenernos en las variaciones naturales de los niveles que se deben a diferencias genéticas. Existe un gen, por ejemplo, denominado 5-HTT, que controla los transportadores de recaptación de serotonina. Estos limpian el exceso de serotonina en la sinapsis, impidiendo que siga activando la neurona postsináptica. Como vimos en el capítulo 4, es una proteína a la que se dirigen los ISRS. Bloquearla significa que la serotonina permanece alrededor de la sinapsis más tiempo, por lo que tiene más de un efecto. Eliminar por completo este gen en ratas incrementa la serotonina disponible en la sinapsis y mejora el efecto en una versión para ratas del Juego de Azar de Iowa. Pero en seres humanos, como siempre, la historia es más complicada. Con la población humana, no podemos realizar este experimento en concreto, pero podemos comparar a personas con diferentes variantes de este gen, que afectan a la velocidad a la que se absorbe la serotonina.

Si tienes la versión corta del gen, tus transportadores son un poco más laxos con su proceso de limpieza y permiten que la serotonina se acumule en la sinapsis, como un estudiante que permitiera que los platos sucios se acumularan en el fregadero. Y, según la teoría, esto debería ser beneficioso para la toma de decisiones. Algunos estudios lo han confirmado, alcanzando los sujetos que tienen la versión corta del gen mejores resultados en el IGT, pero otros han concluido que no hay diferencia, o incluso que estas personas alcanzan peores resultados. Los estudios con grupos de pacientes no han aclarado más las cosas. Esto podría deberse a diferencias en los métodos utilizados, por ejemplo si los estudios consideran el IGT en su conjunto o segmentado en secciones. Tampoco han estudiado *cómo* la serotonina ejerce su efecto y si esto está relacionado con la hipótesis de los marcadores somáticos.

Un grupo de investigación de Rumanía, en el que participa la genetista médica Romana Vulturar, informa de un estudio que trató de desentrañar estos efectos, analizando si existían diferencias entre las respuestas emocionales de personas con las proteínas de transporte perezosas (los genes cortos) frente a las hipereficientes (el equivalente de esas personas que se llevan tu taza de café al fregadero antes de que te lo hayas bebido[7]). Y hallaron una diferencia. El grupo de personas de

[7] ¡Sí, mamá, me refiero a personas como tú!

funcionamiento limitado tenían unas respuestas emocionales más intensas y sus elecciones eran mejores que las de aquellas del grupo con proteínas hipereficientes. Y, de acuerdo con sus conclusiones, esto se debía a la existencia de una relación causal con un mayor nivel de serotonina disponible que, a las personas del grupo de funcionamiento limitado, les proporcionaba unas respuestas emocionales más intensas y les conducía a tomar mejores decisiones. De hecho, hallaron que esa relación podía explicar prácticamente la mitad de la diferencia que los genes producían en los resultados en este experimento. Pero nuevamente parece probable que la relación no sea tan sencilla como afirmar que más serotonina conduce a una mejor toma de decisiones general. En el Juego de Azar de Iowa, utilizar tus emociones para tomar la decisión ayuda, pero hay momentos en nuestra vida en los que las emociones pueden ser un obstáculo a la hora de tomar la mejor decisión, como por ejemplo al descartar un restaurante aunque te encanta porque has tenido una mala experiencia en una ocasión anterior. Y otros estudios han puesto de manifiesto que las personas con la versión corta del gen tienen mayor aversión al riesgo y mayor tendencia a los sesgos. También presentan mayor ansiedad. Por lo tanto, podría darse el caso de que sus respuestas emocionales más intensas, aunque útiles en algunas decisiones, les perjudiquen en otras.

## NO VER EL BOSQUE POR CULPA DE LOS ÁRBOLES

Al parecer nuestra composición genética incide en cómo tomamos las decisiones, pero incluso a nivel individual, como seres humanos no se puede esperar que siempre tomemos las mejores decisiones, ni siquiera que tomemos la misma decisión dos veces. Una forma de pensar en nuestros yoes tomadores de decisiones es como si fuéramos dos personas que se enfrentaran por imponerse la una a la otra. Por un lado está nuestro sistema emocional, dirigido principalmente por la dopamina en el núcleo accumbens, que reclama una recompensa. Es un poco como una criatura: una vez que ha avistado la galleta, va a montar una pataleta hasta que la consiga. Luego está nuestro sistema racional, basado en la corteza prefrontal: el progenitor preocupado que hace todo lo que puede para controlar a la criatura emocional. Pero, al igual que ocurre con muchos padres y madres, cuando nuestro cerebro está ocupado o estresado o cansado, no siempre es capaz de decir que no ante los gritos de la criatura. A veces le resulta más fácil ceder y darle lo que pide.

El estrés puede afectar al cerebro de muchas maneras y es importante distinguir el estrés crónico del agudo. Una persona que experimenta altos niveles de estrés durante mucho tiempo, particularmente desde la infancia, tiene el cerebro adaptado a esta circunstancia (véase el capítulo 2). El estrés a largo plazo puede limitar el funcionamiento de la corteza prefrontal y también puede modificar la respuesta de una persona a la recompensa.

Pero incluso el estrés a corto plazo, del tipo que todas las personas experimentamos regularmente, puede alterar la manera en que tomamos decisiones. Para comprobar el funcionamiento de esto, la investigación necesita una manera de generar estrés en el laboratorio que sea constante y fiable. En lugar de hacer que las personas participantes lean las noticias (hecho que en la actualidad es susceptible de generar cualquier reacción, desde la rabia hasta la desesperanza), se pide a las personas que metan la mano en un cubo de agua helada y la mantengan ahí durante toda la prueba. Esto tal vez no parezca demasiado terrible, pero es tremendamente desagradable y lo es de manera creciente cuanto más dura la prueba. Sabemos que causa un montón de los mismos cambios fisiológicos que vemos cuando una persona está estresada, en la acepción más común de la palabra, por exceso de trabajo o problemas económicos.

En un ensayo, Jennifer Lenow, a la sazón en la Universidad de Nueva York, y su equipo, propusieron a las personas participantes un juego mientras tenían la mano metida en el cubo de agua helada. Les enseñaban un pomar en una pantalla de ordenador y les pedían que recogieran el mayor número posible de manzanas. En cada prueba podían seguir cogiendo manzanas del mismo árbol, en el que iban quedando cada vez menos manzanas a medida que avanzaba el tiempo, o desplazarse al siguiente árbol. Los pomares eran de dos tipos: unos más densos en los que los árboles estaban más juntos, y otros menos, por lo que el tiempo necesario para ir de un árbol a otro era mayor.

La investigación puso de manifiesto que las personas participantes optaban por desplazarse al siguiente árbol antes en los huertos más densos, tal como era de esperar. Pero cuando compararon el grupo estresado con el grupo de control, que tenía la mano metida en un cubo de agua tibia, hallaron una diferencia. Cuanto más estresada estaba una persona participante (medido por el testimonio de esta así como por las respuestas del cortisol), más tiempo se quedaban en el mismo árbol antes de moverse hasta el siguiente. Y esto ocurría tanto en las plantaciones más densas como en las menos densas. Comparándolo con el momento óptimo para desplazarse (según lo habían calculado las investigadoras), el estrés se asociaba con una sobreexplotación del árbol actual.

La explicación del equipo de investigación fue que la percepción del entorno en las personas participantes sesgadas por su situación de estrés les hacía percibir que este presentaba más dificultades de las que realmente tenía, lo que les inducía a no moverse. Pero también existen otras teorías. Algunos estudios han hallado que el estrés puede hacer que las personas tengan mayor probabilidad de enfocarse en la información positiva que en la negativa. Por lo tanto, en este caso estarían enfocadas en el hecho de que estaban recogiendo manzanas (¡bien!) más que en el hecho de que el número de las disponibles iba disminuyendo (¡mal!). El estrés al parecer también induce a las personas a la inacción. Es decir, que cuanto más estrés sentimos, más probable es que nos quedemos como estamos (el árbol actual) en lugar de actuar (desplazarnos hasta otro árbol). De hecho, el estrés obstaculiza el aprendizaje específico cuando se requiere una acción, tanto si esta conduce a una recompensa como si aleja de un castigo. Otro hallazgo es que las personas estresadas piensan más en el presente que en el futuro, lo que potencialmente hace que les resulte más difícil percibir los posibles beneficios de desplazarse hasta un nuevo árbol.

Una de las maneras en que el estrés podría afectar a la toma de decisiones es a través del sistema de dopamina; y, como vimos en el capítulo 4, hay estudios que han puesto de manifiesto cambios en este sistema a consecuencia tanto del estrés agudo como del crónico. Pero el tipo de cambios que se observan depende del tipo de estrés. Así, por ejemplo, en un estudio con ratones se vio que el estrés crónico leve reducía la actividad de las neuronas de dopamina en el área tegmental ventral y que estimularlas hacía que los ratones se comportaran como si el estrés se hubiera reducido. Sin embargo, cuando el estrés era producido por una tarea social, las neuronas de dopamina disparaban más; otras investigaciones han puesto de manifiesto que un estrés agudo, como el causado por una descarga eléctrica, también puede aumentar la actividad de las neuronas de dopamina en esta área.

¿Cómo es esto posible? ¿Cómo puede ser que el estrés intensifique y al mismo tiempo limite la actividad de estas neuronas? Una respuesta puede ser que la resolución de dichos estudios no fue suficiente. Como hemos visto, pueden existir diferentes poblaciones de neuronas, incluso dentro de la misma área, capaces de hacer cosas muy distintas: por ejemplo las vías «go» y «no-go». Tal vez diferentes tipos de estrés afecten a diferentes redes de neuronas dentro de la misma área cerebral. O tal vez se dé el caso de que el cerebro se defienda, cambiando su respuesta cuando el estrés es reiterado o continuo. Se requieren más experimentos para determinar con seguridad cómo afecta el estrés a la dopamina y cómo esto incide en nuestra toma de decisiones.

Aunque de momento todavía no sepamos cómo, el estrés induce a los animales a elegir la opción fácil antes que aquella que implica esforzarse para obtener una mayor recompensa. En los seres humanos también, el estrés al parecer suele orientar nuestra toma de decisiones hacia las respuestas más instintivas y no hacia las racionales. Esto tiene su lógica, puesto que esta heurística y estos sesgos han evolucionado para guiarnos y ayudarnos a tomar de manera rápida y fácil aquellas decisiones que nos ayudarán a sobrevivir. El hecho de que el estrés tenga un efecto positivo o negativo sobre nuestra toma de decisiones varía dependiendo del tipo de decisión y de una persona a otra.

Ello se debe, al menos en parte, a que cada persona respondemos de modo diferente al estrés. Algunas personas son tranquilas y despreocupadas en situación normal, pero si les pides que hablen frente a un público numeroso se convierten en un manojo de nervios. A otras, como es mi caso, les encantan los focos, pero pensar en un plazo corto para cualquier cosa les hace entrar en pánico, hecho que a otras les estimula. Para medir el nivel de estrés de una persona, se suele recurrir a la concentración de cortisol en sangre o en la saliva. Aunque el cortisol no es la única sustancia química implicada en el estrés (véase el capítulo 4), es un buen indicador para medir cómo una persona está respondiendo a cualquier tipo de estrés, aunque hay que tener en cuenta que los niveles de cortisol varían a lo largo del día.

Cuando dichos niveles de cortisol son elevados, este se une a los receptores del sistema límbico, mecanismo que podría alterar las decisiones al modificar las conexiones entre las regiones prefrontal y límbica. En los animales, al parecer también potencia la señalación de dopamina, haciendo que estos se orienten más a las recompensas y que sea más probable que asuman riesgos para conseguirlas. Un estudio en el que a un grupo de personas se les daba una pastilla que contenía cortisol corrobora este hallazgo, pues después de haberla tomado era más probable que eligieran una apuesta más arriesgada que el grupo de control. Sin embargo, hay que señalar que este estudio se realizó con varones jóvenes, un grupo con mayor tendencia que cualquier otro a asumir riesgos. Como sucede con muchos estudios en psicología, esto significa que no podamos saber con certeza si el mismo resultado se daría también en personas de más edad o en mujeres, y otros estudios han sugerido que el estrés podría afectar a estos otros grupos de modos diferentes.

Un problema grave que surge a consecuencia de nuestras vidas cada vez más estresadas es que el estrés nos puede hacer más susceptibles a los sesgos. Estos pueden ir desde el «sesgo de autoservicio», que significa que el 90 por ciento de las personas nos valoraríamos «por encima de la media» en cualquier aptitud, desde la amistad hasta conducir un vehículo, hasta los sesgos raciales o de género implícitos en todas las personas, ya optemos o no por trabajárnoslos. Pero ser conscientes de ellos es haber ganado la mitad de la batalla. Una vez que tomamos consciencia de nuestros sesgos inconscientes y de los estados en los que tenemos mayor tendencia a caer en sus redes, podemos empezar a hacerles frente. Aunque no podemos abordar en este capítulo todos los sesgos que las personas somos susceptibles de tener[8], he seleccionado uno para analizarlo más detenidamente.

[8] Wikipedia incluye una lista de al menos 120 sesgos relacionados ya solo con la toma de decisiones.

## ¡ENSÉÑAME LA PASTA!

A veces, cuando tomamos una decisión tal como por ejemplo qué cereal comprar para el desayuno o qué película ver, comparamos una serie de opciones que tenemos delante. Pero muchas veces las opciones no son algo concreto e inmediato y el beneficio que nos puedan reportar tal vez se sitúe en el futuro lejano. Por ejemplo, ¿deberías comerte otra ración de *pizza*? Los beneficios a corto plazo de su exquisitez son obvios, pero las consecuencias a largo plazo de la ración adicional de sal y su impacto en tu tensión arterial podrían ser nefastos. ¿Deberías continuar en tu puesto de trabajo actual, aburrido pero estable, o marcharte y montar tu propio negocio? ¿Comprarte un top nuevo o ahorrar ese dinero para irte de vacaciones más adelante este año? ¿Casarte con la persona con la que ya estás o esperar por si aparece alguien mejor?

En la vida real, se trata del tipo de decisiones que constantemente hemos de tomar; y, para ello, debemos ponernos en los zapatos de nuestro yo futuro e imaginar cómo le impactarán estas decisiones. Por desgracia, esto no se nos da muy bien. En cierto modo tenemos una opinión muy buena de ese «yo futuro». Si por ejemplo tenemos que elegir qué tentempiés comprar para la semana que viene, solemos optar por los más sanos, porque a nuestro yo futuro le gusta cuidarse. Pero cuando se acerca el momento, la barrita de chocolate resulta cada vez más tentadora. También tenemos más predisposición a hacer más horas de voluntariado por una buena causa cuando ese tiempo se sitúa en el futuro; y bien puede que nos apuntemos a ir a ver una película extranjera de culto el mes que viene, pero para esta noche optamos más bien por una comedia romántica facilona. Nuestro yo futuro es la persona que nos gustaría llegar a ser, generosa, culta y sana. Pero también nos resulta difícil relacionarnos con ella e imaginar cómo sería ser esa persona, olvidándonos que a ella también es probable que le gusten el chocolate y las comedias románticas.

Esto se debe en parte a algo llamado descuento temporal y puede conducir a algunos problemas serios, tales como el hecho de que un tercio de las personas adultas del Reino Unido no tienen derecho a una pensión. Incluso las que lo tienen no están ahorrando lo suficiente.

Solo el 28 por ciento de las personas encuestadas por la plataforma de internet de comparativas *Finder* creen que van por el buen camino en relación con sus ahorros con vistas a una jubilación cómoda.

El descuento temporal es la expresión que describe el hecho de que las personas valoramos más las recompensas pequeñas e inmediatas que las futuras aunque sean mayores. Hagamos un experimento sencillo para comprobar cómo opera. Supón que te ofrezco 10 euros ahora o 15 euros mañana: probablemente esperarías para recibir el importe mayor. Pero ¿y si te ofrezco 10 euros ahora o 15 euros el año que viene? La opción inmediata empieza a parecer más atractiva. Experimentos de este tipo realizados tanto en seres humanos como en animales permiten trazar las curvas de descuento, que muestran cómo el valor de una recompensa desciende a medida que se aplaza en el futuro.

Es posible que el descuento temporal haya evolucionado como estrategia beneficiosa. Al fin y al cabo, ¡quién sabe si seguiremos con vida dentro de un año para recibir un beneficio mayor, o si estará viva la persona que te lo ofrece! Pero en el mundo moderno, donde la mayoría de las personas *sí* que llegamos a una edad avanzada, esto nos lleva a algunos de los temas a los que se enfrenta la sociedad actual, en la que la mayoría de las personas no consiguen ahorrar lo suficiente para hacer frente a sus necesidades a medida que envejecen, al menos en parte porque el placer de gastar el dinero ahora mismo lo hace demasiado tentador[9].

Además de las medidas conductuales, si observamos el cerebro de un animal podremos comprobar la base neuronal de este descuento. Una vez que un animal ha aprendido que una señal predice una recompensa, puedes cambiar el plazo en el que recibirá dicha recompensa y ver lo que sucede. Y resulta que cuanto más se aplaza la recompensa, menos activas están las neuronas de dopamina en el núcleo accumbens. Esta área tiene en cuenta no solo el tamaño de una recompensa y su probabilidad sino también su momento, y combina estos elementos en esa señal de valor subjetivo.

---

[9] Por supuesto, esta no es la única razón por la que la gente no ahorra: unos alquileres altos y unos sueldos bajos significan sencillamente que no te queda nada para ahorrar una vez que has pagado lo básico para vivir.

Aun así, resulta sorprendente constatar que algunas áreas de la corteza prefrontal no diferencian los momentos de una recompensa, mientras que otras están más activas cuando alguien elige una opción aplazada. Esto nos vuelve a llevar a la idea de dos sistemas en el cerebro: el «dámelo que lo quiero ya» basado en la dopamina, y el sistema prefrontal, más razonable, que considera que en ocasiones es mejor esperar. En algunas investigaciones se ha llegado a llamar a estos sistemas «ahora» y «luego». Pero como te habrás figurado, cuando analizamos más detenidamente uno de ellos, resulta que las cosas no son tan sencillas. De hecho, al parecer diferentes áreas del estriado responden de forma distinta a la recompensa aplazada. Una parte del estriado está implicada en las acciones inhibidoras, otra es más importante para las opciones impulsivas y basadas en la recompensa y una tercera desempeña un papel en los hábitos. Del mismo modo, la corteza prefrontal tampoco es un área con una única función. Algunas partes de la misma ayudan a sostener el esfuerzo, mientras que otras se muestran más activas cuando alguien elige de modo impulsivo. Cada parte se conecta a la sección correspondiente del estriado.

En este punto, este nivel de complejidad debería resultarte ya familiar, pues lo hemos visto una y otra vez. Pero resulta que existe otra capa de complejidad que todavía no hemos abordado[10]. Incluso dentro de las mismas poblaciones de neuronas, la *manera* en que disparan es importante y puede señalar cosas diferentes. De hecho, es mejor considerar «ahora» y «luego» como procesos y no como sistemas. Para que se imponga «luego», debe existir un nivel constante de dopamina en el estriado y en las regiones prefrontales del cerebro. Esto mantiene al animal motivado a seguir persiguiendo el objetivo de la recompensa aplazada. Este tipo de disparo se conoce como tónico. Podemos imaginarlo como un nivel de actividad de fondo, como la música clásica suave que oímos en un bar elegante. En cambio, los procesos «ahora» son guiados por subidas marcadas y repentinas de dopamina, como un súbito choque de címbalos o un clip de *death metal* que sonara por encima de la música de fondo. Esto, por supuesto, te llamaría la atención; y hace lo mismo en el cerebro, induciéndonos a querer lo que sea que

[10] ¡Me llegan vuestros gritos de júbilo!

haya causado ¡AHORA, por favor! Esta es la señal de «recompensa» o «querer» que comentamos en el capítulo 3.

## ¡LO QUIERO AHORA!

O sea, que es la competencia entre estos dos sistemas la que nos permite sopesar nuestras opciones y decidir si preferir la recompensa menor ahora o la mayor luego. Los cambios de dopamina en la corteza prefrontal señalan lo disponibles que están las recompensas. Menos dopamina significa que descontamos las recompensas futuras de una forma más acentuada. Al mismo tiempo, el núcleo accumbens nos informa del valor de la recompensa que se nos está ofreciendo, y una mayor activación en esta zona nos induce a optar por la gratificación inmediata. La corteza prefrontal ventromedial también desempeña un papel a la hora de asignar el valor a una recompensa en función de cuánto la necesita el animal. Como vimos en el capítulo 6, la comida sabe mejor cuando tenemos hambre, y eso es, en parte, gracias a los vínculos entre esta área de la corteza prefrontal y el núcleo accumbens. Y un daño en la corteza prefrontal ventromedial (como el que sufrió EVR y que hemos descrito anteriormente) causa un incremento en el descuento temporal.

También existen otras regiones implicadas en las decisiones «ahora» o «luego». El hipocampo, por ejemplo, nos permite utilizar nuestros recuerdos para imaginar cada resultado en función de la experiencia pasada, que afecta al valor que asignamos a las opciones. La amígdala también participa, aportando las emociones al conjunto. Al igual que en el Juego de Azar de Iowa, los daños en esta pueden incrementar las opciones más arriesgadas, con lo que las personas aceptan recompensas grandes ahora, aunque conduzcan posteriormente a grandes pérdidas. Al parecer la corteza prefrontal desempeña un papel a la hora de comparar la información de todas estas diferentes áreas y de sopesarla para ayudarnos (¡ojalá!) a tomar la mejor decisión posible.

La interconectividad de estos dos sistemas significa que, si nos distraemos, lo que provoca que nuestras áreas de control prefrontal se impliquen menos, el núcleo accumbens se vuelve más activo, con el resultado de que la decisión estará basada en mayor medida en el valor de la recompensa. Del mismo modo, si tratamos de superar nuestros antojos, como esa barrita de chocolate que nos apetece pero que no necesitamos antes de cenar, utilizamos nuestras regiones prefrontales para reducir la actividad en el núcleo accumbens y controlar el impulso.

Luego están los receptores. Como hemos visto anteriormente, el mismo neurotransmisor puede tener diferentes efectos dependiendo de los receptores que estén utilizando las neuronas en un área determinada. En la corteza prefrontal existen dos tipos de receptores de dopamina: uno que inclina la balanza hacia las opciones más arriesgadas y otro que lo hace hacia las más seguras. Unas diferencias similares pueden hallarse en el núcleo accumbens. Esto podría explicar algunas de las diferencias entre personas en cuanto a la asunción de riesgos, pues alguien con más cantidad del primer receptor puede tener mayor tendencia a asumir riesgos. También puede explicar cómo estas tendencias pueden variar a lo largo de nuestra vida[11], pues el número de cada receptor puede cambiar.

Estos circuitos son vitales para que tomemos buenas decisiones sobre el futuro. Tal vez sean cuestiones relacionadas con su equilibrio las que conduzcan al consumo de estupefacientes, a las ludopatías y a comer demasiado, temas que hemos abordado en capítulos anteriores. Lamentablemente, los comportamientos de este tipo, que conducen a recompensas rápidas y extraordinarias, pueden desequilibrar todavía más el sistema. Si los comportamientos se repiten, esto puede reducir la actividad de las regiones frontales, provocar que la amígdala y el hipocampo se vuelvan más reactivos ante las señales de estrés y de recompensa y hacer que las personas sean más conscientes de sus estados de deseo. Todo ello provoca que resulte más difícil resistir a la recompensa inmediata la próxima vez, lo que conduce a un círculo vicioso.

Entonces ¿qué podemos hacer para darnos la mejor oportunidad de tomar las decisiones adecuadas cara al futuro? Te puede ayudar ponerte en los zapatos de tu «yo futuro». Utilizar por ejemplo un software para

[11] Por lo general, alcanzamos nuestro pico de afición al riesgo en nuestra adolescencia y adoptamos una posición más cauta en la edad adulta, aunque esto varía dependiendo del tipo de riesgo que analicemos.

representar tu cara y observarla mientras tomas decisiones sobre tu futuro te puede servir para mostrar mayor generosidad con tu yo futuro.

Existen otras formas en las que podemos soslayar este sesgo. Si alguna vez te has negado a comprar comida basura mientras estabas haciendo una dieta, a pesar de que tu familia se la comería, has utilizado un recurso de compromiso. Otros incluyen bloquear la tarjeta de crédito (¡o incluso congelarla en un bloque de hielo!), prometiéndote que solo escucharás ese estupendo pódcast después de que hayas salido a correr, o apuntarte a una carrera solidaria. Tu «yo actual» se ha comprometido y ese «yo futuro» no puede romper el compromiso; eso puede ayudarte a perseverar en pro de tus objetivos.

Estos trucos arrojan luz sobre un aspecto importante. Aunque la investigación en neurociencia es fascinante y estamos empezando a conocer las redes y las sustancias químicas que subyacen tras diversos aspectos de nuestra vida, todavía está muy en sus albores. A medida que desarrollamos mejores técnicas que nos permiten estudiar el cerebro con mayor detalle, nuestro conocimiento va cambiando. Las cosas que creíamos que sabíamos hace un año se actualizan día a día y es casi seguro que varios de los «hechos» que he comentado en este libro ya no estén vigentes cuando lo leas.

Esto no significa que debamos renunciar a la neurociencia, pero sí que cuando planteemos acciones prácticas que podamos realizar para comprendernos mejor y mejorar nuestra vida, es preferible recurrir a un corpus de investigación que está más asentado: el de la psicología. La neurociencia podrá tratar de decirnos por qué, pero es la investigación en psicología la que pone de manifiesto que el estrés nos hace tomar peores decisiones y nos sugiere cómo podemos reducir nuestros niveles de estrés (véase el capítulo 4). Y es la psicología la que nos permite tomar consciencia de los sesgos que puedan afectarnos a la hora de tomar decisiones y contrarrestarlos. Es posible que todavía no sepamos cómo ocurre, pero los cambios conductuales *pueden* afectar a nuestros circuitos de toma de decisiones y las sustancias químicas que la controlan, así como alterar nuestra capacidad de toma de decisiones. Y darse cuenta de ello no podría haberse producido en un momento mejor, pues estamos a punto de sumergirnos en un tema que implica lo que, para la mayoría de las personas, es la mayor decisión que jamás habrán de tomar.

# 8

## Tienes el amor

El amor y la atracción son una parte enorme de la vida para la mayoría de las personas. Aunque para algunas puede ser «todo lo que necesitas» y para otras no es más que «una palabra con cuatro letras», viene fascinando desde hace miles de años a quienes se consagran a la música, la poesía, la literatura y la filosofía. En cambio, la ciencia solo se ha implicado recientemente. Con su habitual afición a la categorización, ha descompuesto las maravillas del amor sentimental en tres elementos: el deseo, la atracción y el apego. Cada uno de ellos implica un patrón específico de actividad y de química cerebrales, aunque también se solapan mucho. Por lo tanto, decidí empezar por el principio y analizar probablemente el más sencillo de estos aspectos desde el punto de vista científico: el deseo.

Antes de entrar en harina, quiero empezar con una advertencia. La sexualidad y el género en los seres humanos son extremadamente complejos. Cuanto más aprendemos sobre ello, más nos damos cuenta de que, con respecto a cómo nos identificamos y por quién sentimos atracción, todas las personas estamos en un mismo espectro. Lamentablemente, la mayoría de los estudios que citaré en este capítulo no están actualizados en este sentido. O bien a las investigadoras o a los investigadores no se les ocurrió incluir a personas participantes diversas o decidieron que resultaba demasiado complicado. Esto significa que la mayoría de los estudios se han realizado con personas heterosexuales y cisgénero. Los pocos que incluyen parejas homosexuales o no preguntan sobre las preferencias, incluyéndolas en el grupo de parejas heterosexuales, o no incluyen suficientes casos para que se pueda comprobar si existe una diferencia significativa.

Esto sin embargo es importante cuando pretendemos comparar el comportamiento sexual de los seres humanos con el de los animales, que tiende a ser entre macho y hembra (aunque no siempre[1]). Pero sí significa que existen grandes sectores de la población de cuya relación con el amor y la atracción no sabemos gran cosa. No tenemos garantía de que estos estudios puedan extrapolarse a personas que no sean heterosexuales. Y no tenemos certeza sobre cuánta gente transgénero y no binaria encaja en la imagen. O en qué sentido las relaciones no monógamas difieren de las monógamas. Es una auténtica lástima, y espero que, en el futuro, más estudios incluirán una participación más diversa. A lo largo de este capítulo he tratado de utilizar un lenguaje lo más inclusivo posible; aun así espero que sepas perdonar que haya puesto el foco en las relaciones heterosexuales y monógamas. No es porque piense que son más importantes que las de otro tipo, sino sencillamente porque es con ellas con las que se ha realizado la mayoría de los estudios hasta la fecha.

## EL DESEO: HAMBRE DE VIVIR

El deseo es el impulso que nos lleva a mantener una relación sexual, algo que casi todos los animales necesitan para pasar sus genes a la siguiente generación. Esto significa que es un impulso fuerte, guiado por la evolución. Pero los seres humanos son atípicos, en el sentido de que nuestro deseo se ha desconectado de la procreación.

[1] Así, por ejemplo, los delfines nariz de botella presentan comportamientos tanto homosexual como heterosexual, y dos pingüinos barbijos macho del zoo de Central Park de la ciudad de Nueva York saltaron a los titulares de la prensa cuando empezaron a incubar una piedra como si fuera un huevo. Más tarde a la pareja se le dio un huevo real de una pareja heterosexual que era incapaz de cuidarlo. Lo incubaron con éxito y criaron a una hija. Para más relatos sobre las complejidades del sexo y el emparejamiento animal, recomiendo la lectura de *Sex on Earth* de Jules Howard (Bloomsbury Sigma, 2014).

No sabemos si los animales sienten el deseo del mismo modo que los seres humanos, pero sin duda tienen deseo de sexo y no dudan en luchar por conseguirlo. Pero en la mayoría de los mamíferos, la mayor parte del tiempo está ligado a la fertilidad. Normalmente, una gata (como es bastante comprensible) no tiene el deseo de tener cerca el punzante pene de un macho, pero cuando está en celo, algo cambia. De repente encontrar una pareja es lo que ocupa su mente, pues los estrógenos, el grupo de hormonas reproductivas, bañan su cerebro. Y un gato, al oír sus seductores maullidos, se excita al instante y está preparado para la faena.

Lo mismo ocurre con los ratones y las ratas, los mamíferos más estudiados en los laboratorios de todo el mundo. Cuando una hembra alcanza la parte fértil de su ciclo, comienza a presentar comportamientos extraños. Cuando el macho está cerca, se pone a dar saltitos y a correr a toda velocidad. Si el macho (o un investigador) le rozan el costado, arquea el lomo en una postura conocida como lordosis. Una hembra que no esté en la cúspide de su fertilidad se comporta de un modo completamente diferente con los machos. ¿Qué diferencia hay? Los estrógenos y la progesterona en su cerebro, esas hormonas. La lordosis es un reflejo. Las señales táctiles viajan a la espina dorsal, causando que sus neuronas motoras la induzcan a colocarse en su posición receptiva. Pero la mayor parte del tiempo este reflejo está inhibido por una parte del hipotálamo. Cuando está en celo, en cambio, uno de los estrógenos cambia de actividad en esta área, dando rienda suelta al reflejo.

En los seres humanos, el deseo no está tan estrechamente vinculado a la reproducción. Una mujer puede excitarse en cualquier momento del mes (aunque algunos estudios sugieren que puede estar más receptiva a los estímulos sexuales en torno al momento de la ovulación). Y algunas personas pueden sentirse atraídas por otras personas con las que no pueden procrear. Pero nuestros deseos son guiados por las mismas hormonas: la testosterona y los estrógenos. De ahí que nuestro interés por el sexo comience en la pubertad, cuando estas hormonas bañan el cerebro y el cuerpo, haciendo que cambien en toda una serie de aspectos. Es el motivo por el cual nuestros impulsos sexuales tienden a disminuir a medida que nos hacemos mayores, pues la producción de estas sustancias químicas se reduce. Incluso explica por qué, a una embarazada, su pareja sexual (o su juguete sexual favorito) le puede resultar irresistible en algún momento de su embarazo.

El deseo es un impulso importante, pero no se centra necesariamente en una persona en particular. Aunque puede ser un factor importante en las relaciones, sobre todo al principio, existe algo más complejo que tenemos que analizar cuando hablamos de relaciones sentimentales humanas.

Ni Jamie, mi marido, ni yo recordamos bien la primera vez que nos encontramos, y esto se debe solo en parte al alcohol que los dos habíamos consumido aquella noche. Yo estaba en primero de universidad, él en segundo. Era la «semana de bienvenida» y estábamos en el bar de la facultad. Ambos conocimos a un montón de gente esa noche y al día siguiente lo único que recordaba de nuestro encuentro es que había estado hablando con uno de segundo sobre bailar salsa. Por suerte, cuando se lo conté a una amiga en el bar la noche siguiente, el compañero de habitación de Jamie lo oyó y se dio cuenta de quién era la persona a la que me refería[2]. Este volvió a presentarnos y empezamos a quedar una vez a la semana para bailar.

Cuando nos conocimos no se produjo una repentina descarga con relámpagos, ni un deseo fulminante. De hecho, él había estado intentando ligar con otra chica aquella noche, y yo seguía con mi novio de siempre. Pero cuando empezamos a conocernos nos hicimos amigos y creció la atracción entre nosotros. ¿Qué fue entonces lo que nos atrajo el uno hacia el otro a lo largo de aquellas semanas y meses? ¿Cómo pasamos de ser unos desconocidos en un bar a decidir que queríamos pasar el resto de nuestra vida juntos? Todo comenzó con una atracción creciente.

## EN UNA HABITACIÓN LLENA DE GENTE...

La atracción es mucho más específica que el deseo. Se trata de la parte en la que tú decides que otra persona te gusta y que puede ser

[2] ¡Al parecer no había tanta gente aficionada a la salsa aquel curso!

algo más que una amistad. Una enorme serie de áreas del cerebro se ven implicadas cuando vemos a otra persona que nos resulta atractiva, en especial algunas partes del circuito de recompensa y algunas áreas emocionales como la amígdala. Pero si analizamos más detalladamente los estudios, una vez más las cosas no son tan sencillas. Así, por ejemplo, la amígdala se activa más cuando miramos un rostro atractivo que otro más corriente, pero también está más activa cuando miramos un rostro poco atractivo[3]. Pero, nuevamente, la mayoría de estos estudios se realizan recurriendo a varones jóvenes heterosexuales que miran fotografías de mujeres. De hecho, los escasos estudios en los que han participado mujeres como sujetos han detectado patrones de activación diferentes.

En lo referente al sistema de recompensa, las cosas tampoco son tajantes. Un estudio reveló una activación en partes del sistema de recompensa solo si el rostro atractivo miraba de frente al sujeto. Ante rostros que miraban a otro lado, cuanto más atractivos resultaban menos se activaba la parte del estriado (como hemos visto, el estriado interviene en el sistema de recompensa y en la toma de decisiones). Esto tiene su lógica. Establecer contacto visual con una persona que te gusta es algo positivo y es probable que tu sistema de recompensa libere dopamina para ayudarte a que aprendas a seguir con lo que estás haciendo y te acerques a esa persona. Si intencionadamente evita tu mirada, una caí-

---

[3] Una cuestión interesante a este respecto es quién define que un rostro es o no atractivo. A menudo esto se hace pidiendo a una amplia muestra de personas que puntúen el atractivo de un conjunto de imágenes, y luego extrayendo la media de los resultados. Pero, evidentemente, esto puede quedar fácilmente sesgado por la muestra. Si por ejemplo quienes puntúan son todas personas que están cursando estudios en la universidad, como suele ocurrir, sus respuestas serán mucho más uniformes que si se tratara de una muestra aleatoria de la población en su conjunto. Puedes llegar a resultados muy diferentes si has hecho una muestra con una extracción mucho más transversal de la población. Y los resultados se verán definitivamente marcados por la cultura, por lo que extrapolarlos como una medida objetiva del atractivo es un salto. Y a veces el tema es más peliagudo. En un estudio reciente se les preguntaba a unas 200 personas que estaban estudiando en la universidad lo atractivas que creían que eran; luego esos resultados se comparaban con su atractivo «objetivo», para comprobar con qué realismo se veían a sí mismas. Pero ¿y la medida de «atractivo objetivo»? «Mientras las personas participantes respondían al cuestionario, su atractivo era valorado sin intromisiones por dos responsables del experimento varones que se hallaban frente a las personas participantes mientras estas completaban el cuestionario». ¿Necesito añadir algo más?

da de dopamina le estaría enseñando a tu cerebro que lo que estás haciendo no está funcionando.

Por tanto, ¿nos está diciendo esto que la dopamina es la sustancia química del cerebro implicada en la atracción? No exactamente. Cuando a unos ratones macho se les administraba una sustancia que potenciaba sus niveles de dopamina, no se alteraba la tasa con la que se acercaban sexualmente a las hembras receptivas, y bloquear la dopamina no la reducía. Lo mismo se halló con las hembras. De hecho, es posible que los opioides del sistema de recompensa desempeñen un papel más importante. En un estudio que dirigió Olga Chelnokova en la Universidad de Oslo, administrar a personas voluntarias morfina les inducía a puntuar como más atractivos todavía unos rostros que eran atractivos. También pasaban más tiempo mirando estos rostros y pulsaban el botón más veces para que siguieran apareciendo en la pantalla. Bloquear el sistema opioide surtía el efecto opuesto.

Pero la potenciación del atractivo solo ocurre con los rostros más atractivos. Manipular este sistema no causó que los rostros menos atractivos o de atractivo medio parecieran más atractivos. De hecho, las personas participantes pasaban más rápidamente los rostros menos atractivos después de que se les hubiera administrado morfina. Estos hallazgos sugieren que el sistema opioide participa tanto en el «deseo» como en que te «gusten» los rostros atractivos (véase el capítulo 3 para más detalles sobre desear frente a gustar), pero de un modo complejo.

Como podemos comprobar, los procesos que tienen lugar en el cerebro cuando encontramos atractiva a una persona todavía se conocen mal. En el fondo no resulta sorprendente, considerando que la atracción probablemente sea la parte del amor que resulta más misteriosa. ¿Por qué una posible pareja te pone el corazón a mil y te hace sentir mariposas en el estómago, mientras que pensar en otra te deja indiferente? Todavía falta mucho por investigar, pero la ciencia está empezando a hallar las respuestas.

Por supuesto, el aspecto físico de una persona desempeña un gran papel en la atracción que puedas sentir hacia ella. En las culturas de todo el mundo existen determinados criterios que definen el atractivo, como unos rasgos simétricos, algunas proporciones del rostro y una piel y unos ojos claros y brillantes. En psicología de la evolución hay quien considera que estos aspectos actúan como marcadores del buen estado genético. Según esta teoría, cualquier asimetría puede deberse por ejemplo a un problema en el desarrollo del embrión. Por consiguiente, elegir una pareja que no sea simétrica puede significar que tu descendencia tenga el riesgo de heredar los defectos genéticos de esta y por lo tanto tenga menor probabilidad de supervivencia. De este modo, a lo largo del tiempo, quienes elegían parejas sanas y simétricas tenían más probabilidad de tener una prole que sobreviviera; y evolutivamente desarrollamos una preferencia a través de un mecanismo que se conoce como selección sexual.

Se ha sugerido que este mecanismo también explica nuestras demás preferencias. Así, por ejemplo, a los varones occidentales heterosexuales tienden a atraerles las mujeres con un aspecto juvenil, pecho abundante y cintura más estrecha que las caderas, con un índice cintura-cadera «perfecto» que suele situarse en 0,7[4]. Se dice que son señales de fertilidad y se relacionan en algunos casos con las hormonas. Los estrógenos promueven que la grasa se acumule en los muslos y las nalgas, mientras que la testosterona facilita que se almacene más en la zona central. Esto lo observamos más claramente en el periodo de la menopausia: cuando el nivel de estrógenos de las mujeres disminuye, estas tienden a perder sus cinturas definidas, al menos hasta cierto punto. Por ello, según este argumento, es más probable que una mujer con una cintura fina sea más fértil, debido a su equilibrio hormonal.

Sin embargo, existen algunos problemas con los estudios originales sobre la proporción cintura-cadera. Muchos de ellos no tuvieron en cuenta el peso aparente global al manipular las imágenes para cambiar la proporción cintura-cadera, y resulta que el IMC es un factor más determinante del atractivo que la proporción cintura-cadera. Y un estudio que incluía índices todavía más acentuados, de hasta 0,5 (por ejemplo imágenes con medidas de 51-102-51 cm, que corresponden a una figura tipo la de la muñeca Barbie), halló que los hombres mostraban preferencia por estas, a pesar de que de modo natural no se produzcan. Esto resulta difícil de defender desde un punto de vista evolutivo.

---

[4] Marilyn Monroe, cuyas medidas en 1945 eran de 91,4-61-86,4 cm, resulta tener la proporción «perfecta» de cintura a cadera de 0,7.

Otros estudios transculturales también han puesto de manifiesto que estas preferencias no son constantes en todas las sociedades. De hecho, al parecer unos niveles más altos de testosterona (y las cinturas más anchas que provocan) pueden ser beneficiosos para las mujeres en determinados entornos. Esto plantea una duda sobre la teoría según la cual existe una preferencia universal e innata con respecto a la forma del cuerpo. Si esta preferencia ha evolucionado porque proporcionaba una gran ventaja e incrementaba la probabilidad de transmitir con éxito los genes, debería manifestarse por todas partes. En cambio, revela la existencia de un factor ambiental.

Claramente tenemos preferencias en cuanto al aspecto de nuestras parejas, pero tal vez estén programadas más culturalmente que evolutivamente. Y también existen preferencias individuales. A algunas personas, por ejemplo, les resultan irresistibles los o las culturistas, mientras que a mí personalmente tienden a atraerme mucho más los físicos más delgados que aquellos que parecen el resultado de horas de un gimnasio. Es probable que esto sea, al menos en parte, fruto de mis experiencias y de la cultura en la que me he criado. Pero todavía no se sabe exactamente qué es lo que sucede en mi cerebro que causa dichas preferencias. Y, por supuesto, no solo es el aspecto físico de una persona el que determina que esta nos produzca atracción.

## ¡CARIÑO, QUÉ BIEN HUELES!

De hecho, existen señales más sutiles que pueden conducir a la atracción, y una importante es el olor. Sabemos que las personas pueden recibir mucha información a partir de los olores de las demás. Somos capaces de reconocer a los miembros de nuestra familia por su olor e incluso de determinar hechos sobre personas que no conocemos, como su edad o, sorprendentemente, su personalidad[5].

[5] En cierto estudio se halló que algunas personas eras capaces de evaluar el carácter extrovertido, neurótico y dominante de otras olfateando una camiseta suya con fuerte olor, prácticamente con la misma precisión que la que habían alcanzado unos estudios anteriores observando su comportamiento a través de un vídeo. Resulta llamativo, sin embargo,

En muchos animales existen pruebas de que los individuos eligen a su pareja basándose en diferencias en su sistema inmune. El complejo mayor de histocompatibilidad (CMH) es un conjunto de genes que participan en la detección de patógenos y en la activación del sistema inmune, y se transmite de los progenitores a sus criaturas. Para que estas estén lo más sanas posible, puede resultar ventajoso que los progenitores tengan genes *diferentes* en su CMH. Eso también evita la endogamia, pues es más probable que quienes tengan un CMH parecido al tuyo sean parientes tuyos. Y al parecer algunos animales son capaces de detectar las diferencias en el CMH de sus potenciales parejas a través del olfato. Cada individuo emite constantemente minúsculos fragmentos de proteína, ligada a su CMH, a través de los fluidos corporales. Las bacterias de la piel los descomponen para dar a cada animal su olor característico. Esto, según la teoría, es lo que guía la selección de una pareja.

Pero ¿opera también en los seres humanos? En la década de 1990, cuando Claus Wedekind, ahora profesor de Biología en la Universidad de Lausana, Suiza, realizó una serie de experimentos, como de costumbre, con estudiantes de la universidad, generó una gran expectativa. A un grupo de chicos les daba unas camisetas y les pedía que las llevaran puestas durante dos noches, evitando utilizar desodorante y productos con perfume. Luego distribuyó aquellas camisetas entre un grupo de chicas y les pidió que valoraran lo atractivo que les resultaba su olor. Analizando los resultados, el equipo halló que las mujeres elegían sistemáticamente las de aquellos hombres que tenía un CMH distinto del suyo.

¿Significa esto que no tenemos control sobre la pareja con la que acabamos juntándonos y que la elegimos solo por su olor? Por supuesto que no. De hecho, se han obtenido resultados variables cuando otros equipos han probado a replicar estos hallazgos. Algunos concluyeron que no se producía ningún efecto en absoluto, por lo que no podemos considerar ningún resultado como decisivo, ni siquiera en el laboratorio. Y aunque se diera el caso de que las personas prefieren el olor cor-

---

que la valoración del carácter dominante solo era correcta cuando la gente lo hacía a través del olor de una persona del género opuesto.

poral de otras con un sistema inmune diferente, o tal vez no les guste el olor de quienes tienen genes muy similares a los suyos, esto no nos dice si realmente *utilizamos* este dato como un factor para la elección de una pareja. Desde luego, si le preguntas a alguien por qué está con su pareja, es probable que hable de la inteligencia, el humor, la amabilidad y posiblemente su aspecto físico, pero es poco probable que cite su olor corporal. Y la mayoría de las personas tratamos de evitar por todos los medios transmitir dicho olor. Lavarnos regularmente y utilizar productos perfumados se concibe como una forma de atraer a tu pareja[6], no de alejarla.

Para averiguar si las diferencias de CMH realmente afectan a la elección de la pareja en la vida real, se han llevado a cabo una serie de estudios con parejas, secuenciando sus genomas y comparándolos con parejas al azar de individuos pertenecientes a la misma población. Una vez más, los resultados son variables. En uno de los estudios, dirigido por Sara Pulit del University Medical Center Utrecht, en los Países Bajos, se halló que las parejas no eran más diferentes genéticamente que los pares de personas desconocidas. Otro, a cargo de Raphaëlle Chaix de la Universidad de Oxford, con individuos norteamericanos de ascendencia europea, halló que sí existía una diferencia. Un nuevo análisis de los datos de Chaix, sin embargo, puso de manifiesto que esto podía atribuirse únicamente a unos pocos casos aislados del grupo de pares que no eran pareja. Por lo tanto, al parecer todavía está por resolver si olfatear los genes de una persona puede hacer que desees acostarte con ella[7].

A pesar de estas incógnitas, sí da la sensación de que el olor es una parte importante de la atracción y del deseo, tanto a nivel sentimental como sexual. Y esto se confirma cuando estudiamos a personas que carecen de este sentido. La anosmia (o incapacidad de percibir los olores) puede ser una afección de nacimiento, pero suele surgir más adelante en la vida, ya sea por una infección o por un traumatismo en la cabeza, que puede dañar o incluso anular los nervios que van de la nariz al

---

[6] O a toda una corte de potenciales parejas, a juzgar por los anuncios de Axe... ¡y desde luego todos mis compañeros masculinos confiaban en ello a pies juntillas cuando éramos adolescentes!

[7] ¡Lo siento, no lo pude evitar!

cerebro. Existen pruebas de que la anosmia afecta a las relaciones sociales. Una serie de estudios dirigidos por Ilona Croy de la Universidad de Dresde, Alemania, halló que las personas que nacen con anosmia son socialmente más inseguras que los controles sanos: los hombres con esta afección típicamente tienen menos relaciones sexuales que la media, mientras que las mujeres se sienten menos seguras en sus relaciones. Aproximadamente un cuarto de las personas que desarrollan anosmia refieren un deseo sexual reducido y muchas dicen que limita su disfrute del sexo. También hay mayor probabilidad de depresión en las y los pacientes de anosmia[8].

Esto, a juzgar por mis propias experiencias, tiene toda su lógica. Estoy segura de que no soy la única a la que le gusta ponerse el jersey de su pareja cuando no está, y no cabe duda de que estar rodeada de su olor me produce una sensación de bienestar. Lo que sin embargo no está claro es si es algo específico de su olor lo que me produce esa sensación, o si simplemente he aprendido a asociarlo con él y por lo tanto con la sensación de bienestar, seguridad y atracción.

En resumidas cuentas, al parecer el olor está relacionado, al menos de alguna manera, con la atracción. Pero una palabra que aparece con frecuencia cuando se habla de estos estudios es la de «feromonas». De hecho, puedes comprar feromonas en botella en distintas páginas web de todo el mundo, que anuncian que te harán irresistible para hombres o para mujeres. Y estudios como los de la camiseta que huele se suelen publicitar como prueba de que las feromonas existen en los seres humanos y que están relacionadas con la atracción. Pero la realidad es mucho menos tajante.

Una feromona es sencillamente un mensajero químico que transmite señales entre individuos de la misma especie. Existen en peces, insectos y mamíferos y pueden ser transmitidas a largas distancias, como las feromonas sexuales que atraen a las mariposas macho hasta las hembras a distancias de hasta 10 kilómetros. Otras se intercambian en encuentros íntimos, como la sustancia que produce una abeja melífera

[8] Este hecho introduce un factor que sin embargo complica estos estudios. Si la anosmia conduce a la depresión, puede ser esta la que incida a la hora de establecer una relación más que la propia anosmia.

reina que impide que se desarrollen los ovarios de las obreras. Pueden llevar todo tipo de mensajes diferentes, pero a menudo estos tienen que ver con el emparejamiento.

Existen registros tan remotos como del siglo XVII que ofrecen ejemplos de una comunicación de larga distancia entre animales; Darwin mencionaba el «olor a almizcle» del cocodrilo macho. En el siglo XIX, el entomólogo francés Jean-Henri Fabre realizó una serie de experimentos con polillas emperador gigantes y llegó a demostrar que su sentido del olfato les ayudaba a encontrar pareja. Descubrió que podía impedir que el macho encontrara a la hembra encerrándola en una caja cerrada o eliminando la antena del macho. También halló que el macho se sentía atraído hacia una jaula que la hembra hubiera ocupado anteriormente. Tal vez no lo supiera, pero había descubierto las feromonas. A pesar de tan temprano hallazgo, hubo que esperar hasta 1959 para que se identificara la primera feromona.

Adolf Butenandt fue un químico alemán que recibió el Premio Nobel en 1939 por su papel en la identificación de la hormona sexual estrona (una de las principales hormonas estrogénicas), la androsterona (un andrógeno, la clase de hormonas que incluye la testosterona) y la progesterona (una hormona implicada en el ciclo menstrual y en el embarazo). Su siguiente objetivo consistió en investigar qué molécula era la que atraía a las mariposas de seda macho hacia las hembras. Había elegido muy sabiamente el tema de su estudio, pues la industria de la seda en Europa estaba floreciendo en aquel momento, por lo que pudo hacerse con un montón de insectos para su investigación. Butenandt y su equipo extrajeron sustancias químicas de las glándulas de las mariposas hembra y se dedicaron a analizarlas.

Esto supuso un enorme reto. Las sustancias que les interesaban se producen en cantidades ínfimas, y el equipo tenía que separarlas del resto de moléculas extraídas. Para ello desarrollaron una técnica llamado bioensayo, que utilizaba las mariposas macho para examinar cada solución; luego esperaban a la característica reacción de batido de alas que señalaba su deseo de emparejarse. Siguieron purificando soluciones con el objetivo de hallar un material que pudiera producir esta «danza del aleteo» en una concentración lo más pequeña posible.

Tardaron más de 15 años, pero al final el equipo halló lo que estaba buscando y se puso a identificar la molécula, cosa que consiguió un año más tarde. En 1959 confirmaron su identidad sintetizándola desde cero. Llamaron a la molécula de la mariposa de seda bombicol y a la clase de señales feromonas, del griego «transportar un estímulo».

## TENEMOS QUÍMICA

Este hallazgo es estupendo, pero los seres humanos no somos polillas. ¿Existen pruebas de que también tenemos feromonas? Pues resulta que, sorprendentemente, tenemos poquísimas. Aunque los estudios con la camiseta se suelen citar para apoyar esta teoría, de hecho se centran en el olor individual, no en las feromonas. Por definición, las feromonas no son individuales. Para que funcionen como señal entre distintos miembros de una especie, han de valer para todos ellos. Cualquier polilla macho que percibe el bombicol lo encontrará atractivo. Esto significa que si uno de los hombres en el estudio de la camiseta estuviera produciendo la «irresistible feromona» que tanto gusta a quienes le dan publicidad, *cualquier* mujer heterosexual del estudio habría preferido su olor. Pero no fue eso lo que concluyeron. Una y otra vez se observa que, al parecer, intervienen las preferencias personales.

Luego está la cuestión de si los seres humanos siquiera son capaces de detectar las feromonas. En la mayoría de los animales existen dos sistemas olfativos: el sistema principal, que detecta el olor, y el órgano vomeronasal, que detecta las feromonas y las utiliza para provocar un comportamiento. Si unos ratones macho tienen dañado el órgano vomeronasal, no se interesarán por la orina de una hembra fértil (aunque se emparejarán con ella si la tienen delante), y las hembras no exhibirán lordosis. Los hámsteres macho montarán a otros machos si se rocía a estos con las feromonas que suelen producir las hembras en celo.

Existe un debate sobre si los seres humanos tenemos este órgano vomeronasal y, en caso afirmativo, si todavía funciona. Al parecer en algún momento de nuestra evolución lo tuvimos. De hecho, incluso empieza a desarrollarse en el embrión, pero luego se atrofia. Algunos estudios han encontrado residuos en personas adultas, pero aparentemente el órgano no es funcional; tiene muy pocas células nerviosas y las que se han encontrado no están conectadas, lo que significa que no tienen la posibilidad de detectar las feromonas ni de mandar señales al cerebro para controlar el comportamiento. Y ninguna de las células expresa proteínas que sean marcadores de la función olfativa. En realidad está formado al parecer por células dérmicas, por lo que es muy poco probable que pueda servir.

Pero aun sin un órgano vomeronasal funcional, *podríamos* detectar feromonas utilizando nuestro sistema olfativo principal. Las feromonas se podrían dispersar por la sangre a través de los capilares de la nariz o viajar directamente al fluido que baña el cerebro. También podrían activar algunos receptores del sistema olfativo principal, que enviarían señales al cerebro para modificar nuestro comportamiento. Pero no existen pruebas de que intervenga ninguno de estos mecanismos.

A pesar de ello, se hace mucha publicidad de que cuatro moléculas son feromonas humanas; la androstenona, el androstenol, la androstadienona y el estratetraenol. Se trata de moléculas que tienden a encontrarse en los espráis de feromona que se pueden comprar *online*. ¿De dónde proviene entonces esta idea? Las dos primeras moléculas son de hecho feromonas... al menos del cerdo. Cuando científicamente se descubrieron mínimas cantidades de estos compuestos en axilas humanas, se concluyó enseguida que debían de ser feromonas presentes en el ser humano. Pero las pruebas que respaldan esta conclusión sencillamente no cuadran. Como escribió Tristram Wyatt, investigador principal en la Universidad de Oxford, en su artículo de 2015 sobre este tema:

> Lo que probablemente hizo popular la androstenona entre los experimentadores fue la disponibilidad comercial de la molécula en aerosoles como el Boarmate™, que se usa en la cría porcina [...]. La crítica más básica es sencillamente que, para empezar, no existen pruebas que justifiquen la utilización con seres humanos de estas moléculas, en vez de cualquiera de los otros cientos que se encuentran en las axilas de las personas.

El segundo par, la androstadienona y el estratetraenol, conocidos por sus abreviaciones AND y EST, tienen una historia algo más sospechosa. En 1991 se celebró una conferencia en la que distintos científicos presentaron sus trabajos, como suele ocurrir en las conferencias. Pero este evento había sido patrocinado por una empresa llamada Erox Corporation, que había patentado varias feromonas humanas «putativas». Esta última palabra es importante y significa «supuestas» o que se cree que existen. La empresa no había tenido que demostrar que eran feromonas para conseguir su patente. Y tampoco proporcionó prueba alguna cuando presentó sus artículos en la conferencia. Como escribe Wyatt:

> Los autores no dieron ningún detalle en absoluto sobre cómo habían extraído, identificado y bioensayado estas moléculas, ni sobre cómo demostraban que eran las «feromonas putativas» del título del artículo, más que con una nota a pie de página que decía: «Estas feromonas putativas fueron suministradas por EROX Corporation».

En la patente, las moléculas se identificaron como AND y EST, pero en realidad solo adquirieron un verdadero interés científico gracias a un artículo de Suma Jacob y Martha McClintock publicado en 2000. McClintock, de la Universidad de Chicago, había alcanzado cierta notoriedad tras escribir un artículo en el que decía que los ciclos menstruales de las mujeres que vivían a mucha proximidad «se sincronizaban» y lanzaba la hipótesis, basada en la investigación con ratones, que esto podía estar relacionado con las feromonas. Esta teoría llamó la atención del público y sigue vigente en la cultura popular a pesar de la falta de respaldo científico (un reciente artículo que la revisaba no halló ninguna prueba que la confirmara). Por ello, cuando McClintock publicó otro artículo sobre las feromonas, utilizando AND y EST, se causó un gran revuelo. Y Wyatt cree que de ahí surge toda la investigación más reciente sobre las feromonas:

> El artículo de Jacob y McClintock se ha citado más de 150 veces (Google Scholar, 23 de octubre de 2014) y las moléculas y las concentraciones que utilizan se han convertido hoy en una tradición en todo este campo. Sin embargo, mientras que Jacob y McClintock fueron bastante cautas, al comentar que «[...] es prematuro llamar a estos esteroides feromonas humanas», la mayoría de los autores posteriores han pasado por alto esta recomendación.

Y así nos hemos visto abocados a una situación en la que las feromonas utilizadas en prácticamente toda la investigación sobre las mismas tal vez ni siquiera fueran feromonas. Pero entonces ¿por qué hay personas que hallan que estas moléculas afectan al comportamiento humano? Wyatt lo achaca a un posible sesgo de publicación.

El sesgo de publicación es probablemente el mayor reto al que se enfrenta la ciencia hoy en día. Para investigar, el personal debe conseguir financiación. Y quienes financian tienden a hacerlo a científicas y científicos que han publicado sus investigaciones en revistas de primera categoría, como *Science* y *Nature*. A estas revistas les gustan los contenidos sustanciosos, con resultados llamativos y mensajes impactantes. «Las feromonas modifican el comportamiento humano» tiene todas las cartas para que se publique. Es menos probable que «Las feromonas no tienen ningún efecto» se convierta en un titular.

Esto significa que a menudo los investigadores y las investigadoras ni siquiera intentan que sus resultados negativos se publiquen, un hecho conocido como el «efecto cajón de archivo». No sabemos cuántos estudios sobre feromonas se han realizado que no hallaron ninguna repercusión. También es cierto que, en general, a quienes ponen el dinero no les gusta que sea para replicar estudios (de nuevo, porque es menos probable que lleguen a publicarse) y aunque replicar es la piedra angular de la buena ciencia, a menudo el personal científico no tiene ni siquiera la oportunidad de tratar de replicar el trabajo de otros equipos[9].

¿En qué punto estamos entonces en cuanto al conocimiento de las feromonas humanas? Lamentablemente, Wyatt plantea que es hora de volver a la casilla de salida. «Si hemos de encontrar feromonas tenemos que tratarnos a los seres humanos como si fuéramos un mamífero recién descubierto. Necesitamos una búsqueda científica y sistemática de

---

[9] La buena noticia es que el personal científico y las revistas se están dando cuenta de este problema y están esforzándose por paliarlo. Una de las soluciones que aplican es hacer un registro *online* previo de los estudios antes de que se lleven a cabo, de modo que aparezcan en una lista. Esto significa que otros equipos científicos pueden estar al corriente de que se están realizando y pueden seguir los resultados a medida que se van publicando. Algunas revistas también se han comprometido de antemano a publicar los resultados de los estudios independientemente de su contenido.

posibles moléculas, comunes a uno de los sexos o a los dos, que tengan efectos fiables».

La dificultad radica en medir el comportamiento, en particular en relación con el deseo. Los seres humanos somos increíblemente complejos y somos sensibles a toda una serie de aspectos, incluidas la cultura y las experiencias. Por lo tanto, para encontrar nuestra primera feromona humana definitiva, tal vez debamos fijarnos en otra cosa: los bebés.

Las feromonas no están relacionadas solo con la atracción, también pueden transportar toda una gama de otras señales. Así, por ejemplo, en una mujer que está dando el pecho se produce una secreción en las glándulas de sus pezones que, cuando estos se sitúan bajo la nariz de una criatura recién nacida, la incita a empezar a succionar y a buscar el pezón. Y se cree que a las mujeres que tienen un mayor número de estas glándulas les resulta más fácil amamantar a sus bebés. No sabemos con certeza si se trata de una feromona, pero parece prometedor. Investigar esta cuestión tal vez no solo confirme que sí que tenemos y que respondemos a las feromonas, sino que también ayude a la elevada proporción de bebés a quienes les cuesta tomar la leche materna, especialmente en las primeras horas posteriores a su nacimiento.

## UNA CHICA ENTRA EN EL LABORATORIO...

Aunque al parecer los estudios sobre las feromonas presentan problemas fundamentales, también existen pegas con otros tipos de estudios que reclaman que han descubierto «la clave de la atracción» en el laboratorio. La mayor de ellas es que la mayoría de las personas (como poco) no nos enamoramos de nuestras parejas en el laboratorio. No decidimos salir con ellas solo por su olor ni tenemos fantasías con acostarnos con ellas solo por su mandíbula cuadrada o su proporción cintura-cadera.

El personal científico suele controlar con detalle cualquier otro elemento que pueda intervenir en sus estudios, asegurándose de que a cada persona se la observa (o se la olfatea) sacando de la ecuación todos los demás factores. Pero esto sencillamente no es realista. Obviamente me ha ocurrido encontrar a una persona inicialmente atractiva pero verme obligada enseguida a revisar mi valoración tras una conversación con ella. Del mismo modo, te puedes dar cuenta de que te atrae alguien con quien al principio no había más que amistad, basándote en su compañía y su personalidad, como nos ocurrió a mi marido y a mí. También está la influencia social. Desde muy temprana edad nos machacan con el aspecto y el comportamiento que ha de tener una persona «atractiva»; por lo tanto, aunque tengamos nuestras preferencias, ¿cómo podemos saber que realmente son las nuestras y que no se deben a esta constante presión y condicionamiento sociales?

Me interesaba encontrar a alguien que pudiera contestar a estas preguntas y poner en perspectiva los estudios de laboratorio sobre la atracción. Por ello conversé con el psicólogo social Viren Swami de la Anglia Ruskin University, Reino Unido. Este considera que a la base evolutiva de la atracción física se le ha dado demasiada importancia. A partir de las ideas que inicialmente desarrollaron algunas expertas feministas como Judith Butler y Sandra Bartky, así como de sus propios estudios transculturales, ha llegado a la conclusión de que la sociedad desempeña un papel de gran alcance en lo que se considera atractivo. Según me explicó:

> La mayoría de las culturas proponen y promueven formas ideales del atractivo. Mi punto de vista es que gran parte de ello tiene que ver con las estructuras patriarcales y con encontrar maneras de decirle a la gente que no vale lo suficiente, especialmente a las mujeres. La sociedad nos dice lo que es atractivo y, a menudo, la mayoría de las personas son incapaces de alcanzar estos ideales del atractivo. La cuestión es que la publicidad tiene algo que ganar haciendo que todas las personas nos sintamos mal con nosotras mismas.

Está de acuerdo en que la atracción física desempeña un papel importante en la creación de relaciones, pero no cree que esto se deba necesariamente a que hayamos evolucionado para elegir a estas personas atractivas «más sanas» porque sean mejores opciones reproductivas. Para empezar, cuando interviene la selección sexual, solemos acabar con características radicalmente exageradas, como la cola del pavo real. Si las mujeres con índices cintura-cadera más bajos realmente fueran más fértiles y encontraran pareja más fácilmente, cabría esperar que esa característica se distribuiría rápidamente entre la población, y no ha sido el caso. De hecho, ni siquiera existen pruebas de que a nuestros antepasados les importara la atracción. Mientras encontraran una pareja lo suficientemente adecuada como para emparejarse con ella, para procrear y ayudar a cuidar a los retoños, su aspecto posiblemente no importara en absoluto. En cambio, según afirma Swami, nuestra cultura es el factor más importante a la hora de conformar lo que consideramos atractivo.

¿Y qué hay del olor? Aquí también la cultura desempeña un papel determinante, según explica Swami:

> El problema de aplicarlo a los seres humanos es doble. En primer lugar, gran parte de los estudios se realizan en el laboratorio, donde puedes excluir el resto de las cosas que están ocurriendo. El mayor problema es que, en muchos entornos, se nos enseña socialmente que las cosas malas o la gente mala huelen mal y que las gente buena huele bien. Si te presentas a tu primera cita sentimental oliendo como si acabaras de salir del gimnasio, la cosa no va a ir muy bien.

¿Significa esto que deberíamos descartar todos los resultados obtenidos en el laboratorio relativos a la atracción y a lo que sucede en el cerebro cuando una persona nos gusta? Swami no lo cree:

> Me parece que aportan valor. Considero que nos señalan algunas cosas sobre lo que ocurre en la sociedad en un momento determinado. Mi principal problema es presuponer que, porque una persona te parece atractiva, acabarás emparejándote con esa persona, o querrás emparejarte con ella [...].

Su planteamiento es que encontramos atractivas a muchas personas sin que acabemos en la cama con ellas. Esto puede deberse a que son personas con las que nunca te encontrarás (¡como cualquiera que haya tenido el típico flechazo de adolescente por una estrella del pop ha experimentado!); a que esas personas, o tú, ya tenéis otra relación; a que son terraplanistas o tienen otras creencias demasiado opuestas a las tuyas; o incluso a que su atractivo para ti es tan grande que te parecen inalcanzables. A pesar de que las sustancias químicas de tu cerebro desempeñen un papel importante a la hora de determinar qué personas te atraen, al parecer esto no es para nada un deseo programado de antemano, establecido por la evolución hace generaciones. En cambio, viene conformado por nuestra cultura y nuestras experiencias. Y, por supuesto, en el complejo mundo de nuestras relaciones sociales humanas, sentir atracción por una persona no es más que una pieza del rompecabezas cuando se trata de crear una relación.

Swami explica que la psicología social ha identificado otros tres factores importantes para la formación de relaciones, que son tan sencillos que a menudo se pasan por alto. El primero es la proximidad: tendemos a enamorarnos de personas que están cerca. El segundo es la reciprocidad: nos gustan personas a las que también gustamos. Y el tercero es la semejanza. Aunque pueda ser el brillo de su mirada o sus hoyuelos pícaros los que te induzcan a iniciar la conversación, son vuestros intereses compartidos y, en particular, los valores, los que os inducirán a seguir intentándolo. Además, una persona que te gusta, con la que te llevas bien y que es amable contigo puede acabar pareciendo físicamente más atractiva a medida que la vas conociendo.

Estos tres factores sin duda concuerdan con mi experiencia; ver a Jamie de forma regular a lo largo de mi primer año de universidad y conocerlo mejor cuando nos quedábamos hasta las tantas hablando de nuestras esperanzas y nuestros sueños sin duda se me antoja como la clave de nuestra creciente relación. Y aunque tuvimos infancias radicalmente distintas (él se crio en África oriental y luego ingresó en un internado en el Reino Unido cuando sus padres se fueron a Japón; yo en cambio viví en la misma zona toda mi vida y nunca había ido ni a África ni a Asia cuando nos conocimos), teníamos un montón de cosas en común en cuanto a lo que considerábamos importante. Creo que eso fue lo que nos hizo dar el paso para convertirnos en algo más que amigos.

## ¿ADICCIÓN AL AMOR?

Sin que sepamos cómo, a veces sucede que la atracción conduce a una relación y, al cabo de un tiempo, a enamorarse. Es en ese emocionante primer año de vida de la pareja donde se aprecian los mayores cambios en las sustancias químicas del cerebro. En el amor sentimental, al principio las personas están estresadas. Esto puede parecer raro, pues normalmente no asociamos el amor con nada estresante, pero las experiencias habituales de la sequedad de boca, el sudor en las manos y la aceleración del corazón cuando ves al objeto de tu enamoramiento son síntomas causados por la noradrenalina. También existen estudios que han puesto de manifiesto que los niveles de cortisol son más altos en parejas nuevas que en personas individuales o en aquellas que llevan mucho tiempo en pareja.

Al mismo tiempo, el sistema de recompensa del cerebro está muy activo y produce grandes cantidades de dopamina cuando ves a la persona a la que amas. Un estudio IRM halló que, cuando miramos las fotografías de la persona amada, frente a las de una persona conocida cualquiera, están más activas dos áreas del cerebro en particular: una parte del estriado y el área ventral tegmental, ambas asociadas con la motivación y la recompensa. Debido a los vínculos entre estas áreas y las drogas de abuso, muchas personas han declarado que la sensación de enamoramiento es parecida a la del «subidón» de las drogas; pero como vimos en el capítulo 3, la dopamina no es una sustancia química del placer, luego creo que esas afirmaciones son exageradas. Sin embargo, la dopamina sí te incita a perseguir un objetivo, por lo que esta actividad podría ser la responsable de esa sensación inicial de querer estar con tu pareja todo el tiempo y querer estar cerca de ella siempre que sea posible.

Las exploraciones cerebrales muestran también áreas *menos* activas cuando pensamos en la persona de la que estamos enamorados o enamoradas. Estas incluyen la amígdala, que participa en el miedo, y partes de la corteza frontal, que son importantes para la valoración crítica de otras personas. Esto podría explicar aquello de que «el amor es ciego», pues las personas a menudo nos enamoramos de otras que nuestras amistades no consideran que sean en absoluto las adecuadas.

Al mismo tiempo, los niveles de serotonina disminuyen. Un bajo nivel de serotonina está relacionado con una elevada concentración de las sustancias químicas del estrés, por lo que es probable que estas diferencias estén relacionadas. Llama la atención que los niveles de serotonina también bajan en los casos de trastorno obsesivo-compulsivo (TOC), y algunas investigaciones sugieren que existen semejanzas entre las primeras fases del enamoramiento y dicho trastorno. Las nuevas parejas a menudo piensan en la otra persona de manera obsesiva y experimentan estrés y ansiedad. Luego está el viejo tópico de que no comemos ni dormimos porque en todo momento lo único que podemos hacer es pensar en el objeto de nuestro deseo. ¿Podría tratarse de una manifestación de la misma tipología de síntomas que experimentan las personas aquejadas de TOC?

Obviamente, hay diferencias. La sensación de mal de amores no dura demasiado tiempo; en la mayoría de las personas de hecho no interfiere con la capacidad para llevar una vida normal, a diferencia del TOC, que puede resultar debilitante. A pesar de todo, la comparación resulta interesante. Y las diferencias en el gen que codifica uno de los receptores de serotonina se han relacionado con el comportamiento sentimental obsesivo, lo que respalda la idea de que la serotonina está implicada en las obsesiones propias del enamoramiento.

Hasta ahora todos estos hallazgos se han aplicado en la misma medida a hombres y mujeres enamorados, pero existen algunas sustancias químicas que difieren entre los sexos. En los hombres, los niveles de testosterona disminuyen al principio de una relación. El nivel de testosterona en las mujeres es más ambiguo, pues algunos estudios han hallado disminuciones también en su caso, mientras que otros comprobaron que los niveles eran elevados. Un estudio halló un descenso, pero solo cuando la pareja se encontraba en la misma ciudad. Las mujeres en relaciones a larga distancia no mostraban el mismo efecto. Esto sugiere que, al menos en el caso de las mujeres, tal vez sea la experiencia de tener a una pareja cerca físicamente lo que produzca el cambio en el nivel de las hormonas.

Esas primeras semanas y meses tan excitantes de una relación son una maravilla. Recuerdo perfectamente que yo no paraba de pensar en Jamie y sentía una gran emoción cada vez que veía su nombre aparecer en mi móvil, o su letra en una carta escrita a mano[10]. Pero con el paso del tiempo la obsesión inicial se convierte en algo diferente, aunque no menos maravilloso. En esta fase, la relación ha entrado en su etapa de vínculo a largo plazo, que puede durar mucho tiempo, a veces toda la vida. Para comprender esta fase y la química del cerebro que la determina, hemos de empezar por lo que puede parecer un lugar inverosímil: la Francia rural en la Edad Media.

## ¿MEDICINA O VENENO?

Algo raro estaba ocurriendo en los pueblos del sur de Francia y en muchos otros semejantes de Centroeuropa. Sucesivamente, la gente iba desarrollando síntomas poco habituales, cuya causa se desconocía por completo. Algunas personas deliraban, sufrían ataques y espasmos musculares. Otras sentían un dolor ardiente en sus extremidades. Estos síntomas dieron origen al nombre que se le puso a la enfermedad: el fuego sagrado[11].

A finales del siglo XVII, tras varios siglos de prevalencia de la enfermedad, el doctor Thuillier, un médico francés, observó que el patrón de casos de esta afección difería del de otras enfermedades infecciosas. No daba la sensación de ser contagiosa, pues a menudo afectaba a un solo miembro de una familia, y estaba más extendida en el campo que en las populosas y sucias ciudades. Y solo afectaba a la gente pobre. A los ricos, al parecer, no les afectaba. Esto le llevó a concluir que la debía de causar algo del entorno.

Y resultó que el responsable era el centeno con el que se hacía pan y cerveza en los pueblos. Los graneros de cereal en los pueblos afectados se habían infectado con un hongo llamado cornezuelo o ergot, que producía toda una serie de compuestos que causaban los diversos sín-

---

[10] Apenas unas semanas después de que empezáramos a salir, Jamie se marchó a pasar el verano en la selva de Ecuador, en busca de nuevas especies de mariposa. Esto supuso tres meses de muy poco contacto, pero con un montón de cartas de amor, que recibía todas a la vez, pues él las enviaba cuando llegaba a alguna ciudad que tuviera oficina de correos.

[11] El nombre se cambió posteriormente por el de «fuego de San Antonio», por la orden religiosa de monjes que consiguieron tratar los síntomas.

tomas que la gente del campo estaba padeciendo. Y hubo más casos. Algunos historiadores e historiadoras creen que existen pruebas de casos de envenenamiento por el ergot que se remontan tan atrás como a los antiguos griegos, e incluso se ha sugerido que el cornezuelo fue el motivo tras las acusaciones de brujería en los juicios de Salem, pues los síntomas de «alucinación» presentan muchas semejanzas con los del envenenamiento por el cornezuelo[12].

Pero, además de producir tan graves síntomas de envenenamiento, el cornezuelo se venía utilizando desde hacía mucho tiempo como medicamento. Originalmente empleado por los alquimistas y luego por las comadronas, servía para provocar el parto. Pero no se conocían los componentes producidos por este hongo, por lo que era una práctica peligrosa.

Si avanzamos hasta 1904, hallamos a un joven Henry Dale, en la época en la que trabajaba en el laboratorio de investigaciones Burroughs Wellcome de Londres. Le habían encargado que identificara el compuesto del cornezuelo que producía las contracciones del útero, con la esperanza de que, aislándolo, se pudiera producir un fármaco más seguro y eficaz para ayudar en los partos. A pesar de que no le entusiasmaba la idea, Dale se puso a realizar experimentos con la ayuda del químico George Barger.

Juntos consiguieron aislar el compuesto conocido como ergotoxina a partir de la mezcla de sustancias químicas producidas por el hongo, pero por desgracia comprobaron que por sí solo resultaba menos eficaz que la mezcla del cornezuelo en su conjunto, y que además tenía efectos secundarios graves. Dale prosiguió con su investigación y descubrió otra sustancia en la mezcla que actuaba como vasodilatadora y que más tarde identificó con la acetilcolina, una de las moléculas más importantes del sistema nervioso. Fue este hallazgo, junto con otros, el que le valió el Premio Nobel en 1936.

Pero fue otro descubrimiento que es poco más que una nota al margen en su estudio sobre el cornezuelo el que es fundamental para

---

[12] Fue Linnda Caporael la primera en proponer esta idea en 1976. Posteriormente ha sido objeto de mucho debate y todavía no hay acuerdo sobre si consigue explicar por completo el fenómeno.

nuestra historia. Mientras examinaba cómo el ergot interactuaba con otras sustancias, Dale observó que un extracto de la glándula pituitaria de un buey podía provocar contracciones en el útero de una gata preñada. Llamó a esta sustancia oxitocina, del griego «oxys» (rápido) y «tokos» (nacimiento).

Su hallazgo se registró simplemente como un comentario sin trascendencia, pues el verdadero foco de su trabajo era el cornezuelo y sus efectos; pero se trató de algo relevante. Al poco tiempo, se descubrió que una inyección del mismo extracto de pituitaria provocaba un incremento en la cantidad de leche producida por una cabra en lactancia. Pero este trabajo no se confirmó hasta la década de 1940 y se tardó décadas en aislar y describir la hormona implicada.

A principios de la década de 1920, Vincent du Vigneaud estaba estudiando bioquímica en la Universidad de Illinois cuando una conferencia sobre el descubrimiento de la insulina despertó su interés. Dedicó su carrera a estudiar la insulina, lo que le llevó enseguida a investigar el extracto de pituitaria sobre el que había estado trabajando Dale. Consiguió identificar dos hormonas en el extracto: la vasopresina y la oxitocina. No fue hasta 1953 (con un breve intervalo durante la Segunda Guerra Mundial en el que trabajó sobre la penicilina) cuando Du Vigneaud logró sintetizar por primera vez la oxitocina en el laboratorio. Esto le valió el Premio Nobel en 1955.

Su síntesis le abrió a la oxitocina las puertas del mundo médico. Los ensayos hallaron que la versión sintética resultaba indistinguible de la oxitocina natural y podía inducir o acelerar el parto al término del embarazo, así como provocar la eyección de la leche en una madre en lactancia. Ahora sabemos que los niveles de oxitocina aumentan al principio del parto, provocando las contracciones del útero que hacen que el bebé salga. Tras el alumbramiento, los niveles de oxitocina siguen elevados, ayudando a expulsar la placenta y contraen el útero para reducir el sangrado. Durante la lactancia, la oxitocina ayuda en la eyección de la leche y es liberada cuando el bebé succiona. Pero ¿podría la hormona estar haciendo algo más que producir estas sencillas reacciones fisiológicas? Para contestar a esta pregunta, primero hemos de familiarizarnos con una pareja y sus cabras.

## MADRE DE SUSTITUCIÓN

Cuando nace una criatura (hablo aquí de criaturas de cabra, no de seres humanos), su madre la cuida y le permite mamar. Pero si otra cría de cabra intenta mamar de ella, la rechazará[13]. En las décadas de 1960 y 1970, la ciencia se propuso descubrir a qué se debía este hecho. ¿Cómo reconoce una cabra a su cría y cómo sabe cuidarla mientras rechaza a otras? Enseguida se comprobó que esto respondía en realidad a dos cuestiones. El olor resultó ser importante para identificar a la cría, pero cuando este sentido estaba ausente, seguían creándose los vínculos maternos.

En una serie de experimentos, Peter y Martha Klofer, que trabajaban en la Duke University, Estados Unidos, empezaron a retirar a las crías recién nacidas de sus madres y a devolvérselas después de distintos periodos de tiempo. En algunos casos reemplazaron la cría por otra de una madre diferente. Hallaron que, mientras la madre hubiera tenido a la cría, propia o ajena, cerca para lamerla inmediatamente después del parto, sus instintos maternales intervenían y volvía a aceptar a sus propias crías. Pero si la madre recién parida no tenía contacto con la cría inmediatamente después de alumbrarla, rechazaba a su propia cría aunque se la devolvieran al cabo de tan solo una hora[14].

En su artículo de 1967, los Klopfer se preguntaban a qué se debía este hecho. Comentaron que se sabe que la oxitocina alcanza su nivel máximo en torno al nacimiento y que recupera su nivel normal al cabo de unos minutos. «Resulta tentador plantear la hipótesis de que esta hormona, que al parecer provoca los espasmos uterinos finales que permiten el alumbramiento de la criatura, también está implicada en inducir el comportamiento maternal».

Los experimentos también han puesto de manifiesto que la oxitocina es importante para el comportamiento maternal en roedores. Las hembras que nunca han parido tienen miedo de las crías y las evitan siempre que pueden. Pero en cuanto dan a luz, al cabo de un par de horas del par-

---

[13] Esto sucede a menudo: las crías discriminan poco e incluso pueden tratar de alimentarse de un animal de una especie diferente.

[14] Cabe señalar que una madre que hubiera lamido la cría de otro animal inmediatamente después del nacimiento también aceptaría a la cría si se la hubieran quitado y luego se la devolviesen, pero no lo haría con otras crías con las que esto no hubiera sucedido.

to su comportamiento se invierte. En lugar de mantenerse a distancia de las crías, las cuidan y las defienden con su vida. Incluso, en muchos casos, aceptan las crías de otras madres como si fueran suyas propias.

Esta sustitución se debe, nuevamente, a las hormonas. Si se inyecta oxitocina en el cerebro de animales vírgenes en el punto preciso de su ciclo, estos empiezan a exhibir un comportamiento maternal. Si se bloquea en hembras preñadas, estas no construirán el nido ni cuidarán de sus crías una vez que hayan nacido[15].

¿Cómo se produce este cambio? Bianca Marlin, de la Columbia University, descubrió, en un estudio sobre ratones, que existen receptores de oxitocina en la corteza auditiva, y cuando la hormona se acopla aquí cambia la manera en que el área responde a las llamadas de las crías. Puede ser que tenga efectos similares en otras regiones del cerebro implicadas en el cuidado de las crías.

También en los seres humanos existen pruebas de que la oxitocina es importante para el vínculo entre los progenitores y las criaturas. Algunos estudios han puesto de manifiesto que los progenitores con niveles más elevados de la hormona tienen un vínculo más fuerte con sus bebés y el hecho de administrar a un progenitor oxitocina puede potenciar la actividad en aquellas partes de su cerebro implicadas en la empatía y la recompensa. Esto puede intensificar el deseo de estar con su criatura, a través de las mismas vías que nos incitan a comer o a consumir drogas. Pero también aquí existe un bucle de retroalimentación, ya que interactuar con una criatura promueve la oxitocina, lo que permite a los padres no biológicos que no han parido vincularse con sus bebés.

A partir del trabajo de los Klopfer fueron acumulándose rápidamente pruebas de que la oxitocina era vital para el amor entre los progenitores y sus criaturas, pero fue necesario otro hallazgo en animales para que la ciencia comprendiera que también era importante para las relaciones sentimentales: un descubrimiento en el que intervinieron unos topillos extremadamente enamorados.

---

[15] Sin embargo, en algunos casos las ratonas vírgenes sí que empiezan a cuidar espontáneamente de las crías que se les presentan después de que lleven a su alrededor apenas 15 o 20 minutos. Las ratas también pueden presentar este comportamiento, pero se requiere aproximadamente una semana de exposición para que adopten a las crías.

## TOPILLOS ENAMORADOS

En 1971, Lowell Getz era profesor de Zoología en la Universidad de Illinois y acababa de lanzar un estudio de 25 años de duración sobre las poblaciones de roedores en los campos que rodeaban la universidad. Para investigar sobre ellas, él y su equipo les ponían trampas para atrapar a los roedores y luego los registraban, los marcaban y los liberaban. Pero mientras esperaban sentados en el cobertizo del área de investigación, en el que había mucha corriente de aire, empezaron a observar algo extraño. Algunos de los topillos aparecían repetidas veces en parejas, generalmente un macho y una hembra. No solo eso, sino que al parecer las parejas permanecían juntas durante meses, pues a veces los investigadores capturaban a la misma pareja varias veces. Esto resultaba sorprendente, pues menos del 5 por ciento de los mamíferos son monógamos. Pero daba la sensación de que era la única especie de topillo que vivía esta vida en pareja: el topillo de la pradera. Otras especies muy relacionadas con esta casi nunca se capturaban en pareja.

Para profundizar en su conocimiento, Gezt eligió a 12 parejas de topillos de la pradera a los que les colocó pequeños rastreadores por radio montados en collares, de modo que pudiera seguir sus movimiento. Sorprendentemente, 11 de las 12 parejas vivían juntas en madrigueras subterráneas y aparentemente convivían de manera estable. ¿Y la última pareja? ¡Resultó que cada uno tenía una pareja esperándoles en casa y que los habían capturado mientras estaban explorando otras posibilidades!

Getz compartió estos hallazgos con Sue Carter, una colega de la Universidad de Illinois que estaba investigando sobre hormonas en hámsteres. Carter quedó deslumbrada por el hallazgo de Getz, pues nunca había encontrado roedores que mantuvieran vínculos de este tipo[16]. Juntos estudiaron cómo se relacionaban estos animales y descubrieron que los vínculos afectivos se formaban casi instantáneamente. En cuanto una hembra adulta olfateaba la orina de un macho sin rela-

---

[16] En una entrevista para la revista *Smithsonian,* Carter comenta su sorpresa ante este hallazgo y explica que estaba más acostumbrada a trabajar con hámsteres hembra que, a pesar de lo graciosas que parecen, a menudo matan a su pareja después de mantener con ella una relación sexual.

ción, se enganchaba a él. La pareja iniciaba entonces una sesión maratoniana de emparejamiento que podía durar hasta 40 horas y ya estaba, se habían unido para el resto de su vida.

Este descubrimiento desencadenó el inicio de décadas de investigación sobre la neurociencia de la monogamia, catapultando al estrellato a estas criaturas peludas. Los topillos de la pradera son estupendos para la investigación, pues es fácil compararlos con los topillos montanos que les son muy próximos pero no son monógamos. Entre estas dos especies existen también otras diferencias. Los progenitores en el caso del topillo de la pradera se ocupan ambos de sus crías y durante mucho tiempo (en la escala de los roedores). En el caso del topillo montano, el cuidado por parte de los progenitores es mínimo y enteramente responsabilidad de la madre. Los topillos de la pradera son sociales y pasan mucho tiempo en pareja, aunque no estén apareándose ni cuidando de las crías, mientras que los topillos montanos prefieren la vida solitaria.

La siguiente gran pregunta era por qué. ¿Qué diferencia había entre estos dos animales que provocaba dos comportamientos tan distintos? Tal vez, como era de esperar en el contexto de este capítulo, la respuesta resultaba ser, al menos en parte, la oxitocina. Carter y su equipo tomaron unos topillos hembra y les dieron a elegir. Podían quedarse en la habitación en la que habían empezado, a solas, o cruzar una o dos puertas. Su pareja estaba en la habitación 2, mientras que en la habitación 3 se encontrarían con un macho al que no conocían. Como era de esperar, la hembra prefería a su pareja, eligiendo quedarse en la caja con él un número significativamente mayor de veces que con el nuevo macho o en su caja original. Luego, los experimentos se diseñaron para explorar qué tenía que pasar para crear esta preferencia por la pareja. Hallaron que si los dos topillos habían estado viviendo en pareja durante 24 horas, aun cuando no se les permitiera acoplarse durante ese tiempo, la preferencia se formaba. Pero también podía formarse más rápidamente, en apenas seis horas, si a la pareja se le daba la posibilidad de tener una relación sexual.

Pero lo interesante fue que los investigadores pudieron recrear esta diferencia inyectando oxitocina. Si una hembra pasaba seis horas con una pareja y no se acoplaba con él pero se le administraba oxitocina, optaba por pasar la mayor parte de su tiempo con esa pareja durante la prueba. Y otros estudios revelaron que si se bloquean los receptores de oxitocina, una hembra que se ha emparejado recientemente no muestra una preferencia tan marcada.

Esto sugiere que el emparejamiento produce un aumento de la oxitocina, fortaleciendo el vínculo de la pareja; otros estudios también han mostrado lo mismo. El personal investigador cree que puede deberse a que una hormona para un tipo de comportamiento (el cuidado maternal y el vínculo entre progenitor y cría) se incorpora a otro (el vínculo de pareja), algo muy común en la evolución. Las sesiones maratonianas de acoplamiento de los topillos de la pradera significan que la hembra experimenta una intensa estimulación vaginal y cervical, lo que puede provocar la liberación de oxitocina del mismo modo que lo hace el parto.

¿Y qué hay de los machos? Al igual que las hembras, los machos que acaban de emparejarse muestran una fuerte preferencia por su pareja con respecto a una desconocida. Los estudios no concuerdan sobre si en ello influye o no la oxitocina, pues algunos han hallado que sí tiene un impacto sobre el vínculo, mientras que otros concluyen que no. Pero existe otra sustancia química muy parecida llamada vasopresina, que tiene un impacto más claro sobre la vinculación en los machos[17] . Al igual que a las hembras a las que se administra oxitocina, los topillos de la pradera machos a los que se administra vasopresina se vincularán a una pareja con la que acaban de pasar unas cuantas horas, sin emparejarse. Y bloquear la sustancia les impide formar un vínculo con una hembra con la que han vivido y se han emparejado. Cabe señalar que, una vez que se han emparejado, los topillos de la pradera machos se muestran agresivos hacia otros machos. Estos animalillos antes tan sociables atacan a cualquier nuevo macho que se les acerque a ellos o a su pareja, hecho que no ocurre con los topillos montanos. Aquí de nuevo, por lo visto, la responsable es la vasopresina.

---

[17] Al parecer la vasopresina también puede estar implicada, en cierta medida, en la vinculación femenina. En la actualidad una gran parte del personal investigador cree que ambas sustancias afectan a los dos sexos, pero al parecer las hembras responden más a la oxitocina y los machos a la vasopresina.

Comparando los topillos de la pradera con los montanos, se halló una diferencia llamativa. Administrar a los solitarios montanos una dosis de oxitocina o de vasopresina no les volvía monógamos, como cabía esperar. En cambio, tenía muy poco efecto en general. ¿Por qué la misma sustancia habría de causar reacciones tan diferentes en dos especies tan similares? Observar sus genomas ofreció una clave. Los dos animales tienen un ADN idéntico al 99 por ciento, pero esa diferencia del 1 por ciento radica en los genes vinculados al funcionamiento de sus hormonas. Y resulta que la diferencia importante está donde se sitúan en el cerebro los receptores para la oxitocina y la vasopresina.

Los topillos de la pradera tienen receptores para estas moléculas en los circuitos de recompensa del cerebro (véase el capítulo 3). Activar estas áreas cuando están con sus parejas significa que aprenden a asociarlas con los efectos de recompensa de la actividad sexual y les induce a pasar más tiempo juntos. Si bloqueamos estas hormonas, dicha actividad se vuelve efímera, como la de los topillos montanos, y perdemos el efecto de vinculación emocional.

Pero incluso entre los topillos de la pradera las diferencias genéticas tienen un importante efecto en cadena. ¿Te acuerdas de ese par de topillos que Getz descubrió que estaban «explorando otras posibilidades» mientras su pareja estaba en casa esperándolos? Esto no es raro. Aunque los topillos de la pradera forman vínculos de pareja monógamos, y viven y crían a sus retoños con una sola pareja, no son totalmente fieles en lo referente al sexo. Si se presenta la oportunidad, se acoplarán con otro topillo desconocido, y se estima que aproximadamente al 10 por ciento de las crías las cuida un topillo con el que no están relacionadas biológicamente. Esto significa que hay margen para algunos machos que no sientan la cabeza y que en cambio viven una vida de solteros, emparejándose ocasionalmente con hembras y permitiendo que otros machos ayuden a sus hembras a cuidar de sus crías.

Larry Young, investigador de la Emory University, Estados Unidos, descubrió que estos «picaflores», como se les suele llamar, presentaban diferencias en un gen relacionado con los receptores de vasopresina. Este gen tiene un área en la que el código genético se repite una serie de veces. Si un animal presenta menos repeticiones que la media, acabará teniendo menos receptores de vasopresina en algunas áreas del cerebro y tendrá mayor probabilidad de ser un picaflor. Cuantas más repeticiones, más receptores, y más fuerte será el vínculo emocional del animal con su pareja.

## LA SUSTANCIA QUÍMICA DEL ABRAZO

Al parecer, también en los seres humanos la evolución se apropió de uno de los sistemas, que permitía el vínculo entre las madres y sus crías, y lo modificó para crear vínculos emocionales de pareja entre seres adultos. Aunque puede sonar inverosímil, en realidad no resulta poco habitual. Es mucho más fácil integrar un sistema que ya está en uso que construir uno desde cero. Podemos apreciar el paralelismo si observamos el cerebro, pues en los sistemas de vinculación emocional, tanto maternal como de pareja, intervienen la dopamina en las áreas de «recompensa» del cerebro y los efectos de la oxitocina y la vasopresina.

En los seres humanos, resulta más difícil aislar los efectos específicos de estas hormonas. Para cada persona podemos medir su nivel en sangre, pero no podemos saber con certeza si se corresponde con el nivel en el cerebro. ¡Y, por supuesto, tampoco podemos inyectar hormonas directamente en el cerebro para estudiar su impacto!

Pero existen indicios de que algún papel desempeñan. Así, por ejemplo, cierto estudio halló que unos varones a los que se administró oxitocina puntuaban más alto el atractivo de su esposa viéndola en una fotografía, pero su puntuación de las imágenes de otras mujeres no variaba. Al mismo tiempo, su núcleo accumbens estaba más activo cuando contemplaban a su pareja después de recibir la oxitocina, lo que sugiere que hallaban su imagen más gratificante.

Por otra parte está el hecho de que, al igual que los topillos de la pradera, los seres humanos presentan los receptores para la oxitocina y la vasopresina en una serie de áreas del cerebro que se han relacionado con el amor, como el sistema de recompensa y el sistema límbico, incluida la amígdala. Estas dos hormonas tienen una estructura muy parecida y, en algunos casos, por lo visto una es capaz de activar los receptores de la otra, lo que dificulta distinguirlas. Las dos son importantes para la formación de vínculos a largo plazo. Pero si comparamos los datos en seres humanos y en animales, observamos que desempeñan papeles ligeramente diferentes. La oxitocina es una señal de seguridad, que reduce la ansiedad y te permite quedarte en un sitio y acercarte a alguien. La vasopresina participa en la protección de una relación y puede llevar a la agresión y a los celos.

Aunque tanto los hombres como las mujeres sintetizan las dos hormonas y responden a ambas, para la vinculación emocional los hombres tiran más de la vasopresina y las mujeres de la oxitocina. La manera en que estas afectan al cerebro también está marcada por hormonas sexuales como los estrógenos y la testosterona, que tal vez expliquen estas diferencias. Pero también hay diferencias en estas redes de vinculación entre individuos del mismo sexo. En parte esto se ve afectado por nuestros genes. En un estudio se halló que los hombres con genes que producen menos receptores de vasopresina tienen más probabilidad de tener problemas en su matrimonio y refieren menores niveles de satisfacción en su relación. Las diferentes respuestas de la dopamina en el sistema de recompensa también pueden influir. Pero esto no significa que ser infiel a tu pareja esté «programado genéticamente». De hecho, como hemos visto a lo largo de este libro, la experiencia, especialmente durante la juventud, puede alterar nuestros cerebros. Se diría que esto es así en el caso de nuestros sistemas de vinculación emocional.

Como vimos en el capítulo 2, el estrés durante la primera infancia puede tener un enorme efecto en cascada sobre el cerebro de una persona, y ello puede deberse en parte a cambios en este sistema. Un nivel demasiado bajo de oxitocina durante el desarrollo temprano debido a abusos o a la falta de relaciones (como las experiencias de las criaturas de los orfanatos en Rumanía) puede cambiar la manera en que el cerebro produce vasopresina y oxitocina en fases vitales posteriores. También puede afectar al lugar en el cerebro donde se sitúan los receptores para estas sustancias químicas y la cantidad presente de ellas. Esto podría explicar que, con respecto al tema de los orfanatos, las criaturas posteriormente formaran relaciones fuertes, así como los temas de salud mental que padecieron.

El vínculo con la salud mental se debe a que la oxitocina ayuda a hacer frente al estrés. Hace mucho tiempo que sabemos que las personas con relaciones sanas y de gran apoyo (ya sean o no sentimentales) son más resilientes ante los acontecimientos negativos de la vida y tienen menos probabilidad de enfermar. Ahora se cree que la oxitocina puede intervenir en ello, pues es capaz de mitigar la respuesta de huida o lucha que, como vimos en el capítulo 4, puede acarrear todo tipo de problemas si se activa a largo plazo.

¿Significa todo esto que algunas personas están condenadas a fracasar en sus relaciones debido a sus genes o a determinadas experiencias vitales tempranas? Creo que es poco probable. Todo lo que sabemos sobre el cerebro y su complejidad indica que nuestro destino no está escrito en nuestros genes, ni tampoco siquiera en la conexión de nuestras neuronas. Las sustancias químicas que bañan nuestro cerebro dejan margen para la flexibilidad. Y sabemos que en otros ámbitos de nuestra vida somos capaces de resistir las tentaciones y superar nuestros instintos. Puede ser que algunas personas consideren que la monogamia es la opción más fácil para ellas y que otras siempre se sentirán atraídas por la emoción de una relación nueva. Pero actuar sobre ese impulso es una opción, igual que lo es resistirse a él. Y hacer esa elección, una y otra vez, tal vez comience a alterar el cerebro, lo que hará que resulte más fácil resistir en el futuro.

Incluso para quienes no vemos la tentación a la vuelta de cada esquina, estar en una relación a largo plazo no es fácil. En los apasionantes días del enamoramiento, las sustancias químicas del cerebro lo saturan de emociones y nos hacen sentir que el objeto de nuestro deseo es todo lo que necesitamos. Pero con el tiempo estas sensaciones se atenúan y las que toman el control son las hormonas de vinculación emocional a largo plazo. Estas no se producen automáticamente: alimentarlas, a ellas y a la relación, es un proceso activo. La ciencia ha puesto de manifiesto que la oxitocina se produce cuando estás cerca de tu pareja, ya sea físicamente, a través de la actividad sexual o los abrazos, o de forma emocional. Pero si tienes una relación a larga distancia, ¡no te preocupes! Aunque existe escasa investigación sobre el tema, un estudio de Leslie Seltzer, de la University of Wisconsin-Madison, Estados Unidos, halló que simplemente hablar con alguien a quien amas (en este caso, una criatura hablaba con su madre) puede provocar la liberación de oxitocina[18].

Si la relación empieza a deteriorarse, como sucede con tanta facilidad cuando cada miembro de la pareja tiene una vida muy activa, los niveles de oxitocina pueden disminuir. Cultivar esa proximidad a lo largo de los años es clave para mantener viva la relación. Lo que todo esto significa es que una relación es una elección: tienes que repetirla una y otra vez. Cuando me enamoré de Jamie, no fue una decisión consciente, pero construir una vida con él sí lo ha sido. Y espero que sigamos eligiéndonos mutuamente en el futuro, activando esas sustancias químicas del cerebro que mantienen nuestra vinculación emocional. O, como escribió la autora Ursula K. le Guin en *La rueda celeste*: «El amor no se queda ahí colocado, como una piedra, hay que hacerlo, como el pan; rehacerlo todo el tiempo, hacerlo nuevo».

---

[18] Pero tienes que coger el teléfono, o meterte en una llamada de Zoom, porque la mensajería instantánea no surte el mismo efecto.

# 9

## Un dolor en el cerebro

El dolor más fuerte que he sentido jamás lo viví durante unas vacaciones en mis años universitarios. Mi facultad había organizado un viaje a la nieve y una noche hicimos una salida en trineo. Hacía frío, todo estaba oscuro; nos pusimos cuantas capas de ropa éramos capaces de llevar encima y subimos lentamente hasta lo alto de la pista, arrastrando nuestros pequeños trineos. ¡Y nos lanzamos! Al principio resultó muy divertido. La suave pendiente estaba iluminada con pequeñas luces y la bajamos riendo y conversando, utilizando los pies y los frenos (bastante inútiles) de los trineos para controlar la velocidad. En un determinado momento, un alemán que bajaba esquiando, envuelto en guirnaldas luminosas, nos adelantó y nos saludó alegremente para después desaparecer pista abajo.

Luego giramos y nos encontramos con lo que, al menos a mí, me pareció el borde de un precipicio. Los guías nos explicaron que esta parte la haríamos uno tras otro. No me hacía ninguna gracia. A diferencia de algunos de mis amigos, no me sentía envalentonada por el alcohol y mi reflejo de huida o lucha se desencadenó a toda máquina. El corazón se me disparó según se acercaba mi turno. Pensé en decir que no bajaba, pero enseguida me di cuenta de que no había otra opción. Tenía que lanzarme por aquella pendiente.

Fue probablemente el miedo lo que provocó lo que vino después. Uno tras otro, mis amigos se cayeron de sus trineos a mitad de la pista y llegaron abajo congelados y tal vez algo magullados, pero sanos y salvos. Luego me tocó a mí. Cuando empecé a embalarme, planté el pie y tiré de los frenos, tratando de recuperar el control. Lo que ocurrió después es un poco confuso. Debí de meterme en una bañera y, de repente, me encontré girada de costado, agarrada al trineo con todas mis fuerzas (aunque, en retrospectiva, habría sido mucho mejor que me hubiera caído, lo que me dice que mi instinto de supervivencia deja mucho que desear). Al cabo de unos segundos me encontré tumbada boca abajo en la nieve, con las extremidades retorcidas, en una posición que recuerdo que pensé que sería el dibujo a tiza perfecto de un monigote en una serie policiaca. Mi trineo había chocado contra la pared de hielo que separaba la pista en la que nos encontrábamos de la siguiente, y había rebotado contra ella, aterrizando a un metro o más de la misma.

Me llama la atención que no recuerdo haber sentido demasiado dolor en aquel momento. De hecho, ni siquiera me acuerdo de que, cuando llegaron los servicios de emergencia y me vendaron rápidamente un tobillo y una muñeca que se estaban hinchando, resultara particularmente doloroso. Me dolían un poco, y sabía que me tendrían que hacer una radiografía al llegar al pequeño centro de salud. Pero no era el tipo de dolor que pensé que podía producir la rotura de dos extremidades (ese resultó ser el diagnóstico). Sin embargo, el dolor se produjo cuando el médico cogió la muñeca con las dos manos y le pegó un tirón, como si estuviera abriendo un *cracker* de Navidad. Era necesario para volver a colocar los huesos en su posición correcta, pero ¡madre mía, qué dolor!

Recuerdo que grité y que luego las lágrimas se fundieron con la risa y que casi deliraba de dolor. Pero aun siendo desagradable, el dolor era importante. Si el tobillo no me hubiese dolido al apoyar el peso sobre él, posiblemente habría vuelto caminando al hotel, sin darme cuenta del daño que le habría causado. Y si el brazo no me hubiera dado pinchazos en los días siguientes, tal vez habría tenido menos cuidado al moverlo y no le habría dado el descanso que necesitaba para repararse. El dolor es una señal de aviso del organismo. Nos dice que estamos haciendo algo que tal vez nos perjudique y nos incita a parar. Y aunque no resulte nada desagradable, esto lo convierte en algo vital. Sin embargo hay personas que no sienten dolor, lo cual puede causarles todo tipo de problemas.

## Las personas que no sienten dolor

Imagínate una criatura que todo el rato está llena de heridas. La primera señal de que algo no iba bien se produjo cuando estaba echando los dientes y casi se atravesó la lengua de un mordisco. Luego, al crecer, siempre estaba cubierta de cardenales, cortes y quemaduras, y se pasaba la vida en el hospital por haberse roto algún hueso. Como es comprensible, pensarás que aquello era culpa de sus progenitores, que no cuidaban bien de su retoño. Pero, por angustioso que parezca, resulta increíblemente habitual que a las criaturas que no sienten dolor se las interne en una institución antes de haber diagnosticado su trastorno. La incapacidad de sentir dolor no es la bendición que cabría pensar; al contrario, es tremendamente peligrosa. Además de herirse sin darse cuenta, muchas personas con esta afección son incapaces de sentir dolor internamente, por lo que no detectan enfermedades como la apendicitis, que a menudo pueden acabar siendo mortales.

En muchos casos, la incapacidad para sentir dolor se debe a una alteración genética que afecta al desarrollo de los nervios que transportan las señales de dolor. Esto supone que dichas señales no pueden ser transmitidas adecuadamente al cerebro. En la actualidad no existe cura para esa enfermedad; por ello quienes la padecen deben aprender y recordar lo que es peligroso y lo que es seguro, y realizar autocomprobaciones manuales diarias para descubrir cualquier herida. Sin embargo, en algunos casos el problema no es la conexión sino las sustancias químicas que intervienen a la hora de enviar la señal. Para estas personas podría existir un tratamiento, pero para comprender cómo podría funcionar vamos a tener que empezar por los conceptos básicos de la transmisión de las señales de dolor.

A simple vista, se diría que el dolor es un fenómeno sencillo. En un famoso boceto, René Descartes, filósofo francés del siglo XVII, ilustró su interpretación del dolor representando a un hombre con una rodilla hincada en el suelo que acerca el pie a una pequeña hoguera. Unas líneas conectan el pie con el cerebro: Descartes explicó que se trataba de fibras nerviosas que llevaban la información sobre el daño que sufría la piel hasta el cerebro, causando la sensación de dolor. Este dogma sigue en gran parte vigente en la actualidad.

El problema no es que sea erróneo como tal, sino que es demasiado sencillo. Descartes tenía razón en muchos aspectos, y la anatomía básica del dolor sigue esta imagen. Si te haces daño en el pie, las fibras nerviosas de la piel mandan señales a la médula espinal. Aquí liberan dos sustancias en la sinapsis: glutamato, un neurotransmisor excitatorio implicado, como hemos visto, en prácticamente todo lo que hace el cerebro, y la sustancia P, presente por todo el cuerpo y que interviene entre otras cosas en inducir la inflamación. Estas sustancias activan otras fibras nerviosas que llevan la señal al cerebro.

Aquí es donde las cosas empiezan a complicarse un poco, porque si este fuera el único proceso implicado, cortar estas fibras nerviosas eliminaría por completo el dolor. Pero no es así.

Entonces ¿qué está sucediendo? Para contestar a esta pregunta, es preciso que comprendamos la fisiología y la bioquímica del dolor en su nivel más elemental. El dolor es un término que se utiliza para hacer referencia a toda una serie de experiencias y acontecimientos de diferentes tipos. Conque empecemos por lo que puede resultar el ejemplo más sencillo, el que utilizó el propio Descartes: lastimarse la piel.

Nuestra piel está lejos de ser una mera barrera pasiva que mantiene los órganos en nuestro interior separados del mundo exterior. De hecho contiene muchos sensores capaces de detectar toda una serie de elementos, desde las vibraciones hasta la temperatura. También contiene nociceptores, a veces llamados «receptores del dolor»[1]. Los nociceptores son terminaciones nerviosas libres, lo que significa que no tienen una estructura compleja; son simplemente las dendritas de las neuronas sensoriales.

Investigando para este capítulo me acordé de una clase de prácticas que tuve como parte de mi asignatura de neurociencia en la universidad. La dábamos en uno de esos laboratorios antiguos de pupitres de

[1] Aunque, como verás más adelante en este capítulo, tal vez se trate de un nombre poco apropiado.

madera cubiertos de marcas de los quemadores Bunsen y de otras manchas causadas por generaciones de estudiantes. Nunca se me borrará el olor de aquellos laboratorios, que no es desagradable, pero sí característico; cálido y fuerte, algo de lo que los relucientes laboratorios modernos carecen. Nos dividieron en grupos y nos dijeron que la práctica de aquella clase consistiría en investigar la percepción del dolor. Me juntaron con otras dos chicas de mi facultad, Steph y Kat, y, después de una breve conversación, Kat se ofreció voluntaria para la tarea que teníamos por delante. Vacilantes, Steph y yo le pusimos una venda en los ojos y, tras levantarle el brazo para que se le bajara la sangre, le ajustamos el manguito de un tensiómetro lo suficientemente fuerte como para cortarle la circulación.

A continuación viví uno de los periodos de 20 minutos más extraños de mi época universitaria. Cada dos minutos, Steph y yo teníamos que clavarle un alfiler en la mano a nuestra compañera y pedirle que localizara y describiera el dolor. Al principio sus descripciones eran las que cabía esperar. Cuando le pinchamos el dedo índice inmediatamente dijo ¡ay! y describió un dolor punzante en ese dedo. Las terminaciones nerviosas del mismo estaban detectando el daño que le estábamos causando y transmitiéndole mensajes de advertencia al cerebro. Estos mensajes circulaban por las fibras A-delta, que son anchas y están envueltas en la aislante mielina, lo que significa que las señales viajan rápidamente. Detectan un daño mecánico por encima de un determinado umbral (y posiblemente también en algunos casos el daño causado por el calor) y el dolor que produce se describe como agudo o punzante. También resulta fácil de localizar. ¡Sabes casi inmediatamente en qué lugar de la planta del pie se te ha clavado exactamente la chincheta que has pisado!

Pero estando ahí sentada, con el manguito bloqueándole la circulación de la sangre, el brazo se le empezó a quedar dormido. Las gruesas fibras A-delta, que requieren mucha energía, fueron unas de las primeras que dejaron de funcionar. La siguiente vez que la pinchamos, no respondió inmediatamente. Luego, al cabo de un momento, nos dijo que llegaba a sentir el dolor, pero que era una sensación diferente, no tanto un pinchazo agudo sino una sensación más difusa y de ardor. Y no podía determinar con seguridad de qué punto exacto de la mano procedía. Esto se debía a que ya no estaba recibiendo las señales de sus fibras A-delta; en cambio, la sensación provenía de otro tipo de nervio, conocido como fibras C, que son más finas y no tienen vaina de mielina, por lo que transmiten las señales de dolor más despacio y el dolor que producen es más difuso, más sordo, de quemazón, y más difícil de localizar. Estas fibras, al ser más pequeñas, no consumen tanta energía, por lo que pueden sobrevivir más tiempo sin riego sanguíneo.

Las fibras C tienen una terminación que reacciona ante una serie de estímulos diferentes potencialmente peligrosos. Algunas responden a un daño mecánico, como un corte en el dedo o un golpe en el dedo del pie. Otras se activan con el calor y todavía más con sustancias químicas, ya sean las del entorno o las que producen las células dañadas. Cuando nuestra piel sufre un daño, las células rotas se abren y empiezan a verter su contenido en el área circundante; además, las células dañadas también liberan toda una serie de sustancias químicas, incluidas histamina, bradiquinina y prostaglandinas. Estas inician inmediatamente el proceso de curación produciendo una inflamación y haciendo que desde los vasos sanguíneos llegue fluido al tejido, que se hincha. El mismo proceso atrae los glóbulos blancos para combatir la infección.

Pero las propias sustancias también estimulan las terminaciones nerviosas para que envíen más señales de advertencia. Eso es el dolor que dura más y que suele ir acompañado de hinchazón y rojez, que sentimos cuando nos lastimamos. Algunas de estas sustancias químicas pueden sensibilizar las terminaciones nerviosas, causando que estas respondan a estímulos ante los que no habrían reaccionado anteriormente. Existen otras terminaciones nerviosas, conocidas como nociceptores silentes, que no responden a los estímulos molestos al principio, pero que una vez que se ha inflamado la zona, comienzan a reaccionar. Por este motivo un golpecito en el área que rodea una herida o la ropa que roza la piel quemada por el sol pueden causar un dolor tan agudo. El proceso se conoce como sensibilización periférica. Es para esto para lo que algunos de los analgésicos comerciales de venta libre surten su magia. Por ejemplo la aspirina y otros compuestos relacionados bloquean la producción de prostaglandinas, reduciendo la sensibilización, motivo por el cual los analgésicos también son eficaces como antiinflamatorios. Sin embargo, solo funcionan con este mecanismo secundario y no hacen nada para bloquear las señales de dolor causadas por la herida inicial, por lo que no inhiben por completo el dolor.

## Dime dónde te duele

O sea, que dañarse la piel puede producir dolor, pero resulta que el dolor que sientes no es una respuesta directa a la gravedad del daño causado. Esta idea la introdujeron por primera vez Ronald Melzack y Patrick Wall en 1962. Propusieron que la vía del dolor tenía puntos distribuidos a lo largo de la misma, o «puertas», que podían verse influenciadas por otros factores. Por ejemplo, las fibras del dolor no son los únicos nervios que tienen sinapsis en la médula espinal, pues otra información sensorial también viaja a esta región. Estos dos tipos de información sensorial, según sugirieron, pueden interactuar a través de las interneuronas inhibitorias.

Las interneuronas son pequeñas neuronas que se sitúan entre otras dos neuronas. Las interneuronas inhibitorias, cuando están activas, bloquean la señal impidiendo que sea transmitida a través de cualquier neurona con la que compartan una sinapsis. Cuando la señal de dolor llega a la médula espinal, las interneuronas se desactivan, permitiendo que la señal pase a través de la «puerta» y llegue hasta el cerebro. Pero si hay mucha actividad en las fibras que llevan información, como el tacto, la presión y la temperatura, esto *activa* las interneuronas, dificultando que la información del dolor se envíe al cerebro, pues «cierra la puerta del dolor» de un modo eficaz. Por consiguiente, no es solo la cantidad de daño que detecta la piel lo que importa, sino también la proporción de estas señales de «dolor» con respecto a otras señales sensoriales. Y por eso ayuda frotarse una rodilla que nos hemos golpeado. Proporcionar esa estimulación táctil adicional puede contribuir a cerrar la compuerta y a hacer que la herida resulte menos dolorosa.

Otro hallazgo interesante es que el dolor en una zona del cuerpo reduce las respuestas al dolor en otras áreas. El mecanismo que lo genera también se produce en la médula espinal. Allí las neuronas son inhibidas cuando un estímulo doloroso se aplica a cualquier área del cuerpo distinta de aquella a la que responden, lo que impide que las señales de dolor se envíen desde múltiples áreas simultáneamente. Esto explica por qué, cuando tuve mi accidente de trineo, no noté el enorme cardenal que se me hizo en la cadera hasta que volvimos al hotel y me desvestí para meterme en la cama. Mi tobillo y mi muñeca rotos debieron de producir suficientes señales de dolor como para anular las que, en cualquier otra situación, habría sentido con un hematoma tan sensible al tacto.

Hemos visto cómo las neuronas de nuestra médula pueden incidir en las señales de dolor incluso antes de que estas lleguen a nuestro cerebro pero, por supuesto, el cerebro desempeña también un papel en la modificación de nuestra experiencia del dolor. Pensemos en la madre que levanta un árbol que ha caído sobre su criatura sin preocuparse por su propia pierna rota. O en el doloroso corte que se convierte en un dolor inaguantable en el momento en que te acuestas y no hay nada que te distraiga de esa sensación. Estos ejemplos se dan porque la experiencia del dolor es una respuesta del cerebro y la manera en que nuestro cerebro responde a los mensajes de nuestro cuerpo puede verse influenciada por toda una serie de factores.

Una manera de separar la herida de la experiencia es analizando la actividad del cerebro de alguien que sufre dolor. Esto también puede ayudarnos a empezar a diferenciar lo que hacen las distintas áreas del cerebro. Aunque no existe una región específica para el dolor, sí hay una combinación de áreas que se ha dado en llamar «matriz del dolor». Entre estas áreas se incluye la corteza somatosensorial, el área del cerebro que cartografía la información táctil de las partes del cuerpo. La investigación ha comprobado que la actividad en esta área está correlacionada con el lugar donde se produce el dolor y con la intensidad de este. Otras regiones importantes son las que están implicadas en la emoción, tales como la ínsula, la amígdala y el hipotálamo. Estas son las que generan tu reacción al dolor y tus experiencias de su carácter desagradable y su contenido emocional.

En estudios de imagen cerebral, las regiones que incluyen la corteza anterior cingulada[2] están al parecer más activas cuando la persona

---

[2] Se trata de una región del cerebro que se sitúa muy dentro de su mitad frontal y que interviene en la empatía, la detección de errores, la regulación de las emociones y, aspecto importante para este capítulo, la experiencia, tanto mental como física, del dolor.

experimenta el dolor como algo más desagradable. Si a la persona se le pide que centre su atención en el dolor, esta área se vuelve más activa; en cambio, si se le pide que se concentre en alguna música, se calma. También podemos observar cómo la expectativa puede tener un impacto sobre el dolor. Si nos dicen que algo nos va a doler, nos resultará más doloroso que si no lo estamos esperando[3], y esta área del cerebro estará más activa.

Esto se conoce como «control de arriba abajo», pues nuestro cerebro es capaz de potenciar o limitar nuestra experiencia del dolor en función de todo tipo de factores. Pero ¿cómo funciona exactamente este proceso? La ciencia sigue tratando de averiguar los detalles, pero estamos empezando a comprender el proceso básico. Y todo empezó hace miles de años, con una flor muy especial.

## LA AMAPOLA ANALGÉSICA

El opio, derivado de la humilde amapola, lleva miles de años utilizándose para tratar el dolor. Existen registros de su uso que se remontan a los años 3400 a. C. en Mesopotamia y su cultivo se extendió en la Antigüedad a Grecia, Egipto y Persia. En el siglo XIV cayó en desuso en Europa, pero unos 200 años más tarde, los comerciantes portugueses descubrieron que sus efectos podían sentirse mucho antes si la sustancia se fumaba. Ya en el siglo XVII, el opio se había convertido en una fuente de placer y se utilizaba como afrodisiaco. También resurgió su utilización en medicina, con la introducción del láudano, una mezcla de opio y alcohol que se vendía como remedio para todo tipo de males y hasta se daba a los bebés.

Entre tanto, el opio se introdujo en China y en Asia Oriental. Al darse cuenta de que la sustancia podía ser perjudicial, en 1799 el emperador chino Jianqing lo prohibió por completo. A pesar de ello, el mercado del opio no se resintió, y ello por una razón fundamental: el amor de los británicos por su taza de té. En el siglo XVIII, la Compañía

[3] ¡Lo que significa que probablemente deba de estarle agradecida al médico por no avisarme antes de reducirme la muñeca!

de las Indias Orientales importaba ingentes cantidades de té de China. El problema era que China no necesitaba gran cosa de los británicos a cambio, por lo que los comerciantes tenían que pagar en plata, cosa que no les convenía nada. Pero China estaba comprando un poco de opio. Así que los británicos ignoraron la prohibición del emperador, siguieron cultivando amapolas en India y las expedían por mar a China para cambiarlas por té. La adicción al opio siguió haciendo estragos en el país y el conflicto condujo a dos guerras del opio, con un intervalo de 20 años. El ejército chino, que se enfrentaba a los británicos y a los franceses, fue derrotado en las dos guerras y el país se vio obligado, no solo a volver a legalizar el comercio del opio, sino también a entregar Hong Kong a los británicos.

A pesar de sus inconvenientes, el opio estaba al mismo tiempo revolucionando la sanidad. En 1803, se aisló su ingrediente activo y se bautizó en honor a Morfeo, el dios romano de los sueños. La morfina y otros calmantes opiáceos siguen utilizándose hoy en día y son los analgésicos más eficaces que se conocen. Pero tienen efectos secundarios, tales como el mareo, las náuseas, el estreñimiento, el vértigo y una dificultad para respirar, lo que puede ser fatal si no se controla. También son potencialmente adictivos. A lo largo del siglo XIX, además de su uso médico, el opio y sus variantes se pusieron de moda como drogas recreativas, porque también son capaces de producir sensaciones de euforia, relajación, calor y tranquilidad.

A finales del siglo XIX comenzó la búsqueda de una versión que mantuviera sus efectos analgésicos pero careciera de los problemáticos efectos secundarios. El químico alemán Heinrich Dreser, que trabajaba para la compañía Bayer de Eberfeld, sintetizó un compuesto llamado diacetilmorfina[4], que era todavía más eficaz como analgésico y que, según pensaba la empresa, sería menos adictivo que la morfina. Debido a su gran potencia, se comercializó bajo la marca «Heroína», del alemán *heroisch*, que significa heroico o fuerte.

Al principio, la comunidad médica la acogió positivamente y se vendió sobre todo como antitusivo, pero ahora sabemos que la heroí-

---

4 Aunque en realidad había sido sintetizado por primera vez bastantes años antes, fue Bayer quien produjo el medicamento para su comercialización.

na es en realidad *más* adictiva que la morfina, porque es capaz de atravesar la barrera hematoencefálica más rápidamente. Una vez en el cerebro, se convierte en morfina y produce los mismos efectos que esta aunque más rápidamente. Enseguida la adicción a la heroína se convirtió en un problema en sí mismo. En la década de 1920 se dictaron normas para limitar la venta de opioides, lo que significó que solo podían venderse con receta médica. A pesar de ello, la adicción a las drogas callejeras opioides como la heroína, y a los analgésicos de prescripción médica, sigue siendo un enorme problema en todo el mundo.

## Orgullo y prejuicio

Aunque el opio y sus efectos en el organismo se conocen desde hace miles de años, todavía quedaba un misterio por resolver. ¿Cómo exactamente reducían estos compuestos el dolor y producían los demás efectos?

Hacia comienzos del siglo xx surgió la teoría de que todas las drogas tenían necesariamente su receptor correspondiente. Al unirse a esos emplazamientos especializados de las células, y bien al activarlos bien al bloquearlos, conseguían directamente cambiar la función de las células o incidir en cómo les afectaban las sustancias químicas naturales de nuestro organismo. Sin embargo, hubo que esperar hasta la década de 1960, cuando se desarrollaron los primeros fármacos capaces de bloquear los receptores (betabloqueadores, que afectan a uno de los receptores de adrenalina), para que la comunidad científica general aceptara esta teoría. Empezó a crecer el entusiasmo por la idea de que cualquier fármaco pudiera tener sus propios receptores.

En 1972, Candance Pert era estudiante de posgrado y trabajaba en el laboratorio de Solomon Snyder en la Johns Hopkins University, Estados Unidos. Tras pasar el verano anterior hospitalizada a consecuencia de una rotura de vértebra y tomando grandes cantidades de analgésicos, Pert aprovechó la oportunidad para estudiar en profundidad los opioides que le habían administrado. Comenzó su proyecto de investigación tratando de hallar los emplazamientos en los que se unían a las células: los receptores de opioides. Para ello utilizó morfina marcada mediante marcadores radiactivos, con la esperanza de que esta se uniría a sus receptores, con lo que podría saber dónde se localizaban. Lamentablemente, como suele ocurrir en ciencia, no funcionó. Las señales eran demasiado débiles e incluían demasiado ruido como para demostrar nada. Pert estaba convencida de que iba bien encaminada pero Snyder quería resultados y, dado que su proyecto no los estaba consiguiendo, decidió asignarla a otro proyecto que era «una cosa segura».

Pero Pert no estaba dispuesta a renunciar a su investigación. Tenía la intuición de que el problema de los resultados que había conseguido se debía a que había utilizado morfina. Pensó que necesitaba algo que se uniera con más fuerza que la morfina a los receptores de opioides, para que pudiera localizarlos con mayor claridad. Optó por la naloxona, un fármaco utilizado para revertir las sobredosis de opioides. Debido a su eficacia, se creía que la naloxona se unía a los receptores de opioides con más fuerza que la morfina, bloqueando las acciones de los opioides que ya estaban en el sistema de una persona, e incluso soltándolos de los receptores a los que ya se habían unido[5]. Pero ¿cómo podía conseguir esta sustancia sin el visto bueno de su supervisor?

Por fortuna, Agu, el marido de Pert, trabajaba en un laboratorio de psicología cercano y fue capaz de conseguirle un poco de naloxona. En cuanto lo recibió, lo mandó a marcar con un marcador radiactivo. Tenía todo a punto. Un viernes esperó hasta que sus colegas se hubieran ido a casa, de modo que tuviera todo el laboratorio a su disposición (a excepción de su hijo de cinco años, que estaba entretenido y contento jugando con unas botellas vacías) y puso en marcha el experimento. El lunes por la mañana fue corriendo al laboratorio y estalló de alegría al ver que su intuición había sido correcta y que el experimento había funcionado. Y ahí estaba la señal que demostraba que había encontrado el receptor de opioides.

En su libro *The Molecules of Emotion*, Pert describe el mundo de la ciencia como una carrera desbocada por llegar primero a descubrir y a publicar nuevos hallazgos. Otros laboratorios que también estaban tra-

---

[5] La naloxona se vende bajo la marca comercial de Narcan y lo llevan los servicios de emergencia para tratar rápidamente las sobredosis de opioides.

bajando con opioides eran sus rivales, en lugar de ser potenciales colaboradores, e incluso dentro de su propio laboratorio no le quedaba otra que luchar por defender su puesto. Al parecer aquello se debió en parte a la ambición de su supervisor y en parte al hecho de que fuera una mujer. Refiere relatos de mujeres científicas a las que se les negó la concesión de una beca y los estereotipos y las burlas que presenció entre bambalinas en su laboratorio dominado por los hombres. Fue este entorno el que condujo al escándalo que vendría después.

En 1978, Pert llevaba ya tres años trabajado en el National Institute of Mental Health (Instituto Nacional estadounidense de Salud Mental), liderando un equipo de 10 personas. Aunque Snyder le había hecho prometer que abandonaría su trabajo sobre el receptor de opioides cuando se marchó de su laboratorio, ella no había renunciado a su pasión y seguía intentando cartografiar estos receptores en regiones específicas del cerebro. Por ello se quedó sorprendida cuando Snyder la telefoneó inesperadamente para invitarla a la ceremonia de entrega de un premio. Se quedó todavía más estupefacta cuando descubrió que a Snyder le estaban otorgando el prestigioso premio Lasker por su trabajo sobre el receptor de opioides. Se reconocía al mismo tiempo la labor de otros dos investigadores: Hans Kosterlitz y John Hughes, que habían sido los primeros en aislar unas moléculas del cerebro de un cerdo que actúan como la morfina. Pert se sintió indignada por haber sido ignorada y se puso todavía más furiosa cuando Snyder le propuso que «se pusiera de pie para hacer una reverencia en la ceremonia».

Decidida a no permitir que se saliera con la suya aquel «círculo cerrado de hombres», le escribió una carta a Lasker explicando su queja, su rabia y su frustración por no haber sido premiada. También le envió una copia de la carta a la revista *Science*.

Al cabo de unas semanas, Julius Axelrod, mentor de Snyder, le hizo una petición a Pert. Estaba en el proceso de nominar a Snyder, Kosterlitz y Hugues como candidatos al Premio Nobel (era muy habitual que quienes ganaban el Lasker también consiguieran después el Nobel) y necesitaba su ayuda. Pert, que seguía furiosa, se negó. Entonces se dio cuenta de por qué no la habían incluido. El Nobel lo pueden compartir como mucho tres científicos vivos, por lo que uno tenía que quedarse fuera.

Por supuesto, toda esta controversia tuvo repercusiones y los tres hombres jamás consiguieron el Premio Nobel. Pero también tuvo un impacto duradero en Pert, que se hizo «tristemente famosa» y recuerda que fue «vetada» y dejó de repente de recibir invitaciones a intervenir en conferencias y otros eventos. A pesar de esta respuesta del *establishment*, Pert recuerda que las mujeres que colaboraban con ella la ensalzaron como su heroína.

Pert siguió investigando sobre los péptidos (pequeñas moléculas parecidas a los opioides) y sus receptores y publicó más de 250 artículos a lo largo de su carrera. Pero también hizo una incursión inesperada por el mundo de la medicina alternativa y la espiritualidad. Probablemente no resulte sorprendente que optara por un mundo mucho más acogedor y menos despiadado. Pero aunque la primera mitad de *The Molecules of Emotion* relata sus experiencias científicas y los descubrimientos que hizo, la segunda parte presenta algunos saltos en el razonamiento bastante increíbles desde el punto de vista científico. Llega a decir por ejemplo que sus hallazgos demuestran que todas las enfermedades tienen raíces psicológicas (incluso comenta lo importante que fue para ella escribirle aquella carta a Snyder, porque de no haberlo hecho tal vez le hubiera causado «una depresión y acaso incluso un cáncer o dos más adelante»), y hace la desconcertante afirmación de que «Dios es un neuropéptido». Personalmente me entristece que a Pert, que obviamente fue una investigadora apasionada y llena de talento, la expulsaran del mundo científico debido al politiqueo y a los prejuicios. Quién sabe cuántas otras científicas brillantes hemos perdido del mismo modo, pero que no alzaron la voz y no dieron a conocer su historia como lo hizo Pert.

## ¡NO TE PREOCUPES, NO ES MÁS QUE UNA HERIDA SUPERFICIAL!

Gracias a la tenacidad de Pert, ha quedado probada la existencia de receptores de opioides en el cerebro. Ahora sabemos que existen receptores de opioides en varios puntos a lo largo de la vía del dolor. Empezando desde la fuente del dolor, existen receptores en las neuronas sensoriales que conducen esa información sobre el dolor hasta la médula espinal. Cuando los opiáceos se unen a estas neuronas, dificultan su activación, lo que supone que liberan un número menor de neurotransmisores y menos glutamato y sustancia P en la sinapsis a nivel de la médula espinal. Sin unas sustancias químicas que transporten la señal al otro lado de la sinapsis, a la segunda neurona, en la médula espinal, no le puede llegar el mensaje, por lo que no se siente el dolor. Pero los opioides no se limitan a esto. También hay receptores en esta segunda neurona, así que aun cuando el mensaje consigue atravesar la sinapsis, allí los opioides reducen la probabilidad de que la segunda neurona dispare, por lo que nuevamente evitan que la señal llegue al cerebro.

Pero en el caso de que la señal sí alcanzara la segunda neurona y a través de esta el cerebro, los opioides intervienen desempeñando otro papel más. Al igual que la vía ascendente, que lleva la información sobre el dolor hasta el cerebro, existe otra vía que va en la dirección opuesta y que interactúa con ella. Los opioides actúan en una región del cerebro llamada sustancia gris periacueductal (SGPA), para activar esta vía descendente. Una vez activada, la vía descendente libera distintas sustancias químicas, entre las cuales GABA, serotonina, noradrenalina y más opioides en las sinapsis entre las neuronas sensoriales y la neurona que transportaría la señal hasta la médula espinal. Estas sustancias actúan conjuntamente para que resulte más difícil transmitir la señal, lo que reduce la sensación de dolor.

Imagina tus señales de dolor como minúsculas ambulancias que viajaran por una carretera que sería tu vía de dolor ascendente, y tu vía descendente de control del dolor como un río, cuyas aguas están retenidas por una compuerta. Cuando esta se abre, el río sigue su curso descendiendo monte abajo e inunda la carretera, lo que impide que el tráfico pueda pasar. Cuando la compuerta vuelve a cerrarse y el agua desaparece, las ambulancias pueden reanudar su viaje. Es decir, que los opioides, al liberar el río del control descendente del dolor, puede ejercer enormes efectos en cadena[6].

---

[6] Si quisieras llevar la analogía un poco más lejos, podrías pensar que, además de abrir la compuerta, los opioides también provocan que pinchen los neumáticos de las ambulancias (puesto que bloquean las señales de las neuronas sensoriales) y convierten el asfalto en

Esto es lo que hace que la morfina y otros compuestos relacionados sean unos analgésicos tan potentes y eficaces. Pero la razón por la que funcionan es porque nuestro organismo produce unas moléculas parecidas, llamadas opioides endógenos, como las encefalinas y las endorfinas. Y las puede utilizar para bloquear el dolor. De hecho tal vez algunas de las áreas de la matriz del dolor, esa red de áreas del cerebro que mencionamos más arriba, participen en el control del dolor, más que en la experiencia del mismo. Así, por ejemplo, la activación en la corteza cingulada anterior al parecer está relacionada con la mayor actividad en la SGPA y la estimulación eléctrica de la SGPA puede bloquear las señales de dolor. Esto sugiere que posiblemente la corteza sea capaz de aumentar o disminuir el dolor utilizando este sistema.

Sabemos, por ejemplo, que las personas que se *preocupan* más por el dolor (llamadas catastrofistas del dolor) de hecho *sienten* más dolor. Algunos estudios han hallado que las personas con pensamientos negativos acerca del dolor, como pensar que no lo van a soportar o que nunca va a mejorar, puntúan el mismo estímulo como si fuera más doloroso. Las áreas emocionales de su cerebro también están más activas. No sabemos exactamente qué provoca esto, pero se han propuesto varias hipótesis. Puede ser que estos pensamientos signifiquen que prestan mayor atención al dolor y que no se pueden distraer de él tan fácilmente, por lo que lo sienten con mayor intensidad; o también que esperan que sea más doloroso y, como hemos visto antes, las expectativas pueden tener un impacto en las experiencias. Al parecer algunas regiones de la corteza, incluidas las áreas prefrontales y el cíngulo anterior, son capaces de ejercer un control «de arriba abajo» sobre el sistema del dolor, utilizando nuestras moléculas opioides naturales y esta vía descendente de control del dolor. Desviar la atención o cambiar las expectativas tal vez altere este proceso, haciendo que el dolor resulte más o menos soportable.

De hecho, en algunos casos es este sistema el que es disfuncional en las personas que no sienten dolor. Estas tienen unas vías descendentes de control del dolor hiperactivas, por lo que sus «ríos» siempre están

---

chicle (ya que dificultan que las neuronas de la médula espinal disparen). ¡Pero eso es casi una saturación de analogías!

fluyendo y sus «ambulancias» nunca pueden alcanzar el cerebro. Esto se puso de manifiesto administrando naxolone a una de estas personas muy excepcionales, bloqueando sus receptores opioides. Al cabo de unos minutos, fue capaz de detectar estímulos dolorosos que antes no sentía en absoluto, e incluso refirió un dolor en una pierna que se había roto varias veces en su vida. Cabe la esperanza de que, estudiando a este tipo de personas, consigamos desarrollar fármacos más eficaces para el tratamiento del dolor; pero, mientras tanto, ¿existe alguna manera de activar nuestra propia vía bloqueadora del dolor?

Pues resulta que sí existe. Una experiencia habitual que pone de manifiesto el poder de los opioides naturales del organismo es lo que se conoce como «analgesia inducida por el estrés». En algunos casos, cuando estamos en una situación de estrés intenso, el cerebro activa la vía descendente, bloqueando el dolor y permitiendo hazañas sorprendentes como las de los soldados capaces de caminar kilómetros con una pierna rota para ponerse a salvo.

Este proceso se inicia en unas neuronas en la corteza, la amígdala y el hipotálamo. La activación del sistema del estrés en estas regiones causa la liberación de opioides y cannabinoides endógenos (sustancias químicas naturales relacionadas con el ingrediente activo en el cánnabis) en la SGPA. Igual que vimos antes con la morfina y otras sustancias relacionadas, estos activan la vía descendente, bloqueando las señales de dolor ascendentes.

Pero, como siempre, hemos de tener cautela a la hora de interpretar estos estudios. El alcance de la analgesia inducida por el estrés varía dependiendo del tipo de dolor, el tipo de estrés y la persona. Sabemos por ejemplo que la distracción también puede actuar como un analgésico. Las personas con quemaduras graves a las que les ponen gafas de realidad virtual mientras les cambian los vendajes han referido menores niveles de dolor que quienes no las llevaban. Y las personas aprenden a distraerse del dolor. En un estudio de imagen a cargo de Irene Tracey, jefa del departamento de Neurociencias Clínicas de la Universidad de Oxford, las personas conseguían que su dolor disminuyera mediante la distracción y puntuaban los mismos estímulos como menos dolorosos que cuando estaban pendientes de ellos. Cuando se distraían, su SGPA se activaba más, lo que respalda la idea de que la distracción opera a través de los mismos mecanismos que la analgesia inducida por el estrés. Las neuronas vinculadas al dolor ascendente en la médula espinal también están menos activas cuando la atención de la persona está centrada en otra cosa que cuando está pendiente del mismo estímulo doloroso. Y el naloxone, que bloquea los receptores opioides, debilita los efectos analgésicos de la distracción, lo que pone de manifiesto que esta también funciona a través de los opioides naturales[7]. ¿Cómo podemos entonces saber que el estrés no está actuando simplemente como otro tipo de distracción?

## ¡JO*, LO QUE DUELE ESTO!

Un científico que ha estado tratando de desentrañar este problema es Richard Stephens, profesor titular en la Keele University, Reino Unido, que trabaja sobre un tema bastante sorprendente: blasfemar. La investigación de Stephens se la inspiró su propia experiencia y el hecho de que todas las personas a las que conocía solían blasfemar cuando se hacían daño. Su eterna curiosidad lo llevó a averiguar por qué. ¿Era solo una respuesta aprendida, podía reportar algún beneficio o era posible que hiciera nuestro dolor todavía peor? Le pedí que me explicara cómo algo tan sencillo como blasfemar podía incidir en nuestros niveles de dolor.

> Puede que blasfemar haya sido una forma de pensamiento catastrófico [...] «Catastrofizar» es valorar el nivel de amenaza que supone una herida. Todas las personas estamos en un espectro, pero alguien que piensa que cortarse con una hoja de papel puede suponer una amenaza para su vida está teniendo una reacción catastrófica, y eso empeora el dolor. Luego si blasfemar fuera una forma de pensamiento catastrófico, de hecho empeoraría el dolor. Pero esto me pareció poco probable: cuando blasfemo porque siento dolor, espero que el dolor se me alivie.

[7] Aunque seguía produciéndose un leve efecto analgésico de distracción cuando los pacientes tomaban naloxone, por lo que deben de intervenir múltiples mecanismos, algunos de los cuales no funcionan a través de opioides.

Se puso a diseñar un experimento. Uno de los recursos más habituales con los que las investigaciones miden la tolerancia al dolor es pidiendo a las personas participantes que mantengan la mano dentro un cubo de agua con hielo el mayor tiempo posible. Como podrás imaginar, esto al principio resulta desagradable, pero rápidamente se vuelve increíblemente doloroso. La buena noticia, sin embargo, es que mientras se respete un límite máximo y seguro de tiempo, no se causan daños a largo plazo, luego es más fácil conseguir la aprobación de los comités éticos que con otros métodos que pudieran ser perjudiciales para las personas voluntarias[8].

En los años siguientes, Stephens pasó horas con sus participantes, registrando el tiempo durante el cual conseguían tener la mano en el cubo si blasfemaban, y comparándolo con cuando decían una palabra menos soez.

> Pedimos a la persona que elija la palabrota que va a utilizar, y luego, como condición de control, queremos que sea capaz de seguir articulando palabras del mismo modo, por lo que le pedimos que elija una palabra que describa una mesa. Luego repite la palabrota o la palabra referente a la mesa cada pocos segundos.

A lo largo de una serie de estudios hallaron que blasfemar permitía a las personas participantes mantener la mano dentro del cubo durante más tiempo que si decían la palabra neutra. También funciona mejor que con las palabras que el equipo de Stephen había inventado, que sonaban un poco como palabrotas: eran palabras tipo «lamuta» u «oleeer». Pero estas no surtían el mismo efecto analgésico que las verdaderas palabrotas.

En algunos de sus estudios, Stephens halló que blasfemar al parecer provoca que el corazón se acelere y las palabrotas se valoran como muy emocionales. Stephens cree que es esta respuesta emocional la que causa el alivio del dolor, pues blasfemar desencadena una analgesia inducida por el estrés. Sin embargo, cabe señalar que esto no le funciona a todo el mundo. «La frecuencia con la que dices palabrotas en tu vida

---

[8] Los cortes con una hoja de papel por lo que se ve están excluidos...

cotidiana también influye [...] las personas que blasfeman todos los días no logran el mismo beneficio».

Resulta sorprendente que blasfemar incluso pueda reducir el dolor mental. Un equipo de investigación utilizó un juego llamado «Cyberball» en el que las personas enseguida quedan excluidas de un juego virtual en el que hay que atrapar una pelota, y descubrió que las sensaciones de ostracismo se reducían cuando la persona blasfemaba. Nuevamente, quienes blasfemaban más frecuentemente en su vida normal sentían mayor alivio del dolor, lo que sugiere que pueda estar actuando un mecanismo parecido. En conclusión, ¿deberíamos echar siempre sapos y culebras por la boca cuando nos golpeamos un dedo del pie? Pues, de acuerdo con Stephens, tiene pocas desventajas[9]: «Lo bueno de blasfemar es que es gratis, está libre de drogas, no tiene calorías y tiene los beneficios que hemos dicho».

## PLACEBOS ANALGÉSICOS

Hemos visto que el dolor que sentimos a consecuencia de algo depende de toda una serie de factores diferentes, desde el entorno hasta la personalidad. Pero, al menos en mi caso, una de las cosas que más me fascina del dolor es el efecto placebo. Todas las personas somos susceptibles de sugestionarnos, por mucho que pretendamos negarlo, y algunos estudios demuestran que esto es particularmente cierto en lo referente al dolor. Aunque lo primero que a la mayoría de la gente se le ocurre cuando pronuncias la palabra placebo es una píldora de azúcar[10], en realidad los placebos se presentan de muchas formas diversas.

Un placebo se define como una sustancia o un tratamiento inertes, diseñados de modo que su valor terapéutico sea nulo. Pero esta definición lleva implícito un fallo, pues sabemos que los placebos *sí* tienen un valor terapéutico. Por eso cualquier fármaco nuevo debe someterse a ensayo frente a un placebo, de modo que sepamos que cualquier me-

---

[9] Siempre y cuando no seas enseñante de primaria o estés en un programa de la radio de difusión nacional en ese momento, claro.

[10] O el excelente grupo de rock de los 90.

jora se debe a la propia sustancia y no al hecho de tomar una pastilla o de que te pongan una inyección.

¿Cómo es posible que una sustancia inerte como el azúcar o una solución salina calmen el dolor? Al parecer todo se debe a estos opioides que produce nuestro cerebro. Cuando nos dan una pastilla, o nos ponen una inyección, y nos dicen que aliviará nuestro dolor, tenemos la expectativa de que eso sea lo que ocurra. Y esta expectativa al parecer basta para incitar a nuestro cerebro a liberar opioides desde la SGPA hasta nuestro sistema de control descendente, lo que bloquea las señales de dolor y nos alivia. Algunos estudios han puesto de manifiesto que bloquear los receptores de opioides puede evitar que funcionen los analgésicos placebo.

Si escaneamos el cerebro de una persona a la que hemos administrado un placebo, podemos empezar a identificar las regiones implicadas. Muchas de las regiones cuya actividad está correlacionada con la fuerza del efecto placebo se sitúan, como era de esperar, en las partes del cerebro que responden al dolor, tales como la ínsula y las cortezas somatosensoriales. Pero durante la *anticipación* del dolor, también son importantes las regiones prefrontales. Una mayor actividad en estas al parecer está correlacionada con una menor actividad en las áreas de respuesta al dolor. Aquí podría ser donde las expectativas surten su efecto, pues sabemos que las áreas prefrontales son importantes para el pensamiento consciente. Además, están conectadas con la SGPA y su vía de control descendente del dolor, así como con el sistema de recompensa del estriado, que también se ha relacionado con la respuesta al placebo.

Pero, como ocurre siempre en el cerebro, los placebos son más complicados de lo que cabría pensar a simple vista. En la mayoría de los estudios, la expectativa la induce un científico que miente a una persona participante. Por ejemplo, podemos observar cómo la valoración del dolor de una persona disminuye cuando le dicen que le han dado morfina, aun cuando todavía no se la hayan administrado. Y es posible que su dolor vuelva a aumentar cuando le digan que ya no le están poniendo morfina, aun cuando sigan administrándosela (esto en realidad es un efecto nocebo, el gemelo malvado del efecto placebo). ¡De hecho, decirle a alguien que le estás administrando un fármaco y no hacerlo puede resultar más eficaz que administrárselo sin decirle nada!

Pero la información verbal no puede explicarlo todo. Así, por ejemplo, el efecto placebo funciona mucho mejor en personas a las que previamente se les ha administrado morfina y que ya han experimentado los efectos analgésicos de esta, lo cual sugiere que parte del efecto que tienen los placebos se debe a un proceso inconsciente de aprendizaje, a menudo llamado condicionamiento. Con el tiempo, las personas aprendemos a asociar algunas experiencias con el alivio del dolor, y ahí interviene el efecto placebo.

Por ejemplo, en un estudio de Luana Colloca y su equipo, a las personas participantes les dijeron que les aplicarían la misma descarga eléctrica cada vez que se encendiera una luz. Pero, según explicó el personal experimentador, cuando vieran una luz roja se generaría un procedimiento que haría más intenso el dolor, mientras que si veían una luz verde habría otro procedimiento que lo reduciría. El color ámbar significaba que solo se produciría la descarga. El segundo «procedimiento» que supuestamente se utilizaba en el experimento de hecho no existía, y solo se aumentaba la descarga cuando la luz era roja y se disminuía cuando era verde (el ámbar, con un nivel intermedio de dolor, funcionaba como control). Este experimento, y su correspondiente mentira, producían en las personas participantes la sensación de que las luces afectaban a su nivel de dolor, lo que las preparaba para la siguiente fase del mismo.

Una vez finalizada esta fase de entrenamiento, las personas participantes pasaban a otra prueba. Esta vez se les aplicaba siempre *el mismo* estímulo doloroso, pero las personas participantes lo valoraban como mayor cuando veían una luz roja que cuando la veían ámbar y como menor cuando la veían verde. También hallaron que, cuanto más entrenaban a las personas participantes, más se asociaba el alivio del dolor con la luz verde y más duradero era el efecto.

En estos experimentos sigue existiendo un componente de expectativa. Pero Ted Kaptchuk, de la Harvard Medical School, observó algo interesante sobre los estudios con placebo que había estado realizando. Estaba trabajando con personas que tenían síndrome de colon irritable, muchas de las cuales habían probado sin éxito diversos tratamientos para su dolencia. A menudo le decían que no esperaban que el tratamiento funcionara y, sin embargo, muchas de ellas mejoraban durante el ensayo. Por lo tanto, empezó a preguntarse si la expectativa tenía algo que ver. ¿Era posible que los placebos funcionaran aun cuando la persona sabía que era un placebo? Su equipo se puso a investigarlo y la respuesta resultó ser que sí; e incluso cuando a los pacientes se les decía que las pastillas de azúcar que les habían dado no tenían ingredientes activos, a menudo se sentían mejor. Las científicas y los científicos no saben exactamente cómo funciona esto, pero al parecer las expectativas conscientes no son las únicas responsables del efecto placebo, como solíamos pensar. En cambio, puede tratarse de una combinación de factores que actúan conjuntamente para producir el efecto.

Saber que los placebos pueden funcionar aun cuando los y las pacientes saben que son placebos es no solo fascinante, sino de una relevancia clínica enorme. Aunque sabemos que los placebos podrían ayudar a muchas personas sin tener los efectos secundarios negativos que a menudo producen los analgésicos y otros fármacos, los médicos tienen un problema a la hora de recetarlos, porque no les gusta mentir a sus pacientes. Decirle a alguien que le estás administrando morfina cuando en realidad lo que le has dado es una solución salina sería una pesadilla ética e iría en contra del juramento hipocrático. Pero si pudieras decirle a alguien que está tomando un placebo, pero que para muchas personas ha resultado eficaz, tal vez los médicos podrían utilizar la fuerza de los placebos sin perder la confianza de sus pacientes.

## El círculo vicioso del dolor crónico

Un grupo de personas para las cuales los placebos podrían proporcionar un alivio que necesitan a gritos es el de aquellas con dolor crónico. Como hemos visto, el dolor evolucionó como sistema de alarma y, para la mayoría de las personas, dicho sistema funciona adecuadamente. El dolor evita daños mayores. Nos instruye sobre cómo quitar la mano de la sartén caliente o evitar poner peso sobre un tobillo roto para que pueda sanar. También nos enseña a no repetir actos que nos lastimaron en ocasiones anteriores. Alguien que se ha quemado derramando una taza de café caliente en su regazo mientras conducía probablemente tendrá más cuidado la próxima vez. Su experiencia dolorosa ha actuado como una herramienta de aprendizaje.

Pero en algunos casos nuestro sistema del dolor aprende con demasiada vehemencia y se vuelve hipersensible, lo que puede desencadenar el dolor crónico. Por desgracia, el dolor crónico es sorprendentemente habitual. Un estudio de revisión publicado en *BJM Open* en 2016 halló que entre un tercio y la mitad de la población del Reino Unido sufre alguna forma de dolor crónico.

El primer paso hacia el desarrollo del dolor crónico es la sensibilización periférica que comentamos anteriormente en este capítulo. El daño causado a las células provoca la liberación de sustancias químicas que aumenta la actividad de los receptores en el sistema del dolor, como ocurre cuando se produce una inflamación alrededor de una herida. Pero si esto ocurre durante un periodo de tiempo prolongado, pueden producirse cambios a más largo plazo en las propias neuronas, lo que las vuelve más sensibles. Esto se conoce como sensibilización central.

Otra razón habitual de la sensibilización central es que se hayan dañado los nervios. Cuando esto sucede, es posible que disparen repetidamente. Esto activa los nervios en la médula espinal, que lleva la señal de dolor hasta el cerebro. Pero además de nervios que responden *específicamente* a un tipo de estimulación, ya sea dolor o tacto o temperatura, también existen nervios en la médula espinal que responden de modo *no específico* a todas estas sensaciones. Estos le dicen a tu cerebro lo intenso que es el estímulo y disparan más rápidamente cuanto más intensa es la sensación. Cuando se activan repetidamente, como en el caso de lesión de los nervios, estas células empiezan a cambiar. Se vuelven más sensibles y responden con mayor intensidad a estímulos que anteriormente solo habrían producido una respuesta débil.

Este proceso es muy parecido a la potenciación a largo plazo, un mecanismo implicado en el aprendizaje (véase el capítulo 2). Una entrada repetida de los nervios provoca la liberación de grandes cantidades de glutamato, que, junto con otras sustancias químicas tales como la sustancia P, hacen que la segunda célula se active durante un periodo de tiempo más largo. Esto desencadena cambios en las neuronas, fortaleciendo sus conexiones y facilitando que la primera neurona active la segunda. Esto puede conducir a sensaciones que antes solo se habrían percibido como tacto, activando los nervios del dolor y, por lo tanto, causando dolor. Incluso es posible que los propios nervios se exciten unos a otros, de modo que una señal enseguida se difundirá, causando una cantidad todavía mayor de dolor. También puede ser que disminuyan otras sustancias químicas como el GABA, que normalmente inhiben estas señales de dolor.

Aunque este mecanismo se conoce mejor en el caso del dolor causado por la inflamación y la lesión de los nervios, al parecer otras formas de dolor crónico tienen mecanismos parecidos. De hecho, sabemos que un factor de riesgo para desarrollar un dolor crónico tras una lesión es una gestión inadecuada del dolor. Convivir durante mucho tiempo con una lesión dolorosa y con insuficientes analgésicos te hace correr el riesgo de que se produzca este proceso de sensibilización central. Cabe imaginarlo como un error en el sistema de alarma del cuerpo. Una activación reiterada significaría normalmente que sigues haciendo algo que puede perjudicarte. El cuerpo, eficazmente, cree que estás ignorando sus sistemas de alarma y por lo tanto los intensifica.

El cerebro también desempeña un papel en el dolor crónico, pues se producen cambios en la vía descendente. Las células del tronco encefálico, por ejemplo, pueden desencadenar la liberación de serotonina en la médula, lo que al parecer produce señales de dolor, así como noradrenalina, que las inhibe. En el dolor crónico, también estas neuronas sufren cambios, liberando más serotonina y menos noradrenalina, lo que hace que los nervios de la médula espinal se activen más fácilmente[11].

También se producen cambios en las regiones prefrontales del cerebro de las personas con dolor crónico. Algunos estudios han puesto de manifiesto una disminución de materia gris en algunas partes de esta área, que conecta con el sistema límbico. Esto puede significar que sea

---

[11] Te pongo un sobresaliente si has observado algo raro aquí. Antes te dije que la serotonina contribuía a que la vía descendente bloqueara el dolor y ahora te estoy diciendo que ayuda a activar la vía ascendente del dolor. No es que me haya equivocado. La serotonina al parecer es capaz de desempeñar los dos papeles, dependiendo del tipo de dolor del que se trate. Puede hacerlo porque tiene un montón de receptores diferentes; cuáles se activan en cada caso puede alterar por completo el efecto que produce en la transmisión del dolor.

menos probable que estas personas utilicen el control de arriba abajo para inhibir su dolor. Un estudio que hizo el seguimiento de personas durante un año después de que se lesionaran la espalda halló que la mitad de ellas desarrollaron dolor crónico y sus cerebros se alteraron a lo largo del estudio. Luego está claro que el dolor provoca estos cambios y no inversamente.

Otra forma de plantear el desarrollo del dolor crónico está relacionada con el error de predicción y el aprendizaje de la recompensa que comentamos en el capítulo 3. Nuestro cerebro está constantemente haciendo predicciones sobre el mundo y comparándolas con el resultado; además, utiliza cualquier desviación (o error de predicción) para ajustar sus expectativas para la siguiente ocasión. Supongamos que predice que agacharse está bien, pero luego resulta que te lastimas la espalda. La próxima vez que te agaches, tu expectativa será que te va a doler. Hasta ahí, todo en orden. El problema surge porque, como ahora bien sabes, la expectativa del dolor puede en realidad empeorarlo. Cuando te vuelves a agachar, debido a tus expectativas, el dolor *resulta* mayor. Esto supone otro error de predicción, y tu cerebro incrementa sus expectativas de dolor. Has caído en un círculo vicioso. Esto al parecer se produce en los mismos circuitos implicados en el procesamiento de la recompensa y en la motivación (véase el capítulo 3), donde las señales que predicen el dolor activan el núcleo accumbens. Sin embargo, no está claro cómo se conecta este exactamente con las áreas del cerebro que sabemos que modulan el dolor.

¿Cómo podemos romper este círculo? La respuesta al parecer es aliviar el dolor de manera temprana y eficaz. Algunos estudios han hallado que aquellas personas cuyo dolor se gestionó pronto esperan que su dolor disminuya en el futuro. Pero cada intervención ineficaz aumenta la expectativa de dolor futuro de una persona.

Nada de esto implica que el dolor crónico no sea real. Es tan real y perturbador como cualquier otro dolor, pero es importante entender el mecanismo, porque es posible que muchas personas ya no estén conectadas con el problema que originalmente lo desencadenó. Aunque puede que sientas el dolor de espalda, o el del brazo que te rompiste hace años, de hecho esto tal vez se deba a un trastorno del sistema nervioso. Eso es lo que es preciso tratar, no la parte del cuerpo en sí misma.

Esta perspectiva podría conducir a algunas ideas interesantes sobre el dolor crónico. Tal vez, si no pudiéramos alterar las propias señales de dolor, podríamos cambiar el modo en que el cerebro de una persona responde a las mismas, abordando esa diferencia entre la intensidad y lo desagradable que resulta. Algunos estudios, por ejemplo, han demostrado que la hipnosis reduce la actividad en la corteza cingulada anterior. Las y los pacientes refieren que, aunque sigan sintiendo dolor, no les preocupa tanto y son más capaces de continuar desarrollando su actividad diaria.

Está claro que los fármacos desempeñan un papel importante en el tratamiento del dolor, especialmente del dolor agudo. Pero, como siempre, tienen efectos secundarios. Los hallazgos son variables, pero existen pruebas de que incluso los analgésicos más eficaces, los opioides, pueden dejar de surtir efecto si se toman durante mucho tiempo. Esto podría deberse a que las personas desarrollan una tolerancia a los mismos y sus organismos regulan el número de receptores o sus propias sustancias químicas opioides, disminuyéndolos, para contrarrestar los fármacos. Comprender mejor estos procesos y cómo nuestro cuerpo se regula cuando se ve inundado de sustancias químicas externas podría ser clave para desarrollar mejores tratamientos contra el dolor en el futuro.

En el caso del dolor a más largo plazo, también puede haber cabida para los tratamientos sin medicamentos. Hemos visto a lo largo de este capítulo cómo el cerebro es capaz de controlar las señales de dolor que le llegan activando la vía descendente para disminuir este. Utilizar esto conscientemente no es nada nuevo. Si alguna vez te has frotado una rodilla después de golpeártela, has soltado una retahíla de palabrotas después de torcerte un dedo del pie o has distraído con su juguete preferido a una criatura que lloraba, has utilizado estos sistemas de control del dolor. Y la gestión del dolor utilizando técnicas como la terapia cognitivo-conductual, el yoga y la meditación ya están abriéndose camino en la medicina tradicional. Su objetivo es incidir en cómo el cerebro percibe el dolor o tratar las cuestiones referentes al estado de ánimo que tan frecuentemente acompañan las afecciones dolorosas y que son susceptibles de agravarlas. Pero estudiando más a fondo las vías de control del dolor del cerebro, tal vez lleguemos a encontrar modos de activarlas más eficazmente y de utilizarlas para controlar el dolor en entornos más extremos.

Por supuesto, como siempre, aquí también hay que alcanzar un equilibrio. Hemos visto que una vía descendente hiperactiva puede provocar tantos problemas como otra hipoactiva. Nuestro cerebro y nuestro sistema nervioso siempre están tratando de mantener un equilibrio, sin sobrecargarse demasiado con ninguna de las sustancias químicas ni tener dificultades a la hora de comunicar por no tener bastante de alguna de ellas. Hallar maneras de mantener este estado podría ayudarnos en muchísimas áreas de nuestra vida. Pero también recomendaría no estampar el trineo contra una pared de hielo, a poder ser.

# CONCLUSIÓN

A lo largo de este libro hemos visto que el cerebro es más complejo y está más interconectado de lo que yo jamás había imaginado. Muchas veces los procesos no los controla una única área del cerebro, ni siquiera una única red de áreas, sino redes que compiten, interactuando e inhibiéndose unas a otras. El equilibrio entre estas redes, controladas por sustancias químicas que les permiten comunicarse, determina si una persona está dormida o despierta, si tiene hambre o está saciada, y si debe o no perseguir un determinado objetivo. Este equilibrio es delicado y cualquier cambio en el entorno o en nuestra conducta, por pequeño que sea, es susceptible de inclinar la balanza hacia un lado o hacia el otro. Esto es lo que nos confiere nuestra extraordinaria flexibilidad y nos permite adaptarnos al mundo que nos rodea.

A medida que la ciencia va desentrañando estas redes, está empezando a descubrir la cantidad de procesos diferentes que las sustancias químicas de nuestro cerebro controlan. Al activar los distintos receptores, una misma sustancia puede ejercer efectos aparentemente opuestos, incluso en la misma región del cerebro. A qué ritmo y durante cuánto tiempo se libera dicha sustancia también pueden modificar su impacto en nuestro cerebro. Por ello, la mera idea de que una sustancia química cerebral sea responsable de un tipo de sensación o de comportamiento, a menudo difundida por quienes pretenden vendernos algo, está muy lejos de la verdad. Renunciar a tu móvil durante 24 horas en un «ayuno de dopamina», que supuestamente te ayuda a resetear comportamientos compulsivos tales como estar todo el rato pendiente de las notificaciones que recibes, en realidad no hará que disminuyan los niveles de dopamina. Y tampoco queremos que lo haga: recuerda que unos niveles bajos de dopamina provocan los síntomas de la enfermedad de Parkinson.

Esto alude a otro factor importante que a menudo se ignora cuando la gente habla de sustancias neuroquímicas. Aunque una cantidad demasiado pequeña de una sustancia puede ser perjudicial, una cantidad excesiva puede resultar igual de dañina. Unos niveles bajos de serotonina, en algunos casos, pueden relacionarse con la depresión, pero unos niveles altos se asocian a la ansiedad. Como Ricitos de Oro, al parecer nuestro cerebro tiene un «punto óptimo» en lo que a sustancias químicas se refiere, y desviarse del mismo en cualquier dirección puede acarrear problemas.

También pueden existir distintos puntos óptimos en diferentes partes del cerebro. En la actualidad, la mayoría de los fármacos se dirigen al cerebro en su conjunto y surten su efecto en cualquier lugar en el que haya receptores de la sustancia química a los que afectan. Esto significa que pueden ser unas herramientas algo burdas, aunque no quiere decir que no debamos tomarlos. En este momento, los mejores tratamientos que existen para la mayoría de las enfermedades de salud mental incluyen medicaciones; y aunque puede que no sepamos exactamente cómo funciona cada una de ellas, pueden resultar muy eficaces. Cabe la esperanza de que, en el futuro, seamos capaces de desarrollar fármacos que se dirijan con más precisión a la red cuyo funcionamiento está alterado, lo que debería reducir el riesgo de que se produzcan efectos secundarios.

Puede que esto suene a quimera, pero en otra área de la salud ya es posible. La quimioterapia tradicional como tratamiento contra el cáncer supone dar a las y los pacientes fármacos que dañan las células cancerosas, pero como suelen administrarse por vía venosa, viajan por el cuerpo y también dañan algunas células sanas. Por ello la quimioterapia tiene tantos efectos secundarios, desde la caída del pelo hasta las náuseas y la fatiga. Otros tratamientos contra el cáncer, como la radioterapia, se dirigen más específicamente al tumor, afectando solo a la zona del cuerpo en la que este se encuentra. Ahora se han desarrollado nuevos fármacos de quimioterapia que se dirigen directamente al tumor. Incluso administrados a través del torrente sanguíneo, evitan las células sanas y actúan solo en las células cancerosas, esperemos que bloqueándolas.

No es probable que exactamente las mismas técnicas que se utilizan en los tratamientos dirigidos contra el cáncer funcionen en el cerebro, pero la idea es parecida: diseñar un mecanismo para llevar un fármaco directamente al área dañada sin afectar a las células sanas. Pero para hacerlo, hemos de saber a qué redes dirigirlo, en cada persona en particular. Esto requiere no solo que conozcamos mejor los fundamentos de la ciencia del cerebro, sino también un enfoque personalizado de la medicina[1]. Cada cerebro es único, formado originalmente a partir de nuestro mapa genético, pero moldeado por las experiencias que hemos tenido a lo largo de nuestra vida. En el futuro, por ejemplo, tal vez sea posible escanear el cerebro de una persona con depresión y determinar exactamente adónde debe dirigirse el tratamiento. Como hemos visto, existen varios mecanismos que conducen a la depresión, por lo que el enfoque personalizado ayudaría a diagnosticar exactamente por qué una persona padece esta dolencia y seleccionar el tratamiento mejor adaptado a la causa subyacente tras dicho sufrimiento.

Lamentablemente, todavía estamos muy lejos de este nivel de personalización, y también del desarrollo de un método para dirigir un fármaco exclusivamente a una determinada región del cerebro. Pero se están utilizando otros tratamientos que se dirigen a áreas específicas del cerebro. Así, por ejemplo, en el cerebro de pacientes con la enfermedad de Parkinson pueden implantarse unos pequeños electrodos. Estos producen impulsos eléctricos, como si fuera un marcapasos para el cerebro, y suelen ser eficaces a la hora de reducir los síntomas motores asociados con la enfermedad. Estos implantes también se han probado en casos de dolor crónico, TOC y depresión severa; y aunque hasta ahora solo se ha tratado a un número limitado de pacientes, los resultados son prometedores. No obstante, este tratamiento requiere una intervención quirúrgica en el cerebro, que es inherentemente peligrosa, por lo que en la actualidad sigue siendo un último recurso, reservado para pacientes que no han respondido al tratamiento farmacológico. Ahora se están empezando a investigar alternativas ilusionantes, utili-

[1] Aunque comprender mejor el cerebro medio puede por sí mismo resultar suficiente para mejorar hasta cierto punto los tratamientos, creo que las diferencias entre el cerebro de las personas implican que enseguida la eficacia de los tratamientos alcanzará un techo si no empezamos a personalizarlos más.

zando impulsos eléctricos o magnéticos aplicados a través del cráneo. Estos pueden dirigirse a diferentes partes del cerebro, del mismo modo que los implantes, pero no son invasivos, por lo que son más baratos, más fáciles de utilizar y suponen un riesgo mucho menor.

Estas técnicas son prometedoras porque manipulan nuestras redes internas, activando las neuronas y cambiando la manera en que se liberan nuestras sustancias químicas naturales. Pero también hay otras formas de conseguirlo, modificando nuestro comportamiento. Hemos visto a lo largo de este libro que cambiando lo que hacemos podemos modificar la activación de regiones del cerebro y la liberación de sustancias químicas. Esto podría ser, por ejemplo, frotarse la rodilla que nos hemos golpeado para que nos duela menos o practicar una lengua para almacenarla de forma eficaz en el cerebro. Nuestros cerebros son sorprendentemente adaptables, gracias a las sustancias químicas que los bañan, y este es el motivo por el que las técnicas conductuales pueden resultar tan eficaces, ayudándonos por ejemplo a gestionar el estrés o a conseguir que durmamos mejor. Y para enfermedades más graves, donde puedan requerirse fármacos o cirugía, estas técnicas conductuales pueden reforzar su eficacia, colaborando en restaurar el equilibrio del cerebro.

Cuanto más aprendemos sobre las complejidades de nuestro sorprendente cerebro, más podemos utilizar este conocimiento a nuestro favor. Si sabemos que ver una lata de galletas suele tentarnos, podemos esconderla en la balda de arriba de un armario, utilizando nuestras regiones prefrontales responsables del pensamiento lógico y prospectivo para superar estos deseos e instintos provocados por nuestras impulsivas redes de recompensa. A medida que aprendemos sobre los sesgos inconscientes en los que todas las personas caemos, podemos desarrollar técnicas de selección para garantizar que elegiremos al mejor candidato o candidata para el puesto, que tal vez no sea la persona que nuestros sesgos nos señalan. Y si sabemos que tenemos una tendencia al estrés y a que nos agobien las noticias, podemos decidir conscientemente que solo las leeremos una vez al día, en lugar de obsesionarnos con las notificaciones de nuestros móviles. Las sustancias químicas de nuestro cerebro tal vez nos lleven a tener estas tendencias subyacentes, pero también nos dan la oportunidad de cambiarlas y adaptarlas para mejorar la manera en que vivimos nuestra existencia.

Desde el estado de ánimo hasta el dolor, hemos visto cómo las sustancias químicas de nuestro cerebro afectan a cada aspecto de nuestra vida, y cómo su desajuste puede causar todo tipo de problemas. Pero también hemos visto que nos permiten cambiar, crecer y adaptarnos, conformar nuestro increíble y complejo cerebro a través de lo que hacemos y construir el cerebro, y la vida, que queremos para el futuro. Y creo que vale la pena celebrarlo.

# Glosario

Autorreceptor: receptor para una sustancia química que se halla en la misma neurona que libera la sustancia. Puede hallarse en el cuerpo de la célula, en las dendritas, en el axón o en el primer lado de la sinapsis, donde se denomina presináptico.

Axón: la prolongación larga y delgada de una célula nerviosa, que transporta las señales eléctricas.

Barrera hematoencefálica: también llamada barrera sangre-cerebro, membrana semipermeable que separa la sangre del fluido cerebral. Esto permite que algunas moléculas, como las de agua, oxígeno y algunas hormonas, la atraviesen, pero evita que entren muchas otras sustancias químicas y la mayoría de los patógenos. También contiene transportadores selectivos para las moléculas necesarias como la glucosa. Esto permite un control estricto de las sustancias que consiguen llegar al fluido que baña el cerebro.

Células gliales: cualquier célula del cerebro que no sea una neurona e incluidas aquellas que producen la materia blanca (mielina).

Citoquinas: pequeñas moléculas mensajeras segregadas por una amplia gama de células, que afectan a otras células. Particularmente importantes en el sistema inmunitario, algunas citoquinas inducen la inflamación, que puede ayudar a combatir la infección; estas se conocen como citoquinas proinflamatorias. Otras, llamadas citoquinas antiinflamatorias, reducen la inflamación.

Consolidación: proceso que estabiliza un recuerdo después de su formación inicial en el cerebro.

Corteza cerebral: también llamada córtex, capa superficial del cerebro de los vertebrados, responsable de las funciones cerebrales superiores. En los seres humanos, está muy plegada.

Corteza prefrontal: parte frontal del cerebro, situada por detrás de la frente. Esta área es importante en comportamientos como la planificación, la toma de decisiones y el autocontrol, y es particularmente grande en los seres humanos.

Dendritas: estructuras ramificadas en el extremo de la neurona, que reciben estímulos de otras células y transmiten la señal al cuerpo de la célula.

Endógeno: algo que procede del organismo; las sustancias químicas endógenas son las que produce el propio cuerpo.

Estímulo: algo que causa un cambio en el entorno de un organismo, al que el organismo puede responder.

Excitatorio: un neurotransmisor excitatorio, cuando se une a los receptores, hace que la probabilidad de que la segunda neurona dispare sea mayor.

Factor de crecimiento: sustancia que induce el crecimiento de las células.

Habituación: disminución en la respuesta a un estímulo cuando este se repite con frecuencia.

Hormona: molécula que viaja a través del torrente sanguíneo desde el lugar de su liberación hasta un órgano diana donde se une a unos receptores específicos para alterar las funciones de una célula o un tejido.

Inhibitorio: cuando los neurotransmisores inhibitorios se unen a una neurona, alteran el flujo de iones, lo que dificulta la activación de esta neurona.

Interneurona: neurona situada entre otras dos neuronas. Suele estar implicada en los reflejos.

Ion: átomo o molécula que ha perdido o ganado uno o más electrones, lo que lo carga eléctricamente.

Mielina: sustancia grasa que envuelve los axones e incrementa la velocidad a la que los mensajes viajan por ellos. A veces llamada «materia blanca» debido a su color pálido.

Mielinización: proceso a través del cual las células gliales envuelven los axones de las neuronas en mielina.

Monoaminas: tipo de neurotransmisores agrupados debido a las semejanzas que presentan en su estructura química. Incluye la dopamina, la noradrenalina, la adrenalina y la serotonina, entre otras.

Neurogénesis: crecimiento y desarrollo de las neuronas.

Neurona motora: célula nerviosa que envía señales del cerebro o de la médula espinal a un músculo o a una glándula.

Neurona sensorial: célula nerviosa que manda señales que corresponden a estímulos externos.

Neurotransmisor: sustancia química producida y liberada por una neurona presináptica, que afecta al funcionamiento de la neurona o célula postsináptica.

Postsináptica: la segunda neurona de un par, separada de la primera por una sinapsis. Esta neurona recibe la señal de la primera.

Potenciación a largo plazo (LTP-Long Term Potentiation): modificaciones con el tiempo en la sinapsis que facilita la transmisión de una señal. Se cree que es el mecanismo celular del aprendizaje y la memoria.

Presináptica: la neurona que, cuando es activada, libera sustancias químicas en una sinapsis. Estas atraviesan esta separación hasta llegar a la neurona postsináptica.

Recaptación: reabsorción de un neurotransmisor por parte de la neurona que lo liberó (en la neurona presináptica).

Receptor: 1. Una estructura en o sobre una célula que, cuando una determinada sustancia como un neurotransmisor o una hormona se une a ella, cambia en algún sentido. Puede transmitir mensajes a la célula. Por ejemplo, cuando el glutamato se une a los receptores de glutamato, desencadena cambios que hacen que la neurona se vuelva más excitable. 2. La terminación de un nervio sensorial que responde a un cambio de estímulos, por ejemplo la temperatura.

Reconsolidación: proceso de volver a almacenar un recuerdo después de haber sido recuperado. En algunos casos, el recuerdo puede alterarse durante este proceso.

Sensibilización: proceso de hacerse algo más sensible a un estímulo.

Sistema límbico: compleja red de áreas cerebrales (o posiblemente múltiples redes) implicadas en las emociones.

Transportador: los transportadores se hallan en la membrana de las células y trasladan las sustancias químicas entre el interior y el exterior de la célula.

Tronco encefálico: área situada en la base del cerebro, que lo conecta con la médula espinal. Es responsable de algunas funciones vitales tales como tragar y respirar.

# Diagrama del cerebro

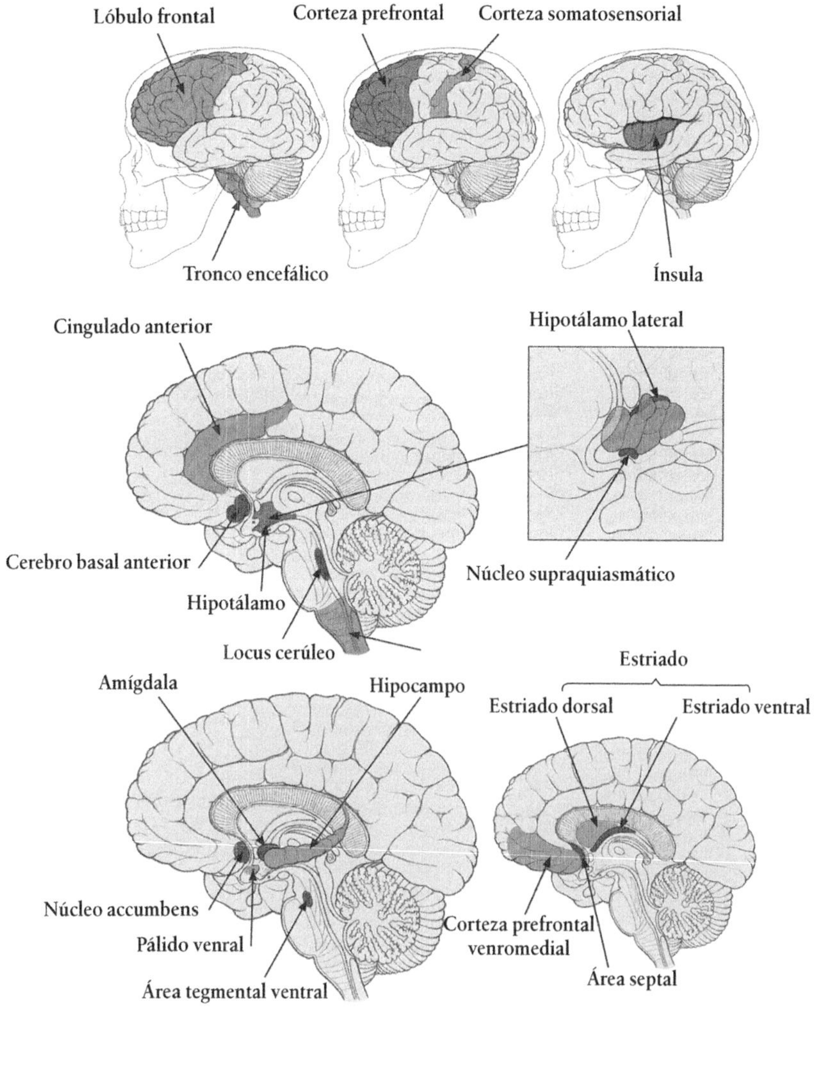

# AGRADECIMIENTOS

Escribir este libro ha sido un proceso largo y no ha sido un esfuerzo individual, por lo que me gustaría agradecer a todas las personas que lo han hecho posible.

A mi marido Jamie: gracias por las conversaciones a la hora de la comida, las charlas motivacionales y los fines de semana dedicados a leer borradores y a comentar las modificaciones. Y gracias por tu disposición a permitirme que hablara de nuestra relación y de nuestras diferencias, ¡y que hiciera alguna que otra broma a tu costa! Sin tu ayuda y tus palabras de ánimo, este libro simplemente no habría sido posible.

A mi madre y a mi padre, por leer las pruebas, por buscar referencias en Google, por aconsejarme y por su incansable apoyo y ánimo. Y por despertar en mí el amor por la ciencia y la curiosidad por el mundo que me han hecho la persona que soy hoy.

A mis amigos y amigas que tan amablemente dedicaron parte de su valioso tiempo a leer el libro en diversas fases de su desarrollo. Emma, Mitch, Trent: habéis compartido vuestro punto de vista personal y me habéis ayudado a mejorar el libro, así que gracias. Y otras amistades, especialmente Kat, que me han apoyado con sus charlas motivacionales, han sido mis cajas de resonancia y me han dado fuerzas a lo largo del camino. Gracias por vuestra inquebrantable confianza en mí.

Estoy eternamente agradecida a las investigadoras e investigadores que aceptaron de buen grado hablar conmigo para el libro, revisar algunos capítulos y responder a mis constantes correos electrónicos. Vuestra paciencia y generosidad ha sido fundamental para que pudiera escribir este libro. Y a todos los científicos y científicas cuyo trabajo he citado en este libro: sin vuestra dedicación, tenacidad y pasión, no podríamos comprender cómo funciona el cerebro como lo hacemos hoy en día. Gracias por brindarme la oportunidad de contar vuestras historias.

A mis editoras Anna y Angelique por vuestro duro trabajo, y a Jim, por creer en mí y por darme la oportunidad de escribir este libro.

A todas las personas en mi vida que me han dicho durante nuestras conversaciones en las salas de espera de distintos eventos que puedo y debo escribir un libro: recuerdo a cada una de ellas y os doy las gracias por ello.

Y a la mujer borracha en aquel espectáculo de ciencia que me dijo que dejara de dudar de mí misma y que me presentara como autora: tus palabras resonarán para siempre en mis oídos, cuando me dé por dudar de si dar publicidad a algo que he hecho, o por restarle importancia: «¿Diría eso un hombre?». Gracias, probablemente no te acuerdes de nuestro encuentro, pero la amabilidad (apenas algo agresiva) de una desconocida verdaderamente consigue marcar la diferencia.

# ÍNDICE

ANTÁRTIC

ASTRO
Montero.

AVENTURAS M
Guzmán.

DE TALES A NEWT

EL RINCÓN DE LA PI
Elementos básicos del

EL TRIUNFO DE UNA EXTR
organismos mueven el mund

¿EN QUÉ PIENSAN LAS ABEJAS

LA BATALLA DEL SISTEMA INMUNIT
inmunología, *R. Toledo.*

LA ESTELA INVISIBLE. El tiempo en meca

LAZOS Y CONEXIONES VITALES. Conexione
ADN y del cerebro, *M. Izquierdo.*

PARA PENSAR MEJOR, Desarrollo de la creativid
matemáticos, *M. de Guzmán.*

PARTÍCULAS ELEMENTALES. Una vía hacia el cosmos,
*Estrada, M. Ramón Medrano y F. J. Llanes Estrada.*

PRESIONES HUMANAS, IMPACTOS ECOLÓGICOS, RESP
LES. Relaciones entre hombre y naturaleza, *J. Rodríguez.*

RADIANDO LA CIENCIA. Efemérides para un año escolar científi
*Márquez.*

SATURADO. Cómo la química de tu cerebro influye en cada aspecto de tu
*G. Smith.*

www.edicionespiramide.es